U0881464

SKYLINE
天际线

望远　知新

水的密码

[英国] 特里斯坦·古利 著
许丹 译

How to Read Water

Clues, Signs and Patterns from Puddles to the Sea

译林出版社

图书在版编目（CIP）数据

水的密码 / （英）特里斯坦·古利
(Tristan Gooley) 著 ; 许丹译. -- 南京 : 译林出版社,
2025. 8. --（译林自然科普经典）. -- ISBN 978-7
-5753-0802-1

Ⅰ. P33-49

中国国家版本馆CIP数据核字第20255LD695号

How to Read Water: Clues, Signs and Patterns from Puddles to the Sea by Tristan Gooley and illustrations by Neil Gower
Copyright © 2016 by Tristan Gooley
This edition arranged with The Sophie Hicks Agency Ltd.
through Big Apple Agency, Inc., Labuan, Malaysia.
Simplified Chinese edition copyright © 2025 by Yilin Press, Ltd
All rights reserved.

著作权合同登记号　图字：10-2021-487号

水的密码　[英国] 特里斯坦·古利 / 著　许丹 / 译

责任编辑　杨欣露
装帧设计　孙逸桐
校　　对　孙玉兰
责任印制　董　虎

原文出版　Sceptre, 2016
出版发行　译林出版社
地　　址　南京市湖南路1号A楼
邮　　箱　yilin@yilin.com
网　　址　www.yilin.com
市场热线　025-86633278
排　　版　南京展望文化发展有限公司
印　　刷　江苏凤凰新华印务集团有限公司
开　　本　652毫米×960毫米　1/16
印　　张　22.75
插　　页　12
版　　次　2025年8月第1版
印　　次　2025年8月第1次印刷
书　　号　ISBN 978-7-5753-0802-1
定　　价　88.00元

版权所有 · 侵权必究

译林版图书若有印装错误可向出版社调换。质量热线：025-83658316

目录

第一章

陌生的开始：引言

我们可以在一整年里每天都望着同一片水面，却不会看到相同的景象出现两次。同一种化合物怎么会展现出如此的多样性？日复一日，从一个地方到另一个地方，我们看到的差异究竟意味着什么？这本书便关乎我们可以在水中发现的自然线索、迹象以及形态，不管你是站在水坑边，还是凝神眺望绵延数英里的海面。

过去有很多著作都声称自己以水为主题，但是哪怕其中的佼佼者也喜欢把水当作容器来掩人耳目。在这些书中，水被看作一个其中生活着各类生物的盒子，或者一扇我们可以透过它观赏事物的窗。但在这本书中，水不会被如此降级，而是成为主体。动植物确实有趣，若有助于解释我们所看到的水的变化，它们自会在本书中占有一席之地，而不是与此相反。此外，我们要关注的是水的液体形态，冰、雪或水蒸气不在此列。这本以自然为主题的书不寻常的地方在于，我不会偏向
于有机线索而对无机线索视而不见——如果能够帮助我们读水，浮标 1
和藤壶一样有益。这使得本书无法被归入传统的博物学书籍，但它仍是一本彻头彻尾的自然之书。

在文学中，水在思想、生理甚至是精神上对我们的影响已经得到了透彻的解读。千百年来，先贤圣哲们凭水而望，积累了丰富的观水

经验。已故的罗杰·迪金[*]曾指出，长颈鹿是唯一不会游泳的哺乳动物，而人类与其他猿类不同，我们的大拇指和食指之间有蹼，这一点强有力地支持了一项广为流传的理论，即我们不仅在思想上受到水的吸引，在生理上我们也是亲水的。水对我们的身心及灵魂有着显而易见的益处。

人类学家洛伦·艾斯利[**]曾说：

> 倘若世上真有魔法，它一定隐藏在水中。

此言或许非虚，但令我着迷的是，我们可以通过理解水中出现的图案背后的物理起因来破解其含义。哲学和实践这两种视角都赖于耐心观察，而我坚信，如果我们确有**要寻找的东西**，就更有可能破解水的含义。

理解我们所观察到的现象并揭示其背后的原因无损于事物的整体美感，而是正相反。正如我几年前就发现的那样，一旦知道可以通过观察彩虹的颜色来估量雨滴的大小——红色越多，雨滴就越大——彩虹就获得了新的美感，而它原来的魅力不减分毫。我们在水体中发现的所有迹象皆是如此。站在同一码头上，我们既可以享受它的诗情画意，也可以同时进行冷静的分析。我们既可以欣赏落日下金光闪闪
2 的水面，**也可以**享受解读水体形态所获得的乐趣。

---

* 罗杰·迪金（Roger Deakin, 1943—2006），英国作家、纪录片制作人及环保主义者。他生前出版的唯一一本书《水中日志》曾登顶英国畅销书榜单，推动了野外游泳运动的发展。——译注（除非另有说明，本书脚注均为译者所加。）

** 洛伦·艾斯利（Loren Eiseley, 1907—1977），美国人类学家、教育家、哲学家和自然科学作家。——编注

在异常炎热的奥斯陆，我帮忙将充气艇底端的藤壶和水藻清理掉。我们准备将一艘我所见过的最美丽的船从挪威运往英国。

一位老友无法前来履行“运货员”的职责，我便欣喜不已地代他站在挪威的这处浮码头上。在我面前是一艘现代化的游艇，近30米的流畅线条延伸开去，船身风格效仿1930年代标志性的J级帆船*。阳光从水面上反射过来，照射在洁白无瑕的船体上，船身上是深色的甲板，黄铜装饰闪闪发亮。

据传这艘漂亮的游艇是一位美国航海建筑师的心爱之物，他迎娶了一位富有的女继承人。这种结合非常稀有——白日梦遇上可观的账户余额。据说，那个伫立在豪华客厅里的烧木头炉子必须一次性建成，镶在其前侧的玻璃板花费了上千美金特别打造，以确保这只独一无二的火炉能完美融入它的新家。

扬帆之前，我们还有一个任务，那就是用特别剪裁的厚重透明塑料布包好红木装潢的锃亮船舱。水手们可以透过塑料布欣赏这些木质家具，但是不能用手触碰。踏足这样的船已是荣幸，而能在我的航海生涯早期作为船员驾驶它更是梦幻得不真实。

我们松开缆绳，又将洁白如新的绞船索和护舷板收起来，在未来一周内它们是派不上什么用场了。游艇沿峡湾向下滑行，驶向大海。

几天过去了，我们驶入公海上的航道。不久之后，我们穿梭在巨大的钢制石油钻塔之间，这些北海上的工业巨兽散发出世界末日的气息。风势降了下来，海面上氤起夏日的薄雾，将我们笼罩其内，最后又 3
变为正常的浓雾。油气钻塔隐匿其中，只在雷达屏幕上以脉冲信号出现，偶尔会透过薄雾向上喷发出愤怒的橙色火焰。这片薄雾如此忠于

* J级帆船是一种独桅帆船，是1930年代顶级的赛船。

这片海域，因而获得了自己的专属名称：哈雾（haar）[*]。我们拿晦涩的航海知识考验彼此以打发时间。

“球形，菱形，球形。”有着维京血统的斯堪的纳维亚船长萨姆从甲板上冲我喊道，我正在掌舵。

“难以操控的船只。”我答道。萨姆点头微笑。一阵短暂的沉默。我打破沉默说：“白灯上是红灯，下面是两只黄灯，交替闪烁。”

萨姆停了一秒，手上调整着一个绳结，随后抬起头。“渔船……被围网绊住了。”他咧嘴一笑。我想他只是想让我相信，有那么一刻我难倒他了。但并不会发生这种事，不管是此时，还是整个航行途中，很可能永远都不会。萨姆太厉害了。他不过是在用测试来纵容我作为新手对自己脑中鲜活知识的得意之情。他知道我最近刚刚通过了帆船大师[**]的考试和测验。或许在自己的航海生涯中，他也有过关于这块敲门砖的愉快记忆。

萨姆又给我讲述了一些比海上生活更可怕的事情。他在海上的经历没有哪一件能比他在参加瓦萨希海事学院[***]的硕士口试时面对考官们更恐怖了。“他们说不定会容许你犯一个错，但可能不会让你错上两个。要是在你的知识背景中察觉到一丝薄弱，就会变得冷酷无情……简直是掠食者！”

航海入门仪式对我来说还是很美妙的。合格证书能够帮助减轻自我怀疑，任何二十来岁的年轻人都会承认自己有这种自我怀疑。假
4 如有人递给你一张单子，并告知你已通过某项考试，那么他们最清楚

---

* 英格兰和苏格兰东海岸的冷海雾。

** 帆船大师（Yachtmaster）为判定船手操纵帆船或汽船能力的一种资格考试，一般分为沿岸、离岸、远海三个等级，在英国由皇家游艇协会（Royal Yachting Association）组织认定。

*** 隶属于英国南安普顿索伦特大学，是一所海事教育学院。——编注

了，或许你真的知道些什么。而倘若你的确了解一些东西，那么或许你还是有一些价值的。

我本应全身心地享受那次专业首航，但我还是心存一些挥之不去的疑惑。虽然我已拿到了那张证书，上面贴着我的证件照，外面裹着皇家游艇协会的精美皮夹，但还是有一种焦虑感在啮噬着我的内心，折磨着我的精神，就好像一根老旧粗糙的麻绳摩擦着我的双手。这种焦虑感幻化成阿卜哈拉船长的形象。

不管看向哪里，我都会看到阿卜哈拉船长。我从被海水打湿的护栏望去，他在那里；我望向灰色北海上翻腾的海水，他在那里。甚至在我结束观望后，他也同我一起打道回府，回到我起伏的床铺上休息。他无所不在，令人不安，而他在我出生一千年之前就已死去这一事实并不能减轻我的烦忧。

阿卜哈拉船长最初是在克尔曼[*]的波斯地区当牧羊人。随后渔船上的一份工作将他带到海面上，这促使他后来在印度贸易航路上的一艘货船上当水手，最后又转战凶险莫测的中国海路。当时，人们都以为，没有人能成功抵达中国再安然无恙地返回。阿卜哈拉完成了七次这样的航行，所有这些都发生在公元首个千年的结尾。

此人出身卑微，而且来自一千多年前的遥远世界，我们又是如何这么了解他呢？这是因为他做了一件能够展现超凡知识和胆识的事，任何一面都足以让他的故事流传下来。

曾经，另一位同样在危险的中国航路上航行的沙赫里亚尔船长，
在台风季里等候着令人担忧的平静天气过去，这时他发现遥远的海面 5

---

* 伊朗东南部最大城市。

上有一个深色物体。他们放下小船，派了四名水手前去打探这个神秘的小点。一接近这个深色物体，他们就看到一张熟悉的面孔：德高望重的阿卜哈拉船长淡定地端坐在独木舟内，身边只有一只装满水的兽皮水囊。

他们回来将这番神奇的景象报告给沙赫里亚尔船长，他问为何不将这位身处不幸的可敬船长救到大船上。船员回答说他们试过这样做，但是阿卜哈拉船长不愿意离开自己的小舟到他们的大船上来，他说待在自己的小船上也很好，除非付给他1 000第纳尔*的巨款，否则他不愿意登上他们的船。

沙赫里亚尔船长和他的船员们反复思忖了这个匪夷所思的提议。但以他们对阿卜哈拉的智慧的估量，还有对目前诡异天气的担忧——眼下风平浪静，这明显使他们大为担忧将要发生的状况——他们最终同意了阿卜哈拉的条件并将他请到船上。一踏上新船，阿卜哈拉船长立刻索要1 000第纳尔，他们也如数支付。之后他让沙赫里亚尔船长和一众船员坐好，聆听并遵守他的指挥，后者一一照做。

“台风要来了！”阿卜哈拉大喊。

阿卜哈拉给船长和船员解释说他们正身处巨大的危险之中，必须扔掉船上沉重的货物，锯倒主桅杆，并将它也扔到水里。他们还要将主锚的绳索割断，让船随意漂流。船员执行了阿卜哈拉的命令，开始忙活起来，虽然这并不容易——航海贸易商最为珍视的三样东西就是他的货物、桅杆和主锚。对他们而言，这些东西是财富、运输和安全实实在在的标记，也是他们冒着生命危险的原因以及保住性命的手段。
6 但他们还是照做了，之后便耐心等待。

* 伊拉克等国的货币单位。

第三天，一朵云凭空升起，逐渐壮大，直到如灯塔一般矗立在他们眼前，之后它又化开、坍塌，最终消失在海里。接着台风（*al-khabb*）袭击了他们。台风肆虐了三天三夜。船身的轻巧使得它在海浪与礁石之上如软木塞一般上下浮动。他们活了下来，没有被巨浪吞没和击碎，也没有溺水而亡。到了第四天，风势降了下来，船员们得以安全地驶往位于中国的目的地。

在从中国归去的旅途上，船只现在满载新鲜的货物，阿卜哈拉船长命令大船停下。他们放下一艘小艇，又派了几个水手去寻回在风暴之前割断并留在礁石上的巨锚。

船员们目瞪口呆，问阿卜哈拉船长他如何知道该往何处寻找被丢弃的锚，而他又是如何精准预测台风的。他解释说，月亮、潮汐、风以及水中的迹象使得这一切都再明显不过。

正是阿卜哈拉船长这种深邃的直觉和渊博的知识在那次自挪威出发的航行中一直挥之不去。阿卜哈拉解读水中迹象的智慧在所有我通过的考试中都无从查询，但它几乎是肯定存在的。传统的阿拉伯航海家们有一个词专门用来指称这个知识体系，这些知识使人们能够解读水中的物理现象——少数拥有此种能力的人便掌握了“航海智慧”（*isharat*）。

我想，这种智慧的来源与官方考试显然不同，它们需要在海上探寻。于是我在海上度过了难以计数的日日夜夜以积累这种智慧。

但是我错了。在海上驾驶现代游艇能让你学会管理船只和船员，阅读简要的天气预报，以及怎样在上下起伏的厨房里做出面包，而又 7
如何将生鱼配着酸橙汁咽下。我能学到这么多东西，但在充斥着令人眼花缭乱的电子设备的年代，这些东西无法给我底气以回应阿卜哈拉的凝视。因为它们无法再提供那种深邃的智慧，也不再教会我们如何读水。我常常与经验丰富的现代船长们讨论这一点，他们也普遍颔首赞同，通常望着地平线的双眼里还流露出一丝悲伤。

我一边享受着水上的美好时光，一边又因它无法赐予我智慧以提升我破译周围水纹形态的能力而感到挫败，因此我转换了路线。很多年前，我踏上了一趟相似的航行，这次是为了寻求这种智慧。刚一出发，便发生了一件怪事。我很快发现，并不是离陆地越远，那些能够开启对周围水的深入了解的线索就越多。相比于从航行在大西洋中部的船上所发现的迹象，我们在水坑和溪流中观察到的东西对于理解现象背后的原因同样深刻有益。

其次，还有一个相关发现——实际上，脚踏结实的地面要比身处船中更容易学习有关水的知识，不管以后你是否要在船上运用它。因此，在本书中，只要有可能，我都会说明这些知识不只可以在陆地上习得，我们同样可以在陆面上见识并享受它们带来的乐趣。这听起来好像不切实际，甚至完全不着边际，但事实证明，人类史上最为伟大的水面迹象解读者们已经对此进行了尝试和检验。

许多世纪以来，太平洋岛屿的航海家们一直令西方人感到震惊。库克船长[*]于1774年在塔希提岛[**]遇到了这些令人敬畏的航海者们，当
8 时他观望着330艘大船和7 760名水手下水。这幅浩浩荡荡的景象让库克和他的同伴“由衷地惊叹不已”。

---

* 即詹姆斯·库克（James Cook, 1728—1779），英国皇家海军军官、航海家、探险家和制图师，他曾三度奉命出海前往太平洋，带领船员成为首批登陆澳大利亚东岸和夏威夷群岛的欧洲人，也创下首次有欧洲船只环绕新西兰航行的纪录。

** 位于南太平洋，是法属波利尼西亚向风群岛中的最大岛屿。

没有海图、罗盘或六分仪，太平洋岛民们完全依靠对自然指示的解读安全行过一片又一片海面。特别是他们对水的解读从未被后人所超越，不管是在地球上的哪一个地方。在接下来的章节中，我们会慢慢了解他们的方法，而在这里，提出这些方法只是为了要讨论他们将自己独一无二的本领传授给下一代的方式。

正如关于水的迹象的知识体系有一个专门的阿拉伯词，在太平洋也有一个短语——*kapesani lemetau*，意思是海上行话，水面学问。在太平洋岛屿上，学习这门学问的年轻学生们会随自己的老师一起出海，然而事实上，这项技艺的精深部分却是在陆面上传授的。很多关于星星、风和波浪的课程都在室内习得。来自太平洋的吉尔伯特群岛和基里巴斯群岛的蒂达·塔杜瓦是一位航海家（*tia borau*），他的本领全是祖父在会客室（*maneaba*）内教给他的。还有很多人借助“石岛”或“石舟”学习技能。这是一种简单的教具，借助它，学生们可以舒舒服服地坐在沙滩上学习水在它周围如何表现以及如何解读这种表现。

我们应该从太平洋岛民身上汲取灵感，来体会身处旱地时能够学到什么，以及如何学到很多知识。但我们一定不要被他们的能力吓倒。传奇的澳大利亚布希曼人哈罗德·林赛是一位资源保护主义者，他有一句老话：“不要以为土著身怀的才能文明人学不到。”

我们不但有可能模仿这些传统的方法，还可以将这些洞见与最新
的科学、见解、经验以及智慧结合起来。伊恩·普罗克特是一位德高 9
望重的帆船策略师，他曾帮助赛船手们赢得了世界上最高的奖项。他表示，很多帆船比赛在尚未有人踏足船上时就已胜负分明。这如何得知？通过解读水中的迹象。

在接下来的内容中，我将我认为值得寻找的各种水的特性进行

了浓缩。从我长期积累起来的一个长长清单上，我挑选了我最钟爱的一些例子。我想这些珍若宝石的实例囊括了所有有趣和有用的知识。然而，为了能够让你更好地享受这门艺术，还有两个障碍需要克服。

首先，博物学家们将水体划分为几个类别：池塘、河流、湖泊以及海洋等，这些水体彼此之间的定义差异明显。假如你的关注点全部在动植物身上，这倒不失为一个明智的划分方法：很少有动物和植物会同时出现在湖泊和海洋中，即便它们相隔不过数百米。然而水对这些划分却不以为然，观察一片乡野水塘便可学到很多关于世界上最为广阔的海洋的知识。因此，不管你钟情于哪一种类型的水，值得了解的事物并不会也不能被局限在相应的那一章里。

其次，一种缺乏耐心的勾选方法并不适用于对水面迹象的研究。水不会依照次序而变。假如你在本书中发现一个喜欢的迹象，于是去寻找它，当然初次尝试你便可能成功，但更有可能的是它会自己选择时机出现在你面前——只要你怀有足够的好奇心能坚持不懈地去寻找它。这意味着，最好的办法就是将这门艺术看作一个整体。这本书的结构安排使得你能踏上学习所有迹象的探索之旅，而同时又时刻让
10 你意识到每一种迹象都是更大拼图的一部分。了解了这一点，你便做好了准备——不只寻找单个迹象，而是去见识各种状态和表现的水。

当你初次观测到一些较为复杂的图案时，当然会遇到挑战，感到挫败，甚至还可能会有一些迷惑。我劝你将我们即将遇到的这些迹象和线索看成不同的“人物”，有的直截了当，但是那些较为复杂的却常常最有意思。

最后，你当然会想问，为何要费力踏上这趟罕见的探索之旅？我来让太平洋的一位当代航海大师（*Pwo*）查德·卡莱帕·巴依巴恩回答

这个问题。在2014年的采访中，查德曾被问到在现代世界里学习这些方法有何意义，他答道：

> 这套本领真正独一无二，一个人会立志想要精通它们。学习它们实际上磨炼了人类破解自然密码的头脑、知识和能力……对我个人来说，这是我体验过的最美妙的感觉。

太平洋岛民们十分重视学习这些技能的过程。他们进入这门珍贵学问的精英世界及与之相伴的入门仪式都伴随着传统典礼。培训和典礼的细节在每一座岛上都有所不同，但仍有一些共同的主题。入门者需围上特制的腰布，撒上姜黄粉，并与亲朋好友交换礼物。在可能持续长达六个月的整个过程中，他们需要禁欲，并饮用特制的椰子药水，同时还要滴水不沾。以我对获取智慧的仪式的热爱，你应该想
象得出我有多喜欢这个仪式。 11

你可以选择自己学习读水的庆祝仪式。但如果读完此书后，你看待水的方式仍与先前一样，那么我的任务便以失败告终，我也就无法享用椰子药水了。

愿你享受这段探索之旅。

特里斯坦 12

第二章

扬帆起航

与先前许多伟大的探险家一样，我们的旅程起始于厨房。

当我们看向水面，我们怀有的为数不多的一个期待是，水应该是平的，然而水面绝少平坦。仔细观察一杯水，你会发现杯中的水面并不完全平坦，它在边缘处略微向上弯曲——这是它的“弯月面”(meniscus)。这个弯月面的形成是因为水受到了玻璃的吸引，它被拉向杯壁，依附在边沿上。水与玻璃杯之间的吸引力使得本应平坦的水面像一个有一点点边缘的碗。

注意这一点又有何用？只关注这一点，可能没什么用。但与其他几个因素联系在一起，它便能帮助我们理解河水何以会泛滥。

水会受到玻璃的吸引，这是水的一个特性。有些液体，比如唯一的液体金属——水银，会受到玻璃的排斥，因而它的表面会像倒扣的碗，叫作“凸月面”(convex meniscus)。大部分液体与其他物质之间都
13 会产生吸引力或排斥力。液体内部也有微弱的吸引力。若非如此，它们便会散开，成为气体。水会吸引水。

正如我们的物理老师为我们反复讲述的那样，水分子由两个氢原子和一个氧原子紧密结合而成。但老师——至少我的老师——没有教我们的是，一个水分子中的氢原子还会受到其邻近水分子中的氢原

子的吸引。这使得水分子之间互相依附。为了帮助理解这一点，可以设想两个在羊毛衫上摩擦过的气球会因静电轻轻地黏附在一起。水分子间相互吸引的原理类似于此，不过它是在微观层面上。

想要展现水的这种“黏性”(stickiness) 很简单。接一杯水，在一个平坦光滑的防水面 (比如厨房的操作台) 上倒上几滴。现在弯下身，直到自己的视线与液滴平行。你是否看到水自发地形成一些微微凸起的小水塘？在完全平坦且全部流下台面之前，它们并不会凹下去(假如倒得够多，有一些会流下去，但还有一些会留在台上)。现在台上留下了一些向上凸起的小水塘，而不是完全变得平坦且全部流走。

之所以会这样，是因为水会受到相邻的水的吸引，这种黏性或张力强大到能对抗重力。重力企图将水向下拉，使它变得平坦且流到地板上，然而水的张力阻止了这一过程。有人打翻水杯时，我们更常拿起抹布而不是拖把，其中就有这个原因。留在桌面上的水将其他水拉了回来，阻止它们全部流到地板上。

挑距离较近、面积大一点儿的两摊水。将手指插入其中一摊并往另一摊的方向引去，再松开手，也不会发生什么，水顶多面积大了一些，但也仅此而已。注意观察水是如何又向后缩回了一点，因为你用 14
手指拉动的水被留在后面的水吸引，从而被轻轻拉了回去。(倘若在不同的表面上做此实验，你会注意到向后缩的水的体积和速度会因表面的不同而有所区别，这是因为不同的表面对水的吸引力也不同。) 但是当你用手指将水引向更远处，直到两摊水刚好彼此触碰时，观察一下会发生什么。水不再被其留在后面的水拉回去了。相反，它现在被自己的新朋友吸引——两摊水融为一体，因水的黏性而紧紧依附在一起。

在完成一次这样的实验之后，我拿起抹布清理桌上的这些小水塘，这时水做了一件我此前从未注意到的事，但事实上它每次都会这么做。抹布吸了很多水，这是它的本职工作，然而留下的水却被“熨”成了一层薄薄的平坦的水面。不过这层水的平和薄只会维持一秒，随后水明显将自己拉在一起，又形成了上百个小小的水塘。这些细小的水塘通常彼此相连，使得这片湿水区看上去斑斑驳驳。试一试，你就会明白我的意思。

列奥纳多·达·芬奇痴迷于水，曾仔细地观察过它的“黏性”。他喜欢观察一小滴水并不总是迅速地从树枝底端滴落在地的过程。达·芬奇注意到，当水滴大到要落下来时，它总是受到一些阻力。他在1508年前后曾记录到，水滴在最终落下之前，会拉伸成细长的形状，当太细而无法支撑自身的重量时，它才会坠落在地。

你可以亲自去发现这种现象，这个过程在雨后叶子的末端上演时十分美丽。倘若雨正倾盆而下，水会从树杈、嫩枝及树叶上急速溅落，但当雨在稍后停下，观察一下阔叶树或灌木的叶尖。水在那里慢慢汇聚，通常在叶子中央沿细细的叶脉滑下，最后在叶尖处汇集。水滴悬挂在叶尖，水的张力或黏性与重力相互较量着。当足量的水聚集在一起，重力占了上风，水滴因此下落。此时叶子还会优美地向上一弹，之后再重复这个过程。

水的张力在它的表面表现得最为明显。由于表面的水分子会被其下面的水分子向下拉，却不会被其他水分子往上拉，这就使得水的表面产生张力，从而在水的表面形成了一层薄薄的水膜。有一个简单的实验可以证明这两个基本现象：水面有因表面张力而形成的水膜，以及这种张力是每个水分子的两个氢原子间微弱引力作用的结果。

关于这个把戏（我是说严肃的实验），我们来证明水的表面张力会形成一层水膜，这层水膜强大到足以支撑起一小块金属的重量。为了证明这一点，我们来观察一根针是如何漂浮在水面上的。唯一具有挑战性的是第一步，因为我们需要极其缓慢且小心地将针放置在水面上，否则针会破开水面，沉入水底。有一个"投机取巧"的办法：把针放在一小片吸墨纸上（如今吸墨纸有些难找了，但大部分文具店还有的卖）。吸墨纸会缓缓湿透并沉入水底，从而留针漂浮在水面上。

这个实验证明了水的表面张力足以支撑起一小块金属，现在我们还需证明是水分子之间的化学键制造出了这层水膜。我们可以在水中添加一点洗涤剂以弱化水分子间的化学键。什么洗涤剂都可以——洗涤剂之所以会起作用，部分是因为它们自身携带的电荷 16
会抵消水的静电吸引力。于是针下沉了。

快要入夏时，倘若走近位于户外的任意一大片平静水面、池塘或湖泊，你很可能会发现一个昆虫纷飞的繁忙世界。通过观察昆虫，你可以仔细地观看水膜实验。朝太阳的方向走去，想要效果最佳就低下身，这些昆虫对突然出现在它们上方的东西十分敏感，所以想要在它们未注意的情况下观察它们，最好小心翼翼地缓缓迎着光移动。在晴朗的天气里，假如在靠近水边时让你的影子位于你的正后方，便会看到更多昆虫。

空气中以及很多水里都有昆虫，但最有意思的还要属那些停在水面上的了。它们为何不会掉入水中？我们人类肯定会落到水里的。这是因为水的表面张力要大于小虫的体重。对于大块头来说，比如人类，这个逻辑正相反，但这起码使得游泳更富乐趣。现在，不要过于担心这些昆虫的种类，我们之后会了解一些，但大自然能够充分利用这种表面张力的能力却值得我们惊叹。同时，这也是为什么洗涤剂进入野生水体后会产生不良后果的众多原因之一。

使水吸附自身以及杯壁的张力同样引发了一种叫“毛细作用”(capillary action) 的现象。我们多多少少都了解一个观点，即液体并不总是服从重力，每当我们把画笔蘸在水中，我们都会发现水沿着刷毛向上流，尽管以我们对重力的理解，水是不应该以此种方式向上流动的。

想要解释毛细作用，只需将我们已经了解过的两种效应结合起来
17 考虑。水会受到某些表面的吸引，比如玻璃和画笔的纤维，此外它还会受到自身的吸引。因此当一个开口足够细小，便会发生一件有趣的事：弯月面效应意味着水面会受到它上面材料的吸引，因此水被向上拉，又因为开口太过狭窄从而使得液体的整个表面都被向上拉动。之后，由于水受到了自身的吸引，于是水面下的水也跟着被拉了上去。开口越窄 (不小于一个点)，这种效应便会越明显。

从小草到参天的橡树，你所见到的每一株植物都需要依赖毛细作用将水从地下运输到最高处的叶子。我们知道树的内部并没有水泵之类的东西，但是成千升、上万吨的水都要从土壤里运输到高高的树冠。没有毛细作用，这根本无法做到。

回到厨房，强力吸水抹布、纸巾以及其他编织精美的材料适合擦水的原因便是它们经过了特殊设计，从而将毛细作用最大化了。而一块真正好的抹布无须移动，便能像磁铁一般将周围的水吸过去，这能给人一种奇怪的满足。那便是毛细作用带来的欣慰感。

现在该去野外观察一下这种效应了。下次当你路过一条两边是泥岸的小河、小溪或者水沟，注意观察一下岸边的泥。我们以为被河水打湿的泥会又黑又湿，但是注意，泥土湿润的地方要高于河水拍打的位置。

高于水面的泥是粒子和气孔的混合物，有点像有着纤细壁管的细密蜂巢。河里的水因毛细作用而被向上吸入这些气孔中，结果就是水沟和小溪中水面以上的泥被浸湿了。水向上传输的高度受一系列 18
因素的影响，其中包括水的纯度——干净的水要比受污染的水升得更高——但主要因素还是粒子间的气孔大小。在由细小圆滑的粒子组成的泥土中，比如淤泥，水就升得更高；而土质较为粗粝的，比如沙质土中，水上升得就较低。极端情况下，在黏土中，水能上升到很高的地方，但在砾石中水就几乎不上升。

气压也会影响在泥土间向上传输并停留在那里的水量。这意味着，当气压突然降低，比如风暴来临的时候，土壤无法吸附如此之多的毛细水，于是水很快回流到相应的溪流中，从而加大了在风暴天气中出现洪涝的可能性。

此时值得我们稍稍离题，说明一下对细节的注意与更为广泛的观察结合起来，是如何能帮助我们更加深入了解当前发生的事情的。我们来看看弄得到处是水的厨房实验如何能结合沙滩上的一次散步经历，来帮助预测当地的一条河是否可能会发洪水。

海面高度会受到潮汐状态的影响，而潮汐又会受到很多因素的影响，这在后面会讲到，但在这里我只提一种——气压。低气压时的海平面要高于高气压时的海面，当高气压系统转变为低气压系统，海面通常会上涨30厘米，也就是1英尺[*]左右。为了帮你记住这一点，可以想象高气压系统下的迷人蓝天低低地压在地平线上，从而使海面下降。

设想你正身处一片你所熟悉的沿海区域，这时你突然注意到海面

---

* 1英尺=30.48厘米。——编注

19 似乎比你之前任何时候看到的都要高，甚至比高潮时还高。这或许会让你猜测气压一定是大幅度下降了。反过来这又意味着，你不仅能预测到坏天气要来了——因为气压表显示气压下降时很可能出现坏天气，而且还可以预测出出现洪涝的风险大大上升——因为在第一滴雨尚未降落时，所有溪流、水沟和河流中因毛细作用而被吸附在岸上的水将会被释放出来。

一旦学习到该注意哪些事物，它们又会带来什么影响，那我们看到的每一片水便不只是美丽迷人，还会成为提示其他现象的线索。我们学会了把水看成一个精巧复杂的网络系统，或者说是一个矩阵里的一部分。很多时候，这些技巧会被称为魔法，最近人们叫它通灵——然而两者都不是。它们是一点好奇心、觉察力以及整理线索的意愿合在一起的成果。

在这个如涡流一般旋转的一章里，我们学习了厨房里、叶子上、溪流中以及海边的水。在我们追随伟人脚步，比如4世纪时对“自然迹象拥有渊博知识”的印度水专家苏佩拉加的旅程中，我们一定要熟悉这样一个观点，即对某一区域的水的理解会帮助你理解另一区域
20 的水。

第三章

如何在池塘中看见太平洋

虽然我和家人常常去海边游泳，但这还是满足不了我们对水和游泳的渴望，于是在几年前我们做起了打算。在白垩岩质地区，水难以在池中蓄起，因为它总是往地下渗透，因此去池塘里游野泳的选择便大大受限。对我们来说，这明显就是一个穆罕默德和山的实例*。如果找不到一个游野泳的池塘，我们就……我们的花园里现在就有一个像模像样的池塘，一年到头大部分时间我们都在里面游泳。

我讨厌的园艺活儿可以列出一个长长的名单，然而维护我们的池塘却常常让我乐在其中。随便哪个周末，都有这几件事等着我去做：冲刷、布网、撇去浮渣、修剪水生植物以及处理疯长的藻类。奇怪的是，做这些活计我似乎永不疲倦。因为这种乐趣，再加上我对水的热爱和痴迷，结果便是我花了大量的时间观察池塘。就在今天早上，我数到了十四只青蛙，还看到修剪齐整的早春植物根部缝隙里满是快要
渗出的黑色蛙卵，这幅景象令我大为激动。 21

去年有一次，我正要出门赴约，走到池边我停下来朝水里看去——我总是这样做，哪怕很多时候眼看就要迟到了。之后，用警察

* 即“山不来就穆罕默德，穆罕默德就去就山”的哲学议题，提示人们改变不了客观环境，但可以改变自己的主观意志。

的话来说，我试图离开事发现场，但就是挪不开脚步。那一刻水之于我的魔力比平常更强烈了。我瞄了一眼手表，脑中的小部分理智催促着更大的、对人失礼的部分赶快走开，但水中出现的现象就是不肯放我走。接着我看到了它，或者应该说，我意识到它是什么了，这两者完全就是两码事。

我们的大脑常常疲于应付来自各种感官的繁杂信息，因此它们会依赖一个过滤器来处理信息。大脑的软件中有一个自动排序系统，它不断地在我们眼睛接收到的信息中筛选出紧急事情。从进化论角度讲，我们一度对捕食者和猎物，也就是威胁和机会最感兴趣。而捕食者和猎物都会移动，所以我们才会在任何场景中都最先注意到移动的物体，之后才能发现更加细微的线索。所有人都能注意到兔子窜过小路，但绝少有人能够发现小路一侧堆积的树叶，除非风将它们吹过小路，制造出移动的场面。

当我们看向水面，这个过滤器便会发挥作用。在注意到任何色彩和明暗的细微变化之前，我们会首先发现水中的动态。那天的风力不小，风吹过池面引起阵阵涟漪。在小水塘的一处边沿，有几块半浸入水中的石块被我们拿来当脚踏石。风在池水表面制造出的涟漪吸引了我的目光，但引起我注意的并不是这个已经见过上千次的简单现
22 象。当时我在观察并试图辨认的，是石块周围形成的种种水纹图案，它呼应了我所了解的水在世界上一个全然不同的地方的动态变化。

1773年，库克船长在驶近太平洋上一片凶险的海域时，将精神提高到了最高警戒状态，这片海域就是土阿莫土群岛*。这片群岛被一些

* 南太平洋法属波利尼西亚的东部岛群，群岛海域面积和整个西欧相当，是世界上最大的珊瑚环礁群。

水手们称为“危险群岛”，他们听闻过太多船只因撞上此处的暗礁而粉身碎骨的事件。库克看不到群岛或者散布在周围的暗礁，但他清楚它们就在附近，因为他能感觉到它们的存在。库克并没有神奇的第六感，他不过是在感受海水的变化，并注意到本该从南边传来的涌浪，以及本可以轻松察觉的海浪，在此刻明显缺席了。对他来说，这直接导向了这样一个结论：群岛一定在他的南方，并为他挡住了那些波浪。库克意识到，海水此刻比以往平静，是因为他正身处“无涌区”(swell shadow) 中。一旦感觉到这些波浪又回来了，库克便放松了一些，因为他知道自己一定已经驶过了危险水域。

望着池塘中的脚踏石，我看到当风吹过水面时，涟漪一圈一圈地向石块涌去。但在石头的下风区有一片平静的池水。它是池面中央附近唯一的一片静水。这便是“无涟漪区”(ripple shadow)。在这里，脚踏石将风吹来的涟漪挡在外面，它让我想起库克曾感受到的无涌区。

尽管库克是一位出色的水手和航海家，他也仅仅只是熟悉较为基本的读水技能，却无缘见识如今在太平洋常用的更为复杂的技能。得益于20世纪的学术调查，今天，我们对这些复杂迹象的了解都要比库
克更多。正是那次与这些更为精美的水纹在池塘中的初遇给我带来 23
了极大的快乐，虽然它耽误了我的约会。自此之后，我在池塘、湖泊、河水以及海洋中都注意过这些图案。只要愿意去寻找，这些迹象我们每个人都可以发现。

一块石头周围有五种划分明显的水纹图案。首先是“开阔水面”(open water)，它是池塘的主体，风在这里将涟漪有序地吹送过水面。其次是“无涟漪区”，它是位于石块一侧、涟漪无法到达的平静水面。

此外水中还有三种可以识别的图案。

在涟漪撞上脚踏石的那一刻，涟漪本身携带的能量中有一部分弹了回来，就像回声一样。这意味着在涟漪过来的那一侧——“无涟漪区”的对面——有一片颇为动荡的水面，这种不平静正是由涌来的涟漪撞上被弹回的涟漪引起的。在这片狭小的区域内，水面的状态不同于池塘的其他区域。我朝石块的两边看，注意到两片相似的水面，但它们又与池塘的其余地方截然不同。最后，在石块较远的那一侧涟漪再次相遇，交汇之处方向不同的涟漪交叉在一起，形成了自己的图案。

我突然领悟到自己在看一张“涟漪地图”，其中的涟漪图案依照严格的物理定则和定律与石块的位置相关联。几个世纪以来，太平洋岛屿的航海家们利用涌浪地图来为自己指引目标岛屿的方向，这些涟漪地图与它们别无二致，都是在辽阔的海洋上寻找一个小点的一项重
24 要技能。在我眼前，池塘中的那块脚踏石幻化成太平洋中的一座岛屿。

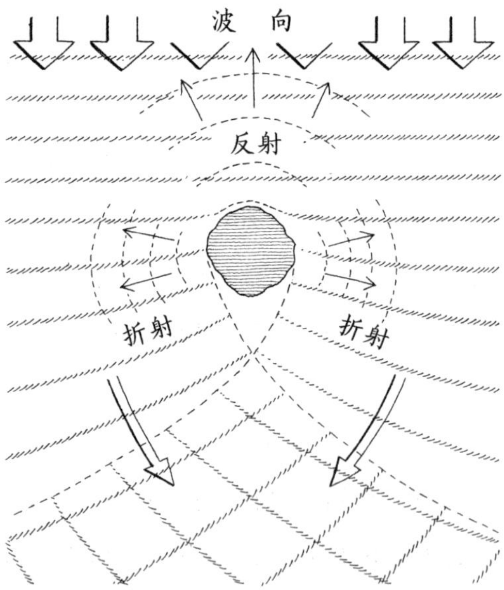

池塘中石块周围的涟漪类似于海洋中岛屿周围的波浪

此处值得引出这样一个观点，即涟漪、风浪以及涌浪之间有所差别。三者都是风在吹过水面时所形成的水波。涟漪几乎是即刻生成的，风一止息它也会很快消失。往茶杯内吹气便可制造涟漪。风浪需要风吹过较大面积的水面，在风停下后不会马上消失，而是要等上几个小时才会平息。涌浪指的是拥有足够能量传播至风区之外的波浪。在“解读波浪”一章里我们会更加详细地分析这三种不同类型的波浪，但在这里，我们可以把池塘中的涟漪看成海洋里的风浪。

当我低头看向池塘的水面，时间一分一秒地逝去，那次或许更加 25
重要但肯定缺乏美感的约会不断被推迟，我想象自己是一片小小的干枯的碎叶落在涟漪上。随着被风吹拂的落叶漂过石块附近，那种触水产生的波纹也有所变化。如果我是那片晃动叶子上的一只蚂蚁，我便有机会感知自己相对于石块岛屿的位置。这项技艺被太平洋航海家们称为“水感”(*meaify*)，它是一种通过解读水的变化来进行导航的精巧技能。这种水面的变化有时在闭上眼睛时更容易被感知到，据说有些航海家会躺在甲板上闭上双眼来感受水面的波动。

多亏了1890年代德国海军温克勒船长的好奇心，我们如今对某些太平洋航海家解读水面状态方法的了解要多于对他们其他大部分文化的了解。在他的翻译约阿希姆·德布鲁姆（这名翻译后来自己也成为一位航海大师）的协助下，温克勒对于马绍尔群岛的研究保留了一些绝妙且独一无二的读水智慧。

马绍尔群岛位于太平洋中靠近赤道的位置，是密克罗尼西亚群岛的一部分。因为没有高山，这些岛屿低低地平躺在海洋中，航海者们唯有在靠近时才能留意到它们的存在。在要靠航海和寻找岛屿谋生，又没有罗盘、海图和六分仪可以使用的海上，十分适宜孕育出繁盛和精细的读水文化。

温克勒船长发现，马绍尔人看待水的方式同欧洲的制图师看待陆地的方式大体相同：水在他们眼里不是跟随天气变化而转变的混乱水面，而是平展在那里的、拥有一系列可识别特征的地形。海洋深度的重要性不言而喻，海床的自然特性有时也会得到记录，因为它不仅能协助导航，还可以帮助挑选合适的抛锚地点，但是对于太平洋之外的
26 人来说，开阔洋面的特征值得绘制成图这种观点却很陌生。这便是在我们历史的大多数时期欧洲水手所固有的观念。大约唯一的例外是水面状况在近岸处会发生改变。虽然海水在此时可能会变得捉摸不透且动荡不安，但通常此时你已能够看到陆地，因此对于长途导航中位置的判断而言，它通常被认为是并不重要或不相关的信息。

马绍尔人没有其他方法可以选择，于是持相反观点。一旦踏上陆地，导航对他们来说就结束了。他们的挑战在岛屿之间，在海面之上，于是他们学会了以更加审慎的方式看待海洋。

岛上的人们注意到，风总是以一种可靠的方式自固定方向吹来——这些方向便是盛行风向，地球上的每个地方都有自己的盛行风向。这些盛行风在大洋里引发了可以预测的涌浪，当这些涌浪撞上岛屿，便会引发同样可以预测的现象。在岛屿的四周，水面以一种带有指示性的方式变化着。迎面撞上岛屿的波浪会反弹回来，与持续涌来的涌浪混在一起；流经岛屿附近的波浪会发生弯曲，并在岛屿的两侧形成不同的水纹图案；在岛屿较远的一侧，则产生一片无涌区。

这些技能的天才之处在于将两个简单的观察相互关联起来。首先，风是季节性的，因而它们引发的波浪以及在岛屿周围形成的图案都可以得到大致的预测。其次，借助水的变化，这些图案可以用来推断陆地的方向。正如陆上的导航者可以依据山体平缓的下坡推断出

河流的方向，太平洋的岛民们可以根据船只特定的摇晃运动来推测岛屿的方向。

这些知识以及与之相伴的技能在太平洋岛屿俯拾皆是。或许每 27
一个岛上社群都有自己的一套本地图案需要解读、学习和传授，但学者发现即使是相隔甚远的岛屿群之间，它们的相似性也要大于差异性。这也在意料之中：他们面对着相似的境况，拥有相似的需求，而且都缺乏基本的导航技术，岛屿间频繁的文化交流使他们的知识也广为传播。最为重要的是，水在所有岛屿的周围都遵循着相同的定律，即便这些岛屿相隔甚远，面积天差地别，甚至正如我所发现的那样，哪怕这座岛屿不过是英国一片池塘中的一块脚踏石，也是如此。

在马绍尔群岛，温克勒发现了一件在人类历史上绝无仅有的东西。唯独在这些岛屿上，温克勒之类的人才能找到一件能够代表这种水智慧的实物。马绍尔的航海家们发明了“木杆海图”，这是一种用扁索（一种由干纤维制成的绳索）捆绑棕榈叶柄制成的工具，用来呈现水手们会在海上遇到的各种相互关联的涌浪类型。以西方的眼光来看，“木杆海图”根本就不是海图，它们从未被携带出海或用来准确地呈现真实世界。相反，它们不过是教学用具，被经验丰富的马绍尔航海家拿来教授初学者。

如果说是温克勒船长点燃了西方人对太平洋航海术的兴趣，那么便是生于英国、长于新西兰的海员及学者戴维·刘易斯引爆了这种热情。刘易斯在1970年代花了很长时间与岛民们一同航行并且采访了他们，付出了比他人更多的努力重新点燃西方社会对这个领域的兴趣。

马绍尔人的“木杆海图”中蕴含的智慧并未全部消亡，戴维·刘 28

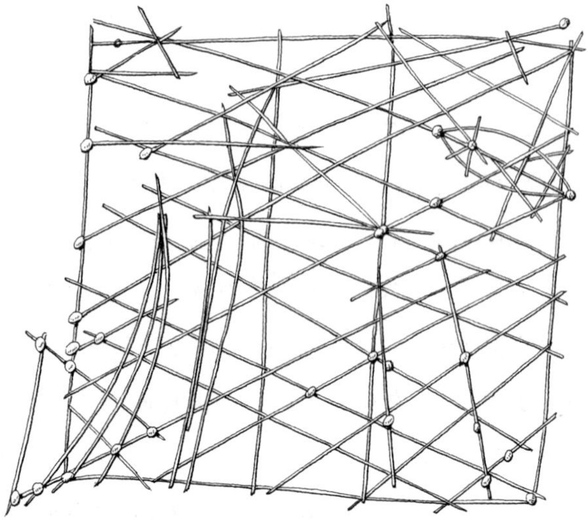

来自马绍尔群岛的“木杆海图”

易斯和最后几名航海家们一起航行以保留这些知识。刘易斯与当地的一位航海家伊奥蒂巴塔·阿塔一起踏上了从塔拉瓦环礁*到邻近的马亚纳环礁的短途航行。他们为伊奥蒂巴塔30英尺长的木舟扬起船帆，这种线条流畅的快船被他用来赛船以及捕鲨，然后踏上了只有18英里**的旅途，但是距离并不重要。沿途，刘易斯得以观察伊奥蒂巴塔指出自己与每座岛屿的相对位置，并听他用波浪的变化来解释其中的关联。

伊奥蒂巴塔解释了自东而来的涌浪被每一座岛屿弯曲后水体会如何变化，在他的解释中，混乱的蓝色海面在刘易斯眼前变为一张海图。伊奥蒂巴塔还能指出较小的波浪在哪儿浮在了较大波浪的上方，从而将自己的图案强加在较大且较为显著的涌浪之上。从短暂的波

* 太平洋中西部的一组环礁，基里巴斯共和国首都。马亚纳环礁也是基里巴斯的城市。

** 1英里≈1.609公里。——编注

浪到潜身其下的涌浪，通过解读这些波浪并发现涌浪如何受遥远岛屿 29
的影响，伊奥蒂巴塔能够感知并“勘测”出尚不可见的陆地的位置。

在另一趟研究旅途中，刘易斯称航海家希波能够像“看人脸”一样识别出熟悉的涌浪类型。有的涌浪太过常见，从而成为朋友并获得自己的名字。有一种非常常见的类型被简单命名为“大浪”(Big Wave)，这个简单的名号背后有着特殊的意义，因为它来自“大鹫星之下”(under the Big Bird)。在太平洋岛屿的航海术中，方向并不是用东西南北来指称，而是以在某一方向升落的星星名字来指谓。“大鹫星”是河鼓二[*]的当地称号，这颗恒星在东方升起。因此，通过将来自“大鹫星”之下的涌浪描述为“大浪”，他们便可同时确认此种涌浪的特征及方向。

这些技能的非凡之处非常值得我们思考。每一位略有经验的水手都会学着感受不同海面状态之间的区别，很多奇闻逸事都描述了船长是如何从海洋运动几乎难以察觉的改变中对自己所处的位置做出推算。还有一则18世纪关于埃德蒙·范宁船长的传说。据传他在有一夜醒来后冲上甲板，命令船员顶风停船，这几乎等同于让一艘航行中的船紧急刹车。到了第二天范宁和他的船员才意识到，当时在距他们不到1英里的地方有一处本会将他们击碎的暗礁。范宁通过海水的变化在睡梦中感受到了这处暗礁！

虽然这不过是个出处不详的传说，却自有其道理。西方的水手很少能够用这种方式来解读大海。我曾多次试图运用这种技能，但每次
它都只是提升了我对太平洋航海家的敬意。这些技能精细复杂，事实 30
上，如果不能放弃自己原本的生活而投身于对它的追求，平常人很难

* 即天鹰座 α 星，俗称牵牛星。

达到太平洋岛民的水平。然而，我们不该为此感到惊讶，也一定不能因此消沉——或许很难运用这些技能穿过太平洋，但我们依然可以通过观察身边的水面来学习以及识别这些图案。如今，当我在家里的池塘中看到涟漪在石头周围反射且弯曲，我依旧大为惊奇，虽然此前我曾无数次凝视池水，却从未发觉它们。正如我先前提到的，在我们看到和意识到的东西之间存在着很大的差别。

在后面的“海岸”和“解读波浪”等章节里我们会再次回到这个领域，更加深入地了解大量其他迹象和图案。但在我们离开池塘之前，我想让你在一片相对平静的池塘里找到一对划水的鸭子。

鸭子是成对出现的动物，母鸭身边跟着颜色更加鲜艳的公鸭的景象非常常见。(公鸭毛色鲜艳明亮，头部碧绿，脖颈洁白，还有着明黄色的喙，但是母鸭却色泽灰暗。这是因为母鸭在易受攻击的孵卵期需要更好的掩护。)

仔细观察鸭子周围的水面形态。倘若在无风日，又没有其他鸟儿搅乱水面，那么水面便平静温和。但更有可能的是，水面上会出现因微风及其他鸟儿的干扰而形成的涟漪。不管你看到了什么，花点时间来了解一下水面的形状和规律，不只是水鸭周围的水面，也向更宽阔的水面上观望一下。这便是“水面变化基线”(baseline water
31 behaviour)，换言之，就是水面在被那对鸭子干扰之前的状态。

现在观察其中一只鸭子划过之后的水面。你会很快发现在它身后出现了“V”字形伴流，这只鸭子带起的这组涟漪向外扩散过水面，叠加在先前的水面图案之上。接下来看看另外一只鸭子背后出现的相似涟漪。这些涟漪在两只鸭子游过时从它们身后扩散至更远处的水面。

留意两组涟漪相遇之后彼此叠加的地方，花几秒钟研究一下。你能看出现在形成了一种全新的图案吗？它是两只鸭子带起的两组涟漪组合在一起形成的图案，看起来却与每一组都有所差别。你应该可以看到一种全新的交叉图案。

鸭子身后的伴流在相遇之处形成新的图案 32

两组水波在叠加之后出现的图案独一无二，因此太平洋岛屿的航海家们才能在两组涌浪靠近岛屿、彼此叠加时弄清自己的位置。例如，波浪在撞上岛屿反弹回来后遇上涌来的波浪会形成新的图案，而环绕在岛屿一侧的波浪会遇上自另一侧弯曲而来的波浪，最终在无涌区远端相遇，并在其外侧生成一种新的波浪图案。

波浪像这样彼此相遇之后形成新图案的现象，科学家们称为“干涉波”(interference patterns)。当波峰两两相遇，水面高度是之前的2倍，而波谷两两相遇形成的波谷深度也是之前的2倍，但是当一组涟漪或波浪的波峰与另一组的波谷相遇时，它们便相互抵消。最终的结果便是形成了产自两组波浪却与两者都不尽相同的小块水域。在后面的内容中，我们还会再来了解在不同地点及不同尺度上的这种重要效应，但对于引入这个话题，鸭子和太平洋岛民们却是一个不错的
33 组合。

第四章

陆上涟漪

1885年，南澳大利亚州政府派遣了一位叫戴维·林赛的人和一小队勘测员，他们自阿德莱德出发，前往干旱的巴克利台地进行考察。到了次年2月，这些勘测员仍在台地上辛勤工作，但在此时他们遇上了沙漠旅行者的死对头，当地土著称之为*quatcha queandaritchika*，翻译成不太动听的语言，大意是“滴水全无”。

托德河的河床已经干涸，土地四周一片灰暗干枯的景象，这队人因而仅靠最后的几品脱[*]水续命。他们面临着严重的生存危机。队中有一人骑上骆驼出发前去打探水源，但在不久之后归来，精疲力竭，垂头丧气，他一滴水也没找到。更糟糕的是，他连当地土著的影子都没有见到。长期以来，勘测员们都认识到，在这样极度严苛的环境下，当地人与地形的关系可以预示此地环境是否适宜生存。生火的痕迹意味着土著们曾在此处安营扎寨，也意味着附近一定存在水源。然而当 34
时在方圆几英里之内都没有出现他们扎营的痕迹。情况不容乐观。

幸运的是，后来出现了一种能够提示附近水源位置的线索，这种线索甚至比土著的存在都更为可靠。探险者们正要开始体会绝望的

* 1品脱≈0.57升。

痛苦滋味时，林赛却发现一只孤单的原鸽飞过峡谷。他几乎是立刻就意识到了这只鸟犹如天使降临般的意义，于是出发前去追赶。鸟儿或许已经消失在视野里，但是林赛记住了它的飞行路线，便一路追踪，来到一座山上。在一处不起眼的地方，一个他永远也想不到要去查看的地点，林赛在岩石间发现了一个洞，里面的水足以让他和他的队员喝上一年。

我们身处澳大利亚内陆或其他任何极度缺水的地方的可能性或许微乎其微，但是有机会解读水之于我们的相对位置却是读水技能的重要部分。对于周围环境的看法可以再次从太平洋那些出色的航海家处获得灵感，他们能够为我们提供一个在世界上任何地方都会有益的视角，不管身处城市中心还是荒野。在本章，我们来集中学习如何在看到水之前发现它的存在。

太平洋的航海家们并不是精准地朝目标岛屿前进，他们不过是尽其所能地向他们心中岛屿所在的海域行驶。一旦航海家由航行距离及星辰位置这样的迹象判断出岛屿就在不远处，他便开始巡视海面与天空，以寻找能够帮忙发现远方陆地的线索。除了我们前面了解过的涌浪类型，一个主要的提示便是看到的鸟儿的种类，因为每一种鸟都
35 可以用来估算陆地的远近。燕鸥、鲣鸟以及军舰鸟各自有着以陆地为中心的舒适飞行范围，因此它们中的任何一群都能成为航海家雷达的一部分。军舰鸟能飞至距离陆地70英里的地方，而看到燕鸥值得我们欢欣鼓舞，因为这种鸟儿很少会飞到距陆地20英里之外的地方，看到它们便意味着很快可以登陆。这种利用鸟类来计算陆地远近的方法是自然导航者技艺的基本组成部分，从《圣经 · 旧约》到斯堪的纳维亚的故事集，它出现在形形色色的故事里。《旧约》中，诺亚放出一只

鸽子以打探洪水是否退去。在太平洋，这种方法获得了自己的专属名称：以鸟探路（*etakidimaan*）。

随着距陆地越来越近，海洋生物也会发生明显的变化，因为鱼类、海豚及水母与其他动物一样，偏爱受近陆浅海强烈影响的栖息地。但还有其他一些迹象，其中就包括云彩的变化，它在从陆上升起的暖空气上方会呈现出不同于较冷水面上空的形态。

所有这些线索加在一起，使得微小如点的岛屿在航海家眼里似乎被放大至可被观测到的程度，尽管它们还远在可视范围之外，航海家却因此可以在壮阔的太平洋上发现陆地。我们的兴趣在水而不在陆地，但仍可使用这一原理。我们可以学着寻找那些提示水就在不远处的迹象。养成这个习惯能带来回报，它使我们能够发现水经过重重陆地送来的“涟漪”。一旦你学会感知这些迹象，那么那面人迹罕至的美丽小湖，那片多数人路过都不会投以一瞥的湖水，便会发射信号，送出涟漪，吸引你靠近观察。

根据当地的水量，每一株野花、每一棵树木以及每一只动物都或多或少有被发现的可能性。对昆虫来说，这个范围会非常小。很多昆 36
虫都只在距离淡水几米之内的地方活动，有一些之后我们会讲到。苍蝇常常让人觉得讨厌，但在炎热的夏日，试着在路过水源时注意它们数量的波动。在撒哈拉，我发现苍蝇是一种可贵的线索，它能非常可靠地指示附近的绿洲。蜜蜂也非常有用，因为它们总是沿着直线往返水源地飞行几百米，在空中划出一道微弱的标记，指引着水的方向。

鸟类没有汗腺，因此它们流失水分的速度要低于很多哺乳动物，这意味着它们飞离水源的距离可以远远大于一些昆虫和哺乳动物，但它们从不随意超过一定范围。大型鸟类、猛禽还有以腐肉为食的鸟类，比如乌鸦，能从它们的食物中获取大量水分，因而不像以种子为食的鸟类那样需要定期补充水分，后者中有鸽子、斑鸠、鸡、燕子以及雨燕等，这些鸟类在觅食时需要定期喝水。除了学习每种鸟类与水之间的关系，我们还可以从它们的行为中找到一些线索。假如你看到鸟儿在低空中快速飞翔，它们便更有可能是在朝水源飞去，但如果它们在林子里的枝头间不断地飞来飞去，这很可能说明它们已经摄取了充足的水分，正在体重所能承受的最大高度附近飞。

很多鸟类都有着非常固定的栖息地：翠鸟是地盘性的河鸟，在旅行之后会飞回河边的大本营，因此翠鸟出没标志着附近一定有淡水河。崖沙燕是另外一个提示附近可能会有河水的线索。许多鸟类对淡水和咸水有着极为不同的偏好，例如海鹦对淡水毫无兴趣，而骨顶对咸水也兴味索然。

像大多其他植物一样，树木是扎根在某一地点的，这会给它们带
37 来严重的后果，也同样会对我们有所启发。树根必须在它们永久置身其中的土地里费力维持一种平衡：它们必须支撑起树木，或许还得抵抗8级风这样强大的力量，再为树木提供矿物质，并运输成千上万吨的水分。对牢固附着和丰富水源的需求之间存在着这种不稳定的平衡，正是在这种不平衡中，树木通过分化找到了自己的生境。水青冈进化出比大多数温带树木对土壤低含水量更强的耐受度，因而它们的根系不耐长期水淹，这让它们在相对缺水的区域拥有巨大优势——因此水青冈可以很好地提示你正脚踏干燥土地之上。柳树和桤木唯有在根系常常浸水的地方才会生长良好，因而它们对不远处的水源是强有力的提示。

从其貌不扬的野草到令人着迷的野花，每一种下层植物都有着它

沿河岸成排生长的柳树 38

们喜爱的土壤湿度，因此它们显示了土地的含水量，也因而说明了附近存在水源的可能性。从活泼的沼泽金盏花*到不住颔首的水杨梅，许多植物的名字便透露了它们的喜好。

运用植物寻找、标记或者预测水源位置时，诀窍在于千万别陷入学习那些提示水源的植物名称的坏习惯中去，这是自讨苦吃——它们的名字成百上千——而要关注在你熟悉的区域，靠近水源时植物是如何变化的。此时你便开始结识一群喜欢水的朋友，一眼看去便能认出它们，假以时日，它们的名字也会渐渐被你熟知。我非常反感那些认

* 此为直译，原文为“yellow marsh marigolds”，指毛茛科植物驴蹄草（*Caltha palustris*）。下文“水杨梅”亦为直译，原文为“water avens”，指蔷薇科植物紫萼路边青（*Geum rivale*）。——编注

为知道植物的名字要好过了解它们特性的博物学家。

我们每个人在这个领域里都拥有一种无意识的基本能力，现代的生活方式可能让这种能力弱化，但它根深蒂固到能让我们挺过海啸一般的日常邮件和屏幕阅读。从幼年起，我们就在漫长的夏季干旱期见过草坪上的青草渐渐焦枯，而在雨季归来时又见它们恢复至生机勃勃的绿色。既然能有此观察，我们便不难注意到靠近河边的夏季枯草相对更加青翠。

几个月前，我的大儿子自告奋勇要陪我前去汉普郡的温纳尔荒原，尽管他还带着一些犹豫。我们的共同任务是找寻水獭的痕迹。我们确实花了大量时间来嗅闻一些可疑的块状物，以期它会散发出水獭粪便特有的茉莉花茶香气。那次我们并不走运，但在散漫地调查两堆
39 粪便期间，我指向一条长路的末端，问他认为路的末端会有什么。我指向的是一条很长的笔直的小径，此前我们并未踏足其上，只能看到路的远端生长着一丛褐色的芦苇。芦苇当然预示着水源，我认为他并不知道这一点。

“有河？”他说。这着实让我高兴了一番，它要么说明我们很容易能下意识使用这些技巧，要么说明这可怜的孩子更多地使用了这种观察世界的方式，这对于抱着电子游戏机长大的一代来说已然让人欣慰。

即使没有父母强迫，这种习惯仍旧值得我们自发养成。它能给你带来无数的乐趣，当你拜访附近的一条河或一面湖时，这种乐趣还会成倍增加。在走近河流时你会注意到植物发生了变化，又会突然发现自己被某种特别的新物种吸引并与它成为朋友。我永远无法忘却在学会将一种奇特的夏末降“雪”与附近缓慢流动的溪水联系在一起

时的愉悦。据英国林业委员会称，黑杨是英国最濒危的乡土树种。我与这个珍稀树种的初次相遇多亏了它奇妙的种子，当时我看到一片白色“棉絮”飘过一条黑色乡间泥路，这条小路就在一条缓缓的溪水边。之后在与这种毛茸茸的白色种子的两次相遇中，我都注意到了同一件事——附近有水。就这样，我对这种靠风传播的如雪一般的“棉絮”种子生出了喜爱之情，也对它们的来源产生了好奇心，而将种子及播撒它们的树木与附近的水联系在一起不过是时间问题。

起初，你可能想要将主要精力集中在最大最明显的迹象上，也就是那些从很远处便可轻松解读的线索，比如预示着不远处就是河水的一排柳树。但是慢慢地你可能会像我一样，能从细微的迹象中获得越来越多的满足感。地衣对包括水分在内的很多事物都很敏感，其中有 40
一种地衣特别能够提示附近的水源。它的学名*Fuscidea lightfootii*不怎么为人熟知，但我们可以称它为“莱特富特地衣”[*]。它很容易辨别，呈显眼的明绿色，上面零散长着一些黑斑。莱特富特地衣喜欢潮湿的空气和环境，因而在近水处长势繁盛。

在体型较小的动物中，我们可以来了解一下昆虫的生存环境。识别出正展翅飞翔的昆虫不是一件易事，但仅仅为了了解它们就将其杀死有些残忍，而捕捉它们则有些……怎么说呢，显得太热切了。自然为我们解决了这个难题，我们只需看一眼被蜘蛛网捕捉到的昆虫就会发现，离水几米之外的昆虫与离水1公里处的昆虫有着明显的差别，而处于其间的虫子则会有微弱的变化。

我们依赖眼睛观察大部分迹象，以判断自己正离水越来越近，但当其他感官也能帮上忙时，它会给我们带来很大的满足感，因此值得

---

* 原文为“lightfoot lichen”，指棕网衣属的一种地衣，其中“lightfoot”出自英国的植物学家约翰·莱特富特（John Lightfoot）。

好好培养。海水的气味是我们再熟悉不过的线索，但这只是因为它味道很冲。在轻柔的微风中闻到淡淡的溪水气味更加令人愉悦，甚至当你从旱地上踏入刚刚经历一次局部降水后的区域时所闻到的气息也让人为之振奋。雨水将植物产生的油性物质从土壤里释放出来，并激活了土壤中的放线菌，这在一定程度上为我们带来了雨落在旱地上所散发的独特而熟悉的气味。雨水在漫长的干旱季之后降临会散发出一种特别强烈的气味，这种气味被称为“雨后的尘土香”(petrichor)。

在后面的章节里，我们再深入挖掘这些方法中的一部分，同时，在河畔仔细聆听喜马拉雅凤仙花的果皮在一年最后一个季节爆裂时
41 的声音。这种爆裂通常因触碰引发，倘若是你不小心碰到它，它小小的爆裂会让你有一阵轻轻的刺痛感。这股冲力能将种子发射至7米开外的地方并落入水中，从而在一定程度上解释了为何它在河边长势旺盛。喜马拉雅凤仙花不是乡土植物，有些人很讨厌它，因为它是一种非常猖狂的入侵者。作为读水者，我们没有必要研究它的优点或风险，只需欣赏它紫色的花朵以及果皮爆裂的声音，这个声音暗示了附近可能存在水源。

在世界上炎热干燥的区域，长久以来，探险者们已经掌握了那些能提示水源的植物(其中大部分都生长于极为干旱的沙漠地区)，但同样他们还认识了蓄水植物。旅人蕉的叶子排列生长，但它的名字更有可能来自它用蕉叶基部蓄水的习惯。在家乡附近，了解这种植物同样富有乐趣，即便我们不需要它们来帮助生存。起绒草是一种你可能多次见过的植物，即使你不知道它的名字。它一般能长到两米或更高，通过它多刺的茎叶我们很容易能将它识别出来，尤其是它的顶部非常好辨认：夏季时，它能开出粉色或紫色的花朵，而在一年中的其他时候都是标志性的枯褐色。与其他某些植物一样，起绒草的拉丁学名颇有

启发性。它的属名是*Dipsacus*，意为“对水的渴望”，这暗指了水会蓄积在它叶基部的凹陷处，之后再汇入主茎。

假如你正在城市中费力寻找水源，又极度渴望见到它们，稍微从侧面思考或许大有帮助。单引擎直升机容易在引擎故障时朝地面快速撞去，从而引发灾难。因此，按照惯例（常常还受法律约束），这些直升机不应偏离飞行路线，从而将发生意外时坠落在人口聚集区的风险
降到最小。然而城市中的陆地本就人口密集，仅有少数几处例外，其 42
中就包括穿城而过的河流。注意观察像伦敦这样的城市上空的直升机，你会发现它们有很多都在沿着一条蜿蜒的曲线穿过城市中心。这些直升机正为你在天空中描绘出泰晤士河的形状。

水还常常被收入地名中，有像“桥巷”（Bridge Lane）这样名字直白的街道，还有其他略微含蓄的地名：“河”（bourne），“溪”（burn），“川”（brook），“谷”（strath），“磨坊”（mill），“涧”（gill），诸如此类，它们都提示着附近可能有水。“aber”和“inver”来自凯尔特语，意为“河口”，或者“河水汇集的地方”，因此发现阿伯加文尼（Abergavenny）[*]和因弗内斯（Inverness）[**]有河就不足为奇了。

以上所有技能在不断打磨后，都可以成为在找到水源之前“看见”它们的有趣技艺。最后还有一个方法，就是偶尔倒回几步。假如你在不经意间撞见了水，此时便是折回去并再次慢慢走向水源的绝佳机会，只是这次你要调动自己所有的感官来发现能提示附近有水源的自然线索。在明知有水源的情况下去打探它是打磨技能的最佳方法
之一，终有一天，你会发现水再也无法毫无防备地出现在你面前。 43

---

* 英国威尔士的一座城市，位于威尔士东南部，其历史可以追溯至罗马帝国时期。

** 英国苏格兰北部港市。

第五章

不那么卑微的水坑

水坑的低陷在于它的谦卑。它低低地躺在那里，波澜不起，温顺谦恭，不愿吸引我们的注意。只有在汽车穿过它时，它才会被人们提及，之后的谈话内容则全部围绕那位粗鲁的司机，而水坑自身却被忽视了。但不会再这样了！

水坑是一种提示：它在某一处蓄起大量的水，周围却滴水全无。这是为何？水坑并非随意形成。在这一章里，我们来了解不同种类的水坑，它们共同组成了由“洼地”水坑，“跟踪器”和“导航仪”水坑，“悬垂”、“泉水”和“地震仪”水坑等构成的大家族。

每一个水坑都说明水受到了拦截，无法渗入地下。因此倘若一个水坑持久不变，我们可以推断出来的第一件事就是水坑之下的土地要么无法渗水，要么已经饱和了。这在我们穿过乡村地区时尤为有趣，此时我们可能会注意到水坑的数量猛然增加，尽管当地并没有下雨。
44 这说明你脚下的岩石很可能发生了变化，即便泥土的样子看起来与先前并无二致。由于岩石决定了一个区域土壤的很多特性，而土壤又强烈地影响了你将看到的动植物的种类，因此在没有局部降水的情况下，水坑数量的突变说明你周围的岩石、土壤以及动植物也随之发生了变化。

当我们问起某个地区为何在有些地方出现水坑而其他地方没有时，我们很快意识到每一个水坑都标出了当地地形的一个洼地。水在重力的作用下往低处走，因此它总是试图向下坡流动，除非有东西拦截住它。由于这个原因，非渗水地面上的任何局部洼地都会聚起水坑。

路面在建成之后带有一个拱起，好让水从中心流向两边，这正是为了避免在路中央形成水坑。于是这些水在道路两边汇集，理应会缓缓向下流进下水道。然而随着时间的推移，修路者精巧的规划会被渐渐扭曲压弯，因此我们常常发现从路中心一路到下水道的平滑曲线会产生凸起、弯曲和凹陷，而罪魁祸首有汽车、人为因素和结冰现象等。有时，在装载重货的卡车常常停车卸货的地方会出现凹地，从而形成水坑。

当道路因重修或铺设电缆而被挖开时，路面总会被重新封上，但最后用到的材料几乎总是与最初修路时用的材料有所差别。随着时间的推移，这块地方膨胀以及收缩的速率会不同于路面其他部分，因而我们常常会在新旧柏油碎石相接的地方发现水坑。下水道有时也会罢工，于是它充当了城市中的一块非渗水岩石，阻挡水沿它的引水 45
道落下。这也会制造出水坑，通常面积还很大。

城市规划师及修路者在动工之初便怀抱一举消灭水坑的目标，因此城市中的任一处水坑都说明那个地方出了一些问题，而背后的简单原因通常都可以找到。在显而易见的观察中，我们能收获丰富的见解。

“洼地”水坑非常常见，但不是每一处都令人着迷。如果我们发现某一小块地方低于它周围地面的原因是这一处受到了侵蚀，那我们便发现了水坑家族非常有趣的一个分支。此时水坑成为可以提示某种活动的一个线索，这也意味着它成功跻身于“跟踪器”水坑的行列。“跟踪器”水坑这一类别可以给你一些提示，以了解在你之前有谁到过那里，以及他们都做了什么。

从自行车到河狸，任何东西在经过地面时都会留下痕迹，假如某一块地方更常被行过，那么这处地面就会受到磨损，还可能因这种磨损而形成小的凹陷。下过雨后，这处凹陷便会收集雨水。最严重且最显而易见的是，水会在拖拉机留下的车辙和垄间聚积成坑——我们都曾见过上千个这种水坑，并试图绕过它们。但不是所有的水坑都有这么清清楚楚的历史。

在两条小路或小径交会的地方有一块地面，那里被磨损的程度要比这两条路更严重，因为两条路的车辆都一定会经过这个交会点。这使得此处会受到的磨损翻了一番，因而地面会被磨薄，从而形成一
46 处洼地，更有可能是很多处洼地。因此，当你走到十字路口时，“路口”水坑值得你停下脚步寻找，它们是“跟踪器”家族的成员，通常很好发现。

现在，注意转弯是如何给地面造成更多损耗的。转弯需要很大的力才能实现，而这种力量都被施加在了地面上。在每一个交叉路口，都会出现有东西在此拐弯的痕迹。在路口，通常会形成弧形的水坑：机动车转弯会留下显眼的大水坑，骑行者留下的水坑略小，而行人留下的更小，但每一种通常都迹象明显。推断出人们最常拐弯的方向相当容易，只需观察一下泥土和水坑的形状。当看见一条小路与一条大路相交，我便会推测人们最常拐弯的方向，因为这很有可能就是城镇或村庄的方向。“转弯”水坑是“路口”水坑中的一种特殊弧形水坑，二者都属于“跟踪器”家族。“跟踪器”水坑背后的概念很简单：人或来往车辆造成的磨损越多，便越有可能会在某处形成水

“转弯”和“路口”水坑 47

坑。但是简单并不意味着它就不美，脚印越浅，发现它们制造出的水坑的乐趣就越多。

下次当你走在一条乡间小路上，发现在一段原本平坦的泥地上出现一个水坑，停下脚步看看自己能否找到它出现在那里的原因。看向路两边的灌木，寻找是否有东西正在忙碌的痕迹。动物们有着自己的路网，獾踩过的路面宽阔笔直，很容易发现，特别是当你俯下身子从獾的高度观察的时候。还有其他很多动物，比如鹿和兔子，它们会造出自己的高速公路，在这些路与我们的路交叉之处，自然会有更多磨损。不可否认的是，跟机动车甚至是行人走过的路口相比，它们只有一丁点大，但只需如此便可让一小片地面被磨下去一点，而水当然会在降雨之后聚积在那里。

接下来发生的事情是，这些小小的水坑会在两个因素的促进下渐渐扩大。首先，在雨停之后，人和动物道路交叉留下的小坑会比周围较干的泥土更长久地保持柔软湿润。这就是说，不管是行人笨重的靴子还是田鼠毛茸茸的爪子，当下一只脚踏上那块地方，相对于旁边干硬的地面，那一处的泥土会稍微更多地被搅起，从而使得这块小小的地方磨损得更快。一种自我加强循环因而建立，水坑便会稍稍扩大。

其次，所有的小水坑都充当着生活在那片栖息地的动物们的小
48 小水库。正如它们会前往较大的池塘和湖泊，这些饥渴的动物也会寻找水坑，从而为此处带来了更多的流量，缓缓地促进了小水坑的增长。我的狗就常常穿过路面去走道上的水坑处痛饮，特别是在长途跋涉之后，它的饥渴会加重，便更是如此。它不过是利用此种自然水池的上百万种动物之一。

初读至此，你肯定会对兔子的优雅脚印竟会留下水坑这一事实有所怀疑。但事实就是如此，关键点在于，我们想到的往往只是一只兔子穿过小路这样的单个事例，然而自然界中很多现象都是循环往复而成的。一只兔子窜过小路可能不会留下水坑，但如果多只兔子在几个月内每天几次路过此处，或许就会在路面上制造水坑。鉴于以上原因，微小的水坑一经生成，就很有可能会继续增大，而不是消失。

一旦学会寻找它们，这些“跟踪器”水坑便随处可见。它们可以说明，一个水坑不应被视为一次随机的小意外，而应成为对我们周围发生的事情的小小提示。如果我们想要加深自己对自然的理解，那么停下脚步思考水坑出现在那里的原因这一举动常常会打开新的局面，因为我们有可能会在水坑周围发现水坑制造者的脚印。

大部分水坑周围的软泥都是发现动物行踪的理想地点，在那里事情会变得更加详细复杂。这本书并不关乎追踪，但在每次看到泥坑

时，值得做一点基本的追踪练习，因为这也是水坑来历的一部分。努力辨认出是哪些动物路过了此地——例如，你很有可能发现并认出狗的脚爪印。

下面再看看你能否推断出水坑是这只动物的目的地。脚印是经过水坑旁边还是指向水坑呢？从这里我们可以清晰地看出动物是去 49
饮水还是只是路过，并尽力不让它的爪子被水沾湿。接下来再花几分钟观察一下，看自己能否破解动物的来处以及它之后的去向。它是像狗一样沿着你站的这条路走，还是像野生动物一样穿过灌木丛去附近的地方呢？

去年的一次散步中，我在某个路口拐弯，在那里发现一个很大的水坑，水面还泛着涟漪。这是一个典型的大号“转弯”水坑，是一个农民的拖拉机在这个黑泥路口留下的。换作平常它并不会长久吸引我的注意，但那天水面上的涟漪吸引了我的目光。水坑中央有一片平静的区域，而周围却有几圈涟漪朝坑边荡去。那天没有一丝风，所以我清楚我可以把风这个因素排除出去，而且水面的涟漪图案也绝不是风引起的。除此之外，我的内心有了一个更具可能性的猜测。我向后退去，安静地躲在我来时路上的灌木丛里，一动不动，同时观察着水坑并侧耳倾听着。没错，一分钟之后主谋回来了，在此后的几分钟里我欣赏到了一只鸸鸟在水中洗澡的精彩场面。

与池塘中的涟漪和海洋里的波浪一样，水坑里的涟漪也能透露出一些东西。向坑内投下一粒石子，你会看到涟漪从干扰处向四周散去。假如水坑足够大，那你便能在涟漪从坑边反弹回来之前看到水面中央重归平静。有时，这些反弹回来的细小涟漪在彼此相撞之后会形成菱形图案和水面凸起。水面中央的短暂平静说明，不管之前是什么干扰到了水面，这个干扰目前已经没有了，最美妙的例子就是一只鸟

50 儿或虫子飞走了。

一百多年前，德文波特[*]皇家海军工程学院的校长兼物理学教授A. M. 沃辛顿运用最新的高速摄影技术来研究飞溅到底是什么，它如何形成，实际形状又是怎样。他把他的研究成果写成了一本书，于1908年出版，书的名字恰如其分，就叫《飞溅研究》。书中有颇多有趣见解，但在没有高速摄影的情况下大部分都是很难理解的，因此在这里我只提一些和我们的研究相关的内容。

沃辛顿发现，一次飞溅中有时会形成气泡，这和液体坠落的高度相关。假如液滴落下的位置足够高，便有可能形成气泡，但低于某一高度它们则完全不会出现。他还注意到当液滴分别落入牛奶和水中时，会制造出不同的涟漪图案，并认识到液体的稠度和表面张力会给它自身带来独有的涟漪图案。我们无须像沃辛顿教授那样细致入微地研究飞溅，但此时值得花点时间一读其文字，不为别的，只是因为它能提醒我们，在这样一个简单的现象中，其实发生了好多我们难以注意或不愿意去发现的过程：

> 下次当你接了一杯茶或咖啡，在加奶之前做一个简单的实验，在高于液面15或16英寸[**]的位置用汤匙将一滴牛奶滴入杯中。读者很容易就能看出，一根水柱会从水面浮现，顶端抬着白色的牛奶滴，它只是被杯中的液体轻微染了色。
>
> 51 同样地，通过裸眼能够观察到一大滴雨水坠入池水中溅起的小坑。在两个例子中，我们能够瞥见的，是“静止”

* 英国西南区域德文郡的海港，现有德文波特海军基地。——编注

** 1英寸=2.54厘米。——编注

阶段。弹起的水柱到达最高位置后，在空中停留了一刻，之后便降落下去。小坑也是如此。正是这一小段相对较长的静止时间给我们留下了清晰的视觉印象，而其他过程因为发生太快而被忽略掉了。

但时常会出现一种错觉。我们似乎经常看到水柱竖立在小坑正中。我们知道，事实上小坑在水柱出现之前就已经消失了。然而还没等小坑的视觉影像消失，水柱的影像便叠加了上去。

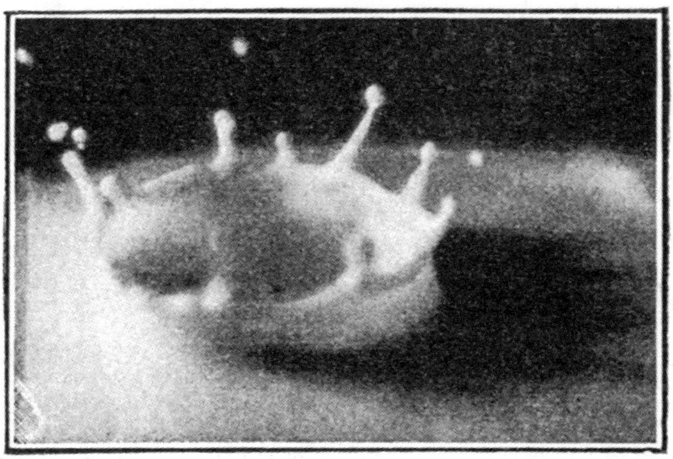

沃辛顿飞溅

但如果你见到的水坑很明显不是动物或人磨损地面而形成的
“洼地”水坑呢？看看它是不是“悬垂”水坑。雨水常常在树木或任何 52
悬在地面上方的东西处汇集。苔藓是一个很好的迹象，它说明你看到
的是“悬垂”水坑，这意味着一棵树或建筑上的部分雨水落在了那一
块地面上，看到苔藓就可以确定那一块地方经常是潮湿的。

最有趣的一些水坑不仅仅与天空有关，也与地面有着紧密的关系。为了了解它们，我们需要考虑雨水降落在地又被太阳蒸发的过程。这带我们来到水坑中的“导航仪”家族。

成功的水坑解读者必须摒弃两个肤浅又极为普遍的假设。与大众的想象相反，雨水绝少完全垂直降落，以及除了在热带，太阳从不会出现在头顶正上方。滂沱大雨常常伴随着狂风，也就是说雨水势必会在风的驱动下以某一角度撞上建筑、树木以及山坡。这会使得水在某些地方要比其他地方更多地汇集起来。倘若你已经养成了在暴雨中注意风向的习惯，解读这些水坑并利用它们导向就相当容易了。更多时候，雨水大多在盛行风的吹拂下降落，这就意味着它会在任何障碍物的迎风面聚积，而这会使那一面形成更多的水坑。

在英国，这表明我们会在建筑物、树木以及岩石的西南面看到很多小水坑，特别在大雨之后或地面状况尤其容易形成水坑的情况下。然而，这些水坑往往寿命很短，因为午后的阳光很快就能将它们蒸发掉。因风形成的雨水坑的近亲是雪坑和融冰坑。雪花随风飞舞并在某些地方聚积，当气温升高，冰冷的水坑便留了下来。

在我以前的著作中，我曾详细地描述过在一天不同时间段内太
53 阳的方向变化。这是自然导航者意识中的一个关键部分，在了解水坑时却可以将它简化处理。在热带以北的任何地方，包括整个欧洲和美国，太阳在一天的正午时分都处于正南方。此时太阳发出自己最大的光和热，因而也是它的蒸发作用最为明显的时候。这就是说，任何背对着南方正午阳光的东西都需要更久的时间才能干燥，久而久之，将会导致某一面出现更多的水坑。

这听起来好像很简单，然而在利用水坑进行导航时的确会出现一些让我们略感意外的结果。当某个障碍物很高时，比如一座大楼，事情便一目了然。在背阴的北面，你会看到更多的水坑，它们需要更长

的时间才能干涸。下次当雨后出现太阳时，观察城内的道路，你能见证它们的发生过程。暴露在太阳光下的柏油马路和人行道要比建筑物的背阴面干得更快；在凉爽的天气里，有时还能看到水汽只从道路的一边升起。这导致建筑物的北面出现更多的水坑。 54

当障碍物较低时，比如乡间小路旁边的灌木丛，这一原理同样适用，但它会带来一个结果，对很多乡村自然导航者来说这有点违反直觉。水坑仍然出现在障碍物的北面，但这就意味着我们会在小路的南边看到它们。大多数人或许以为会在小路的北边能见到更多水坑，然而在本例中南边才是背阴的那一边，正如下图所示。

水坑在小路的南边更为常见

运用水坑进行导航远比很多人想象的简单。你只需要了解风和雨水的来向，并记住南边的太阳会晒干北边的地面，给任何投下影子的障碍物的北边留下水坑。

在水坑边缘，你会发现那里的生物有所不同，正如所有水源周围发生的那样。在几英尺之外无法存活的青草和杂草，可能会在长期存在的水坑边生长茂盛。在水坑上或水坑附近你会看到很多昆虫，偶尔也会在水坑内看到生命。在干旱地区，水坑有时会成为蛙卵的家园，但不幸的是很少有蝌蚪能在这些水坑中成长为青蛙。孵化出的蝌蚪会食用所有可以食用的藻类，之后在饥饿难耐时，便开始食用自己的同类。

有可能在水坑附近出现的最大生命体是人类。有一些水坑（有时面积非常大）是地下水而不是地面水形成的，这些“泉水”水坑曾经是淡水的重要来源。当白垩岩这样的渗水岩石遇上一层不透水的岩石时，便常常会出现泉水，只要看到一处，在同一高度就很有可能出现更多处。

55 假如是一片开阔的旱地，发现这些泉水通常很容易，因为相比四周，它们周围的土地会更加郁郁葱葱。查看地形测量图或其他完备的地图时，偶尔你会看到上面标有一些蓝色的字母“Spr”，意为泉水。倘若附近其他淡水资源极少，那么这些“泉水”水坑附近很可能有村庄或其他文明社会的存在。人类会在珍贵的淡水四周聚集，这跟苍蝇一样。

在世界上的湿润地带，比如英国，人类栖息地和汩汩泉水之间的强烈关系常常被忽略，但在略微干燥的地方，比如欧洲南部，这种关系的表现就非常鲜明了。作家亚当·尼科尔森[*]发现，在希腊语中“泉水”一词还含有菜园的意思。在希腊，如果说你要去*vryses*（意为“泉水”），意思就不只是要去水边，而是要去生长着食物和生命的地方。

饮用泉水带有一种圣洁、原始和高雅的感觉。即便是最清澈的溪水有时也会掩人耳目——我不止一次在绕过一泓诱人的清水后发现水中泡着一具腐烂的死羊尸体或其他腐烂物。但是泉水绝不会也不可能

---

* 亚当·尼科尔森（Adam Nicolson, 1957— ），一位擅于书写历史、风景、文学及海洋的英国作家，代表作为《海的房间》。

以此种方式哄骗我们。雨水降落之后，经过岩石长时间的层层过滤，最终涌现在你面前，它不只是如杜松子酒般清澈，而且如处女般明净。

“你还好吗？”小个子的泊车员从她的机器上方问我，在此之前，还没有哪一个泊车员曾对我表现过如此的善意。

“很好，谢谢。非常好。”我答道，又重新投入工作。我拿出一架照相机，并不是因为我此时需要或者想要用它。我刚学到一招，那就是在这种情况下，照相机能安抚人们，从而帮我省去长篇大论的解释，反正也没有人会信我。在骑士桥[*]的人行道上趴了几分钟后，我的腹
部现在非常冰冷。骑士桥可能不是进行此实验的最佳地点。我看起 56
来可能像是世界上最懒的恐怖分子，但此时我无法确定一个完美地点。在费力扭动身体并眯起眼睛观察后，我站了起来，向后退去，又蹲下来盯着看。终于，我看到了我一直寻找的东西。

“地震仪”水坑是我们可以用来监测地面和空气中最轻微震动的水坑。据说，纳瓦霍印第安人[**]仅通过将耳朵贴在地面上就能判断出是否有马匹在靠近，甚至还能推断出马的数量、速度、距离以及是否有人骑在它们身上。“地震仪”水坑背后的原理与此相似。通过全神贯注聆听大地的细微震动，我们可以学着预测出周围的都市人无法发现的东西。比如我们在等候的那辆公交车是否已经在来的路上了，或者地铁是否刚刚从我们脚下经过。为了理解这种水坑的作用原理，我们需要先研究一下双筒望远镜。

你是否曾注意到，我们很难将双筒望远镜瞄准一个距离遥远、不

---

* 伦敦街道名。

** 美国印第安居民集团中人数最多的一支，散居于新墨西哥州西北部、亚利桑那州东北部及犹他州东南部。

停移动的小物体，比如一只鸟？而在每次呼吸时你似乎又找不到它了。可能你已经意识到了，比赛中的步枪射击手对呼吸的关注和对枪的关注一样多。此二者的原因在于，事物离我们越远，细微角度的改变对看到的结果影响就越大。

再回到人行道上的水坑，如果我们看的是自己的倒影，则需一次很大的干扰，比如踩入水中的一只脚或一阵强风，才会搅乱水中的影像。但如果我们在倒影中看到的是很远处的事物，我们就能发现更加细微的角度变化，这意味着水面出现一点轻微变动就会非常明显。观察这
57 一点的最好的情况，是在我们把远处小而明亮的事物连起来的时候。

在暮春的一个黄昏里，我沿着一条乡间小道散步，注意到金星和木星倒映在我路过的水坑里。我抓住这次观察“地震仪”水坑的机会，舒舒服服地倚在一棵树上，观察着其中一个较大水坑里的木星。几分钟过去了，什么都没有发生，但接着我注意到水面出现了一丝干扰。几秒钟之后它再次出现了。

起初我想一定是一只小昆虫，但我太熟悉它们制造出的大部分涟漪了，而这点波动并不像是它们弄出来的。水纹消失了几分钟，但之后再次出现了。这样持续了一阵子，最终我发现了这点细微干扰的来源。一只蝙蝠在水面上空扑着翅膀，从水中晃荡的木星映象中可以感受到它的翅膀扇起的微风。

水坑倒影被低估了，但至少曾有一些人探索过它们的可能。摄影师布雷恩·波多尔斯基通过拍摄水坑中的倒影以捕捉世界，这种艺术被他称为“水坑摄影”(puddleography)。据他所言，水坑打开了“通往另一维度的一扇窗”。是不是另一个维度我不确定，但如果你找到了自己的“地震仪”水坑，在倒影中找到远处的一个物体，那你便可据此
58 发现飞行的蝙蝠、看不到的列车或者四个在远处飞驰的牛仔。

第六章

河流与溪水

1920年代，曾有人试图依照生活在河里的鱼的种类来对河流水位进行分类，但这只取得了部分成功。上至无鱼的高山溪流，下到褐鳟小溪，又一直到米诺鱼和欧鳊生活的河流——这种方法虽然奏效却并不严谨，因为鱼虽有自己的栖息地，但是不像植物，它们会一直游来游去！水文学家、地质学家、垂钓者和昆虫学家，这些人中的每一类都有着自己对水位的分类方法，这个名单还可以一直列下去，但很快就会变得混乱不堪，毫无用处。甚至数学家也有着一套针对河流水位和变化的分类方法，并且还发明了一个公式——曼宁公式*，理论上它将所有因素都考虑在内，描述了河水的流速，但对河水流动的过程却说不清道不明。幸运的是，在这里我们将把水位简化为高地水位和低地水位。

一般而言，高地河较为陡峭，因为越往高处走，地形便越险峻，因此河水也更具活力。有的低地河流动甚为从容缓慢，以至于你可以跟 59
着它的步伐往前走上1公里，其间河水水位的下落不会超过半米。这

---

* 曼宁公式（Manning's Formula）由法国工程师菲利普·高克勒于1867年首次提出，后被爱尔兰工程师罗伯特·曼宁在1890年重新改良，它是计算明渠道流量或速度的经验公式，常用于物理计算、水利建设等活动中。

使得鉴定方法清晰明了：假如河水不时快速流动，并沿着狭窄且有时陡峭的河道奔腾而过，那么它是一条高地河；但如果河面宽阔，河水流动缓慢、蜿蜒曲折，那么它是低地河。根据你的鉴定结果，会有一些特殊的事物需要寻找。

大到巨石，小到沙砾，高地河能带动任何东西跟着自己一起奔流。观察一下河水的两岸以及它奔腾的水面，估摸一下被带动石块的大致尺寸。这能让你粗略地估量出河水在咆哮激荡时的力量。第二件要感受的事是——你能听到水声吗？高地河在很多处都翻腾着白色的水花，甚至在它们看起来并非落差巨大时也是如此。我们不是在谈论瀑布，而只是急速流过高低不平的坚硬地面上的水。它在这里向上翻腾，不时形成白色的水沫，并发出熟悉的声响。这种流水的声音实际上由空气混入水中而形成。低地河则安静得多，水本身常常默然无声地向前流淌着。

倘若仔细观察高地河中某些较扁平的石头，你可能会发现两个与河水的活动相关的线索。注意这些宽岩石顶端常见的小小水坑是怎样出现的，而别的石面上又是如何坑坑洼洼。它们是湍流冲蚀的两个明证，这是因为当河水湍急时粗砾在漩涡中被不断搅拌，从而在石块上刻出洞和凹痕。之后这些坑内填上河水或雨水，在石面上形成了小小的水坑。

接下来，再看看干流中巨石的下游，看自己能否找到一些“背风岩屑堆”(lee scree)。每当液体带着微粒经过障碍物时，我们能从它留下的岩屑堆形状上了解水流。在自然导航中，寻找风在风道上任何障
60 碍物的背面沉积下来的雪、沙或树叶是一个很常用的方法。它之所以有用，是因为一旦你知道风从哪个方向吹来，这些微粒的踪迹便可充当一个简易罗盘。

相同的事情还发生在急速流动的河水中，只不过在这里我们利用它来推断河水的力量，而不是方向。任何流水都会将大小不一的粒子聚集起来，当河水受到阻碍而流速减慢，比如遇到石块时，粒子便会在石块的背面，也就是下流面沉积下来。从沉积物到岩石，这些粒子的大小能够帮助我们判断河水在某些时刻的流速，因为微弱的细流可以带动泥沙，但只有汹涌奔流的急水才能移动较大的石块。

河中以及河畔的石块形状同样能够说明河水的活动。圆滑的卵石一定被水冲刷过，表面的光滑均匀暗示了它们被河水侵蚀的程度。锋利或棱角分明的石块并没有在流水中待过。想想玻璃瓶破碎后在沙滩上留下的尖锐碎片。假如它们一直留在沙滩高处的旱地上，那么在此后的几十年里它们都会是锋利的，但如果进入海中，便会变身为我们有时在沙子里发现的平滑圆润的玻璃卵石。

如果你看向低地的蜿蜒河流，便会发现河水极有可能不够清澈，难以看到水底——因为它聚积起了太多淤泥，从而变得浑浊不堪。因此这些河流的线索都要从河面上找寻。稍后我们会列举很多这样的例子，但在此刻，只需注意河水在外弯处要比内弯处流动得更快。

涨　水

倘若你熟悉某条河流，那你应该已经学会了评估这条河对天 61
气变动所产生的反应。然而，不管是否了解一条河，我们都容易做出一些简单而宽泛的假设。假如确实了解一条河，我们容易以为所有的河流都与这条河的活动变化如出一辙，而如果不了解，我们会偏向于依赖一些看起来像是共识的假设，但这些假设常常错得出人意料。

举个例子，在大量降水之后一条河会有什么变化？不言而喻，不过是基本的水循环：水在太阳的热量下蒸发，凝结成云，又化为雨落回河中——所以，雨水越多，河水的水位就越高！在一定程度上这没错，然而这个简单关系中的一个意外难题是，河水对降雨的反应时间会依据它周围的地形而千变万化。在一段时间的倾盆大雨之后，有的河水能将汽车甚至是火车冲走，而另外一些却几乎没怎么上涨。这是为何？

答案藏在“涨水”(flashiness) 一词中，这个术语被用来描述一条河受降水影响的程度。它并非随意创造，而是受到了水文学家们的重视，因为它对于测量以及预测河水的变化起着重要的作用。

我们来看几个实际例子。假如某条河附近全是非渗水岩石和土壤，比如黏土，那么落下又无法蒸发的每一滴雨几乎都无处可去，只得向下流淌，直到进入小溪再汇入河流 (小溪不过是能跨过去的河)。但如果等量的雨水落在渗水岩石上，比如白垩岩或石灰岩，那它便会渗入地下，继续流淌，直到遇上地下的非渗水层。此时它便开始作为“地下水面”(water table) 的一部分蓄起，并在渗水岩中形成地下水库，也就是“含水层”(aquifer)。

这些水无法再重见天日，除非它们作为清泉涌出，这通常发生在
62 距降雨位置很远的地方，而且一般要在降雨数月后才可能发生。所以喜欢在夏季的白垩岩小溪中垂钓的人有这样一个说法：“唯一可以派上用场的雨水在圣瓦伦丁节[*]前降落。”所有在2月之后降临的雨水在秋天鱼汛期结束后才能汇到河里。

---

* 西方的情人节，即每年的2月14日。

因此降落在黏土上的雨水会使当地的河水在几小时内上涨，而当等量的降雨落在白垩岩上时，几个月内都无法对当地的河流产生明显的影响。黏土质地区很容易涨水，而位于白垩岩附近的区域则完全不会这样。汉普郡的切里顿溪位于白垩岩土质的区域，因此它对天气的变化不怎么敏感，而是在相当固定的范围内稳定地流动。但是东萨塞克斯的厄克河之下是不渗水的黏土，因而它的流速和水位变化都极为不稳定。在流速最高时它流过的水量是流速最低时的1 000倍，而切里顿溪的这个数字只有25。

我们如何判断河水会怎样变化？它在雨后会大肆泛滥还是几乎不变呢？横跨河面的桥梁形状是一个简单友好的提示。涨水河的水位上涨非常快，因此任何未将此因素考虑在内的桥梁在经历首个冬天时都会被冲毁。涨水河地区的桥修建得更高，桥墩也更为高大牢固，而在非涨水区域，桥梁较低，桥墩也略为矮小。因此，在同等条件下，扫一眼水面和桥底之间的距离，便能推断出河水在暴雨之后会上涨多少。在我所住的区域有一座桥名叫霍顿桥，它就很低，其原因在于桥身下的阿伦河处于白垩岩地区。这让某些人大感意外，因为它所在的这个地方几乎每个冬天都会洪水泛滥。它虽然会涨水，然而水速和水
位的上涨都很缓慢，因此桥可以修建得低一些。 63

任何地方都可能发生洪水，然而就水面变化而言，水位上涨的速度通常在其中扮演着更为重要的角色。一些最为危险的洪水常发生在难以预料的地方。“干谷”(wadi)通常被认为是沙漠中干燥多尘的沟谷。沙漠旅行者常常寻找干谷，因为它们的最低处生长着植物，能为骆驼以及其他动物提供珍贵的食物。然而，它之所以成为沟谷，并且比周围的土地更加深陷且更靠近地下水面，是因为当稀少的降雨发生时，这里是山洪暴发的地方。非凡的瑞士变装探险家伊莎贝尔·埃

伯哈特*曾说：

> 此生我将永远流浪，热爱那些人迹罕至的远方。

然而一个地方可以无人涉足，却依然显露秘密。沙漠中的干谷在暴雨后要特别警惕。埃伯哈特便死于阿尔及利亚艾因塞弗拉干谷的一次山洪暴发，遇难时只有27岁。

城市似乎让水无可遁形，水完全无法从道路或建筑上渗下，但它仍然需要一个去处。伦敦的下水道和排水管有很多可以追溯到19世纪中叶巴泽尔杰特**的浩大工程，如今它们仍在顽强地应对暴雨，因此即便城内不会出现山洪暴发，泰晤士河边也时而会出现刺鼻的恶臭—— 一种嗅觉上的暴涨。存在多年的霉斑可以标记洪水的最高水位，因而值得在市内寻找它们的身影。人们常用它来标记当地洪水的历史最高点，这个方法可以追溯到古埃及。这些标志可以帮助我们描
64 绘出河水的特性图，但不要落入屡见不鲜的历史圈套——以为它们标记出了可能性的上限。河水喜欢打破纪录，它们越是暴涨，打破纪录的程度就越猛烈。

在乡村地区，植物也能标记洪水。河水周边没有灌木生长（只有青草萋萋），要么说明此处之前经历了洪水，要么说明有人在这里频繁放牧，或者二者皆有。但有一些植物相当明确：藨草就喜欢干湿交替

---

* 伊莎贝尔·埃伯哈特（Isabelle Eberhardt, 1877—1904），瑞士探险家和作家。她因热爱北非而于1897年移居阿尔及利亚，变装为男人在阿尔及利亚北部以及沙漠中探险。

** 约瑟夫·巴泽尔杰特爵士（Sir Joseph Bazalgette, 1819—1891），19世纪英国的市政工程师。作为伦敦大都市工程局的总工程师，他最大的贡献是为伦敦设计修建了下水道网络，改善了伦敦当时恶臭冲天的环境，并有效遏制了霍乱的蔓延，成为工业时代的七大工程奇迹之一。

的地区。

地下水面

在我的经验里，探水者热情诚恳，但他们对探水及地下水有一个常见的基本误解，而在理解河水水位时这一点尤为重要。

正如我在前面提到的，雨水降落之后在重力的作用下向地下渗透，直到被非渗水岩石拦截住，并在那里蓄起。这便形成了一座地下水库，即地下水面。

地下水面指的是饱和土壤层。在河流中它或许清晰可见，但它通常指的是土壤中已经饱和的渗水岩层这一不可见的储水层。地下水面的高度随着降雨量而起落。几乎任何地方（甚至在沙漠中）在地下非渗水岩层之上都能发现地下水面。这就是说，不管你选择在哪处地方向下钻孔，都有可能发现水源。唯一相关的问题通常是：它有多深？因此，当探水者使用探测杖或其他设备成功找到水时，他们唯有确定了**水深**才能令人钦佩。蒙上双眼，朝地图投去一个飞镖，在飞镖落下的地方挖掘，**只要挖得足够深**，你便有可能找到水。

我们如何算出需要挖多深呢？河水可以提供一个良好的提示，它 65
对于任何挖井者或想要成为探水者的人来说都大有助益。所有河流的水位都会上下波动，但很多河流都有一个基本水位，它们绝少回落到这个水位之下。通常我们在仲夏至季夏时节或在漫长的干期之后见到的水位就是基本水位，它可以说明夏季时你周围的地下水面。（倘若一条河全部干涸，这不过预示着地下水面已经降至河床高度之下。相反，假如地下水面涨至与你周围的地面齐平，那么便会形成湿地。）

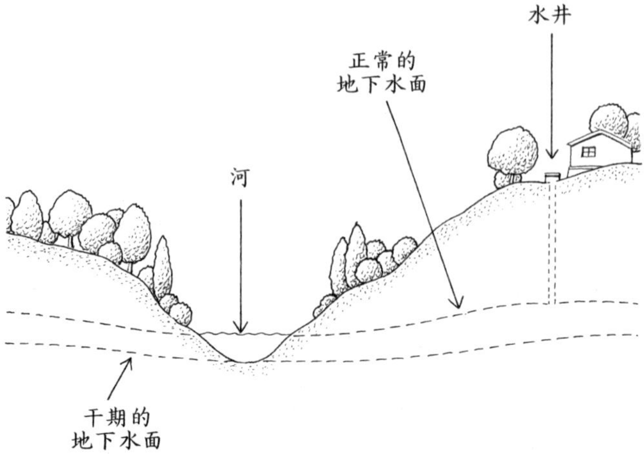

运用附近的河流预测水深

因此，如果你想要比探水员更好地做一次水源预测，就在夏天去找当地的一条河，看看你感兴趣的地面高出水面多少。这便是你需要
66 挖掘的大致深度。

植物与动物

以下观察结果能帮你将动植物和周围的水况联系起来，这些关系在一些相当明确的推断中得到了最好的呈现。

倘若河水清澈可见，找到一座桥，看看桥两边生长的植物，并将它们与桥下的植物（不管是水中还是水边的）做比较。这帮我们强调了某个陆地上的事实，但在朝水里望去时我们却常常将其忽略：植物需要光照。在背阴的地方（一片薄薄的树荫即可），你会发现那里的植物不同于几英尺之外的地方，数量也较少。在光照较好的区域，你或许会发现像水生毛茛 (water crowfoot) 这样常见的“水草”，它也被叫作

“water buttercup”(因为它是毛茛科*毛茛属的一种)。这种植物在夏季很好辨认,通常是一片中心为黄色的白色花朵。但不管你看到的是什么品种,注意它是喜阳还是喜阴植物。接下来再观察河水流经这些植物的速度。水生毛茛可以耐受一定速度的水流,超过这个速度便会被冲走,所以不要指望它们出现在高地溪流中。

假如你看到螺类贴附在水面上,那么很有可能水体变暖了一些,氧气含量降低,威胁到了水中生物的生存。可怜的螺正艰难地喘着气,这为你提示了水的气温和水中的氧气含量。

如果你在水面上发现一层绿绿的膜,走近看时发觉它们由成千上万株微小的浮水植物组成,那你看到的很有可能是浮萍。它们在静水或流动非常缓慢的水面上蔓延生长,特别当水中富含营养物质时更是疯长。水禽——比如鸭子——的粪便使得水中富含营养物质,由此浮萍、鸭子
以及那片水的缓慢流动全被联系在一起,“下面那片绿色”便成为别具启 67
发的自然之图的一部分,展现了它的水质及流速。当你发现一小股毫无遮蔽的快速水流冲过一片浮萍时,这幅景象会让你心生愉悦。

睡莲的根深扎于池塘以及流动缓慢的河流底部,能对它们周围的环境做出良好提示。白色睡莲喜欢流速缓慢且清澈见底的浅水,因此相比河流而言,它们在池塘中更常见。但如果你确实在河流中看到了它们,那便说明这条河的水极为清澈,相对平静,而且深度不会超过2米。黄色睡莲说明水可能深达5米,并且它对水的流动更耐受。然而,不管是白色还是黄色睡莲都无法经受船只制造出的干扰,因而在它们生长的区域较少有船行过。

---

* 即“buttercup family”。

河水在所有河湾的外弯处流动更快。这便使得外弯受到侵蚀，而沉积物在内弯处沉积。这进一步使得外弯处的植物长势弱于内弯植物，也就是说这两处的植物常常看起来相差甚远。内弯处的土壤形成时间较短，常常也极为肥沃，因而此处经常生长着繁盛的大麻叶泽兰、柳兰以及幼小的柳树等先锋种*。

生活在河中或河边的动物不仅依赖生长在那里的植物，还对河水的流速甚为敏感。河乌是一种羽毛丰满、体型较小的鸟，它的羽毛呈深褐色，喉部和胸部纯白，只在流速较快的河水中或河边出现。它们潜入急流之下的本领为人称道。自然录音师克里斯·沃森曾说，河乌
68 的歌喉“音调高于急速溪流的基本频率，是在流水之处演化出来的歌喉的绝妙典范”。

河乌不是唯一喜好在急水处生活的动物。除此之外还有灰鹡鸰、红胸秋沙鸭以及矶鹬。还有一些动物只生存在低地河流的缓水附近，其中包括骨顶、疣鼻天鹅、水鸡、雁和䴙䴘，另外还有蜻蜓和豆娘中的很多类，比如闪蓝色蟌。

这幅动物“织锦”还会继续丰富，因为豆娘和蜻蜓（鉴别贴士：蜻蜓的身体要比火柴棒粗）更有可能出现在光照充足的地方，因而这些昆虫为我们标记出了缓慢流动的水和光照强度。水中的生物能够提示里面富含的矿物质，因此也揭示了周围土地中的矿物质。螯虾需要摄取很多钙质以发育自己的壳，因而它们能说明周围的土地是白垩岩或石灰岩。

将本章的两个观点联系起来，所有这些事物之间的内在联系便清清楚楚了。看到螯虾意味着周围是白垩岩，而这又告诉你当地的暴雨

* 在演替过程中首先出现的、能够耐受极端局部环境条件且具有较高传播力的物种。

不会引起山洪暴发。

我们看到的动植物还会受到季节以及更短的时间周期的影响。低地河中水位最低的河流叫感潮河 (tidal river)，它们会受海水潮汐变化的影响。在感潮河上，你看到的生物会随着河水的涨落而变化。鸬鹚这样的鸟类喜欢退潮时的鱼甚于涨潮时的鱼。那里还有一些美丽而隐秘的生物周期：鳗鱼的迁徙易受水温、月相，甚至气压的影响。

几个世纪以来，鱼类都被人们用来判断水质，不管是鲑鱼还是褐
鳟都是很好的标记。但这些标记用起来却相对效率低下且粗略不堪， 69
因为昆虫能对很多环境变化做出更快且更为灵敏的反应。但是对于褐鳟的鳍来说，这门技艺还可以得到精进。褐鳟的鳍曾被用来指示威尔士溪流中的铅污染，因为鳟鱼尾部黑色越多，水中的铅含量就越高。这个方法十分灵验，因而获得一个名称——“黑尾判断法”(Black Tailing)，它被用来检测废弃矿井中的铅是从哪里进入水域的。

由于鱼类、昆虫及植物全都彼此依存，且都生存在水中，因而判断河水健康最简单的可行性指标便是生物的多样性。

苔藓与藻类

当我们走在高地溪水边，我们很容易把水中绿色的斑点看成一大块散漫而无定形的绿色东西，但这样我们就错过了一个读水技巧。通常苔藓和藻类很好区别，尽管理论上它们有成千上万个种属。这是因为我们已经习惯于在陆地上看到并识别出苔藓，而它们在水中的形态并无不同之处——紧紧附着在石块上的团块或片状物。藻类有很

多不同的形态（包括海藻），但在水中它常常呈细丝状附着于石块之上，摇摆时像头发一样飘逸，很容易识别。

一旦我们认出苔藓和藻类的差别，便很容易发现它们如何能够提示不同的现象。但首先它们具有一些共同之处：苔藓和藻类都需要光照以进行光合作用，因此光照强度会显著影响它们的生长。（在夏季，根据一周之内的光照时长，我能大致估算出每个周末需要多长时间来
70 清理我家池塘中的藻类。）

溪水中出现苔藓和藻类说明此处几乎常年不断水，因为两者都无法在干旱的环境下生长，假如苔藓常常缺水，它便无法繁殖。泥炭藓——色调不一的刺状、多水孔植物——是最为敏感的苔藓之一，因而它可以说明周围的环境常年潮湿。注意，唯有在水位稳定的溪水中你才能够看到苔藓和藻类。在全年有水的干流两边，你常常会看到有些地方有溪水猛涨留下的水道，但之后这些水道又会干涸很长时间。这些地方寸草不生，完全看不到苔藓和藻类的影子。

下面要注意的是一个区别。苔藓只在那些稳固的、不会被水移动的石块上生长良好，而藻类却可以在流动性更强的地方短暂地涌现。那句老话没有骗我们——“滚石不生苔”，因此苔藓为你指出的是溪水中石块稳固的地方，从而提示你在蹚过溪水时应该把脚踏在哪一处。苔藓和藻类当然都很滑，但苔藓相对来说好一些，至少生有苔藓的石块在近期内肯定没怎么挪动位置。

（如果你需要蹚过很多的河流与溪水，总有一天你会不慎失足。假如水速很快，在跌入水中后最好尽快将脚指向下游的方向，因为我们要避免让自己的头部撞到什么东西。记住，假定水速上涨的因数为“2”的话，它能够带动的物体大小会飙升到“64”。）

像大多数植物一样，苔藓对pH值比较敏感，而它们的种类常常随

着河中的石块而变。假如你看到两种不同的苔藓生长在彼此紧挨的两块石头上，仔细观察一下这两块石头。有可能其中一块是从地质不同的区域被冲下来的，这说明上游的水和土壤的特性可能大为不同。

淡水中出现藻类说明水中富含营养。即便是最清澈的溪水中，生 71
长一点藻类也是正常的，但藻类的突然暴发便说明出现了不平衡：富含磷酸盐或硝酸盐的物质从上游进入了水中，污染源头很有可能是化肥或工厂污水。同样地，做仔细区分可以帮助我们解决谜题，因为每一种藻类都对某一种化学物质特别敏感，因而如果我们有心便可以推断出答案。

河岸标记

我们再来看几个水边的特殊标记。不妨注意一下你所处的地方是否有牛群经常到水边饮水，因为这会对河流本身产生巨大的影响。奶牛重重地踩进水中，慢慢破坏了河岸，使得小溪越来越宽、越来越浅，溪水也更加浑浊，从而影响了水中的植物。由于这个缘故，农民及其他人会采取一些措施来阻止牛群到水边去。除了栅栏，看看河水边是否有沟渠流淌，因为这些水渠中的水流速很慢，因而在其他方面条件相同的环境下，你有机会比较动植物是如何随着水速的变化而改变的。

树木对河流产生的效果几乎与牛相反，它们能加固河岸，抵抗侵蚀，所以我们才常常发现河道在岸边有树的地方变窄，那里的水流也略为受限。(严格来讲，河水在那一点并不是“变窄”了，它只是没有变宽。) 如果看到一排柳树 (这种可能性很大，因为柳树属于少数树根浸水才能茂盛生长的树种)，看看自己能否看出它们的树龄沿着某一方向变小。河边的柳树，尤其是爆竹柳，能通过从上游冲下来的幼枝进行繁殖。表现之一是在某一方向上，这些柳树有着稳定的树龄差，它们全是
72 一个性别，要么都是雄树，要么都是雌树，因此都长着一样的柔荑花序。

环顾四周，找一根伸到河面上、沾着白色斑点的枝条或者栖木。这根枝条很有可能是翠鸟栖居的枝头。在一个陌生的地方，栖木通常要比翠鸟本身更容易被发现。翠鸟只在某一个地盘活动，因此一旦发现它的栖木，接下来就只需等待它的出现了。翠鸟是河水状况良好的又一表现。假如你怀疑有翠鸟在这一带生存，检查一下河岸边是否有一个高尔夫球大小的洞。崖沙燕会在沙岸上挖一些大小相似的洞，但它们是群居性鸟类，所以在同一区域会出现很多这样的洞。水鼩的洞一年到头大部分时间都浸在水下，但在夏季干旱期水位较低时它们便会显露出来。通过排除，在这些时间之外，刚好高于水线的洞更有可能是水鼠洞。

相比在夜间活动的水獭自身而言，它们在某一区域活动的迹象更容易被发现。尽管水獭的数量在经历了20世纪的惨淡后出现了或多或少的繁荣，研究一下你观察的河流是否是水獭的家园仍是个不错的主意，因为它们依旧数量稀少，很有可能会让人失望。如果它们确实存在，在桥下以及水边很低的树枝或树根处寻找一下它们的粪便。水獭非常狡猾，它们喜欢游到下游，但去上游时又会抄近路，因此如果做一点追踪，你便常常能够在溪水转弯处的地面上发现它们的捷径。倘若你想要在夜间找到水獭，那就竖起耳朵，因为它们时常会发出很多声音，大部分是“啃”声，特别是周围有很多水獭幼崽的时候。

不管是不是水獭的家园，我们还可以检查一下水边某些地方的草是否被压扁了，因为喜湿的动物喜欢将岸边的草“熨平”。旁边泥土中的脚印便可暴露“罪魁祸首”——很多人对于獾通常是真正的主谋
73 而不是水獭或其他水生动物感到意外。如果水中有食物可以获取，獾

便非常乐于潜入水中；它们会游过河水来到岛上，在游回之前将那里的鸟蛋一扫而空。

假如看到一只苍鹭盯着水中，注意仔细观察它的脖颈。苍鹭常常以惊人的速度出击，除非你一直小心观察，否则便会错过。征兆在于它们的脖子微微弯曲的方式，呈现出轻微的“S”形曲线。

水文要素

观察过如此之多与水环境相关的迹象之后，该是调整归零回到水本身的时候了。最好找到一个可以向远处观望的有利位置——低地河上大小适中的桥是一个理想的观察点，凸起的河岸也不错，甚至是一棵树也可以。

仔细观察河中央和两边的水流，注意中央的河水流动速度要快于两边。一般而言，河流两边的水速只有中央水速的四分之一。在两边，河水因为两个因素而减慢：一是水流与河岸接触时，河岸的摩擦力减缓了水流；另外两边的水较浅，因而流速也慢。

也就是说，想要稳赢“维尼木棍”*这个游戏，最简单的技巧就是你应该始终如一地将自己的木棍尽可能地丢在河面中央。在我的孩子还小时，我会确保让他们站在桥的中间，但几年之后他们就是青少年了，很快我该偷偷地重新占据这个有利位置了。内心深处我是个浪漫主义者，所以我并不喜欢“维尼木棍”这样的游戏被简化为如

* 这个游戏最早出现在英国作家A. A. 米尔恩的著名童书《小熊维尼》的第二卷《小熊维尼的房子》（1928）中。这个简单的游戏在流动水面上的桥上进行，玩家将木棍丢入桥的上游侧，木棍第一个出现在下游侧的玩家为胜者。

此简单的一个概念。幸运的是，正如在自然界中常常发生的那样，简单之下自有深意，这也是读水者和“维尼木棍”高手们应该意识到的。复杂之处隐藏在一个略为陌生却非常美丽的词语——“深泓线”
74 (thalweg) 中。

深泓线是山谷中最深的一条线，不管谷底是否有河水在流动。它被迥然不同的群体所利用，其中包括律师和水文学家：前者用它来解决界线纷争（当两个领地在河谷处交汇时，深泓线通常是法定的财产分界线），后者则用它来描述河中最深、流速最快因而也是最具侵蚀性的一条水线。

深泓线自身当然位于水下，如果有水在流动是看不见的，但有趣的是尽管深泓线常常靠近河面中央，却很少位于正中间，因为河流从不是完全笔直的。事实上，哪怕河流出现再小的弯曲（通常都会有），它都会略微向外侧河岸处蜿蜒。对于在水上赛船的人来说这个知识非常关键，但即便不赛船我们仍然可以试着找找深泓线，只需在一条看起来相当笔直的河中央附近寻找水速轻微变化的界线。

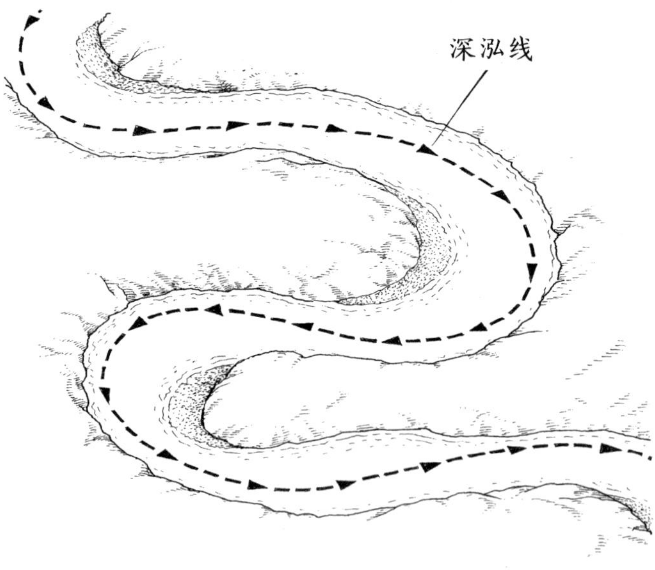

75

泥岛的诞生

在研究河水的水流时，或许你会发现水速会因为并不直观的原因而变化。如果真的发现水速在变，那么记住，河水在流经浅滩时会降低速度，在流过凹槽时则会加速。这就引出了一个奇怪的“先有鸡还是先有蛋”的问题。河水一旦减慢，便有更多沉积物落下，这就是说河水在流经较浅的泥岸时会降低速度，使更多的泥沙沉积下来，该处也随之增厚。同样地，河水流过河床中的凹槽时会加速，沉积物于是减少，对河底的侵蚀增强，从而使凹槽加深。就这样，河床中的深槽渐渐变成更大的空洞，而溪流中小小的泥岸却逐渐变大，最终形成泥岛。然而，这两个过程哪一个先发生呢？是水速减慢将泥沙沉积下来，还是泥岸减慢了流水？这个问题有时很难回答，但能够理解为何水中的一小片泥土似乎在越长越大也是不错的。

在流速最慢的河段，也就是河水几乎停滞的地方，最精细的泥沙在那里沉积。如果你曾踏入河中游泳，或许会对此有所体验，因为很有可能你挑选的地点是水速非常缓慢的岸边。在这里，土地与河水的界线变得模糊，当你的脚趾陷入精细的泥沙，几乎一脚就能踩到下面结实的泥土。在河水流动缓慢处，这些非常精细的泥沙区有一个绝妙的名字——“牛腹”(cowbelly)，因为腹部是牛身上最柔软的部分。

一旦一座泥岛得以形成，它便开始对水的步伐发号施令。它将溪流分成两条，每一条都与普通溪流别无二致，其中中间的水流较快而靠近泥岛和外岸处的水流较慢。因此河中的一座孤岛，或者甚至是溪流中的一块石头，都能制造出两股急速的水流，它们被四股较慢的水 76
流所包围。如果河面在泥岛附近变宽的程度并没有超过泥岛所占据的空间，那么事实上它挤占了水道。仔细查看一下泥岛两边的溪流，你会发现那里的水流速度实际上要超过泥岛前后的干流的水速。泥岛的角色就像是堵在水龙头处的拇指，限制并加速了水流。

漩　水

每当液体流过使其减速的地方，它便会在那里旋转起来，这种打旋会形成涡纹。不仅水是这样，空气和其他气体也是如此。观察房子上飘起的雾或烟，你会很快看到它们是怎么被搅进圆周运动中去的。

沿河而下的水在流过突出物时，这个突出物可能巨如桥墩或小如树上伸下的细枝，河水便开始在紧挨着突出物的下游处旋转。这便是漩水 (eddy)。让人惊叹的是，这种液体现象背后的物理学原理乃是最为复杂的科学领域之一。1932年，物理学家霍勒斯·兰姆[*]在一次讲演中用以下话语幽默地将此加以总结：“我如今已是耄耋之年了，在我死后进入天堂时，希望我能明白两件事。第一是量子电动力学，第二是液体的湍流运动。对于前者我相当乐观。” 在兰姆说了这些话后的几十年里，事情并没有变得更加简单。但有一个简单的事实：在这些漩水中你看到的图案是完全独一无二的，同一个图案不会再在其他任何地方出现第二次。单单出于这个原因，它们便值得一看。

77 由于漩水中的水在旋转流动，自然地会有一些水的流动方向与河水流动方向相反。通常的情况是，好几处漩水组合在一起形成一股稳定的水流，其流动方向与河水正相反。这会在河面上形成一小股稳定

---

* 霍勒斯·兰姆 (Horace Lamb, 1849—1934)，英国数学家、力学家，擅长流体力学，著有《水动力学》等著作。

地朝与主河相反的方向流动的溪流。这股逆流在靠岸处最常见，那里的河岸降低了河水的流速。它们总是远远细于河水，流速也绝不会超过主河。

让人迷惑的是，“漩水”一词被用来指称液体经过障碍物时所形成的环流、打旋及涡流，但它同样还指漩水引发的与主流相反的逆流。假如沿着河边一路观察，你肯定会发现这些细细的水流在缓缓地向河水的上游流去。如果很难发现，那么可以去寻找朝相反方向漂流的漂浮物（不管有多微小），因为相对于水本身而言，我们的眼睛更容易认出这些漂浮的东西。

即便在近处看不到这些漩水，你还可以从远处注意到它们产生的效应。假如从桥上沿着河水扫视，注意河水的两边从远处看起来要微微地“发皱”，由于没有哪两个河岸完全一样，因此河水每一侧的褶皱都是独一无二的。我家附近的阿伦河穿过阿伦德尔镇，在河水的一侧，河岸用平滑的水泥和钢筋筑高以修建房屋，而另一侧的河岸则是更为自然的泥土与杂草的混合。河水流过天然的这一侧时，这种发皱的效果——也就是很多细细的漩水汇集在一起——就非常明显，远远超过对岸。

一条河的威力越大，漩水也会越强大，哪里有湍急的洪流，哪里就会有猛烈的漩水，壮观到足以为自己赢得声望，甚至是名字，比如美国大峡谷的“坚毅漩水”(Granite Eddy)。在河水快速朝某一方向流动而 78
漩水猛力朝相反方向流动的地方，有一条湍急的水线，它标记出这两股水流的分界线，被称为“漩水栅栏”(eddy fence)。在平静的河水中，漩水乖巧可爱，栅栏也很难发现，但是随着水流变得强大，那些曾遇到过这样湍急水面的人，比如急流上的皮艇划行者，无一不认识并深深惧怕这些栅栏。他们会用“闯入”或“挣脱”某处漩水这样的字眼来描述自己的经历。用皮艇向导丽贝卡·劳顿的话说：

> 在科罗拉多河，漩水称霸水面。它们凶猛暴烈，庞大贪婪，巨大的吸力能使“伊丽莎白女王号”偏离航线。漩水栅栏处的水流翻腾到高空中，你不得不借用梯子向远处瞭望。

这可不单单是夸张的说辞。在18世纪晚期，西班牙军方的纵帆船“苏蒂尔号”在温哥华岛附近的水面上陷入一处巨大的漩水，船上的水手称整个船身被360度旋转了三次，这让他们感到天旋地转。还有很多人曾遭遇过漩水，却未能活下来为我们讲述。

但我们无须这样野蛮的力量或尺度来发现、见证并欣赏漩水。在最轻柔的溪流中都能见到它们的倩影。列奥纳多·达·芬奇为这些小小的漩水着迷，曾将它们比作女人编起的头发中飘逸的发卷。仔细观察任何漩水，你会发现它还会制造出自己的小漩水。1920年代，英国的一位博学家刘易斯·弗里·理查森很欣赏这一点，因此作了一首斯威夫特式的短诗来咏叹它：

> 大漩水生出小漩水，
> 后者赖于前者的速度，
> 小漩水又生出更小漩水，
> 79 如此便形成黏度。

有一种形态略微不同的漩水，它在河水流经突出物或缺口时在水下形成。这会在水面之下形成一种打旋的涡流，刚开始无法被看到。然而过了一会儿，这些漩涡又会回到水面上，并制造出一种清晰的向上流动的效果，也就是局部的水流上涌。有时，如果你站在桥上看向河水的下游侧，你会清楚地看到这些涡纹回到水面上，它们通常在完全打破一片平静水面时看起来最明显——这好似一个人从河底向上喷射水流。

假如河水流动非常轻缓，这种效应常常比较微弱，因此在水面形成了一种轻微泛着涟漪的隆起，这只有在特定角度并且光线合适时才能看到。有一种效应，你或许最先在急速流动的大河上看到了它，之后又在较为缓慢的小河上见到，或许几个月后，当你躺在一条细弱的小溪边观看落日时，你又发现了这种极为模糊的小型图案并认出这位老朋友来。以上提到的这种漩水便是印证这种效应的绝佳例子。

浅滩、水潭、静流及其他有趣现象

我们看到的河流不会永远笔直前行。河水沿直线流淌的距离不会超过它们宽度的10倍，这就是说如果你发现一条河没有弯曲，那说明你看到的是人类修补后的结果。运河在很长距离内都是沿直线奔流，但它们是人工河，最好把它们看作是又长又窄的池塘，因为相比于一条天然的河，运河的河岸以及河水的变化与池塘有着更多的共同之处。

按照以上逻辑，河面越宽，它可以沿直线奔流的距离便越长，但即便是最为宽阔的河流也会弯曲；当它开始弯曲时，便会出现一些有趣
的现象。此前我们已经了解过河水在外弯处的流速要大于内弯处（深 80
泓线也是靠近外弯）。流速快的水会侵蚀，而流速慢的水能沉淀沉积物，这就意味着一条蜿蜒而行的河流绝对不会是固定的形状，而是在时刻变化着。每一天，粗砾都会在外弯处被冲刷落下，然后沉积在下

游的内弯处，但是日积月累，河曲自身实际上会向下游偏移。在蜿蜒河流的航空相片中能够看到这个现象，有时将旧地图与新地图做比较时也能发现这一点。或许我们都还记得，在地理课上我们曾学过河曲有时会被河流截断，从而形成牛轭湖 (ox-bow lake) 。

我们很难想象一条缓缓流动的小河能在坚硬的地面上开辟出道路，但是设想边长为普通人身高的一块水立方，它的重量几乎高达3吨，所以它无须快速流动便可造成很大的破坏。外弯侵蚀与内弯沉积之间的差异也会使得两处拥有不同的形状和剖面。外弯会渐渐发展成一个小小的垂直如峭壁一样的岸，随着时间向后缩退；而内弯会形成一片浅浅的沙石洲或泥洲，并日渐增大。

假如水在蜿蜒而行的河流或小溪中急速流动，你不会看到在低地广为蔓延的河曲以及在课本里学到的东西，但仍旧可以发现一些一再出现的有趣形态。我觉得这些水的形态要比广为人知的河曲更令人着迷，因为它们随处可见，尤其是在高地河中。然而，倘若你并不认识它们，它们便毫不起眼，成为“美丽风景”中又一不可见的组成部分。

当水快速流过多石的区域，它会将砾石向前带动一段距离后再沉
81 积下来。在很多砾石沉积的地方，形成了一个天然的屏障，它会使河流或小溪转向。有趣的是，这种情况的发生会依照某些明确的节奏。快水和慢水会交替出现，并且按照一种特定的方式发生。快速流动的水面或许以拟声手法被称为“浅滩” (riffles) *，而流动较慢的区域则被称为“水潭” (pools) 。

如果一条河没有进行人为的修补，那么每一段5倍于河宽的水面

---

* 可能是“riffles”的发音类似流水淙淙的声音。

上都会出现一处浅滩-水潭。因此，假如你沿着一条10米宽的河走上100米，你应该会见到两处浅滩-水潭。与我们已经了解过的很多水文要素一样，这些特征并不是只出现在壮阔的河面上，这一点颇能令人感到满足。即便是最细小的溪流里都会出现这些要素，事实上在相同的距离内，它们还能展现出更多。

浅滩和水潭 82

浅滩很容易识别，因为那是溪流最为险峻的地方，浅浅的溪水在石块上迸溅出白色的水花，并且发出很大的声响。水潭同样很容易发现，它们是深邃、流动缓慢的平静水面，通常紧挨河曲的外弯处。在浅滩和水潭之间你会看到静流 (glides)，它们通常出现在水潭的下游处，流速介于水潭和浅滩之间，水面平展光滑。

在走过湍急多石的河流时，寻找这些要素是一种乐趣。但如果你想了解河中的情形，它们则非常关键。此外，正如我们在下一章会了解到的，它们事关生死，不仅对读水者来说是这样，对于水中的生命亦是如此。

当皮艇靠近湍流时，划行者们一定得小心应对这些危险的要素，当然还有那些有趣的要素。划行者们对于撞上巨石后水中状况的观察能为我们提供有益见解，甚至在解读溪中小卵石周围的水纹图案时，它们也能派上用场。

容易理解及发现的最为简单的一种水文要素有一个别称：“水枕”(pillow)。每当一股强劲的水流冲上溪中的石块或桥墩之类的其他突出物时，它便会在障碍物的上游侧隆起。与我们在流水中看到的很多现象一样，水枕同时是静止和流动的。水每分每秒都在变化，尽管水枕的形状或许会稍稍发生改变，但只要水流不变，它就几乎稳定不变。那些坐着皮艇，向最大、最具威力的白色湍流划去的人会把预示着巨石的水枕看作小小的水丘，但对我们大部分人而言，我们可以在较小石块和卵石的上游侧找寻这些小小的、粼粼的突起。望着一片树叶在它上面涌动并想象着叶子的旅程是一种
83 乐趣。

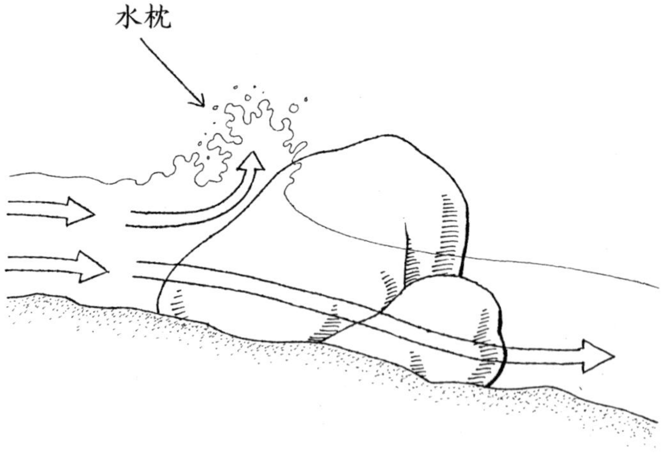

划皮艇的人惧怕一种水文要素:“水洞”(hole)。当水流过水下的岩脊又突然落下时,它会骤然加速并跌落至现在低于周围水位的地方,这便在水中临时形成了一个“水洞”。由于以下原因,水洞既危险又有趣。水面试图恢复水平,因此水洞周围的水便会往回倾注以填满这个洞,略微怪异的是,水甚至会通过逆流来填补它。因为水仍旧在岩脊处向下跌落,结果便形成了一种令人费解的危险的平衡,其中向下流动的水还在生成水洞,但水往回流动想要填补这个洞,于是形成一股持续向上游的逆流,这又常常引发一种仿佛往回走的静止的波浪。波浪并不会向上游传播,但它似乎想要向上游冲去,却没有移动。 84

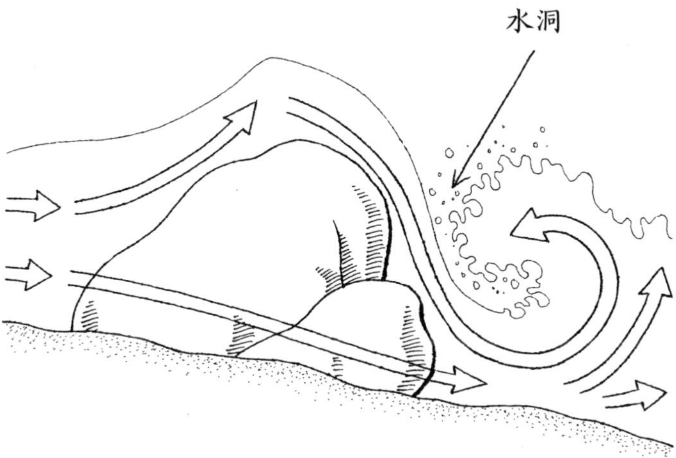

可以想象,在乘坐小船遇到这些巨大的水洞时要特别警惕,而陷入并困在两股水流之间是每一个划艇者的噩梦——多年以来它们夺去了很多人的生命。然而一旦认识了它们,我们便可以在较小的层面上观赏它们。我曾见过的最令人心醉神迷的一些水洞比我的手还小。水洞是急流中很重要的水文要素,因此它们还有很多别名,比如“水力”(hydraulics)和“水塞”(stoppers),但我还是更喜欢水洞,因为这个名字能让我们想起水下发生的情形。

很快，诸如水枕和水洞这样的要素开始让人感觉它们更像熟悉的动物，而不是没有生命力的东西。对我来说，花上一小时寻找它们和追踪野生动物一样让人陶醉。

第七章

上浮

塞缪尔·约翰逊博士*曾有言："垂钓就是一根杆子加一根线的消遣—— 一头是虫子，一头是傻瓜。"汉弗莱·戴维爵士**反驳说它更应该"一头是飞蝇，一头是哲学家"。我前往峰区***旅行时，心里已经确定哪一位的话才是真言，但我计划自己做一些调查。

当我和斯图尔特·克罗夫茨在峰区的卡斯尔顿村初次见面时，他握了握我的手，在松开手之前，他用浓浓的约克郡口音向我保证，我们很快就会同河水探讨起那些它乐意向我们倾诉的事情。

斯图尔特描述自己是三分之一的钓鱼者，三分之一的昆虫学家，还有三分之一被一种对大自然孩童般的热爱所占据。我已做好和他共度一天的安排，好帮助我细微调整自己对某一区域的水的解读。我既非钓手也非猎手，老实说，我从未有过想要成为两者的强烈愿望，但我一直都对猎手和钓手为自己在自然界中的生态位所发展出

---

* 塞缪尔·约翰逊博士（Dr Samuel Johnson, 1709—1784），英国作家、文学评论家和诗人，他编纂的《英语大辞典》（1755）对英语发展做出了重大贡献。

** 汉弗莱·戴维爵士（Sir Humphry Davy, 1778—1829），英国化学家、发明家，电化学的开拓者之一，被认为是发现元素最多的科学家。

*** 峰区是英格兰中部和北部的高地，主要位于德比郡北部，也覆盖柴郡、大曼彻斯特、斯塔福德郡、约克郡南部和西部等部分地区。

来的智慧抱有敬意。这种智慧常常能为在户外的他们带来一种沉着
86 的自信，也会让他们产生一些小小的自我贬低。斯图尔特讲起当他试图用钓到的一条鱼来赢取年幼女儿的崇拜时，他女儿开玩笑说："恭喜，你刚刚骗到了一个脑子只有豌豆大的生命。"说到这里他大笑起来。

当我们能够体会抓鱼只是钓鱼乐趣的一个非常微小的部分时，我们才有可能理解飞钓*者的技艺和激情。这个男人将自己清醒的每一刻都尽可能贡献给了这项运动以及它周围的自然，我问他，如果他得知这辈子再也不能捉鱼会有什么感受。

"丝毫不受影响。"他平静而真诚地回答我，让我没有理由怀疑他。我明白他的意思。干蝇飞钓或许可以追溯到基督时代的马其顿人，但是维多利亚时代的人开始将它纳为一种消遣娱乐的手段，正是在此时，它完成了从口腹之食到精神甘露的飞跃。最近在此领域颇有声望的布赖恩·克拉克讲得很好："它的全部精髓在于思想……专业人士想的更多的是怎么做以及为什么，而不是做什么。"克拉克相信，重要的不是你拥有的工具或者使用的技术，而是你对周围环境的理解。因为飞钓关乎对水、鱼以及它们所食昆虫的了解，并且能够认识到即便是最弱的微风甚至一朵云掠过太阳都能改变一切。

我们常常谈起环境的微小变化能够带来广泛影响这样的观点，但在飞钓中你能切切实实地看到这种效应的发生。飞行的昆虫时时刻刻都处在它们短暂生命的边缘，它们在飞行这一事实本身就是一种危险的平衡，这取决于它们身体中的水分含量（很多昆虫都死于脱水）以

---

* 飞钓是使用特殊的飞钓线、飞钓竿和人工拟饵，利用独特的挥舞技术和线本身的重量，将线和饵打出去，然后慢慢回收线，利用不同手法和水流状况表现拟饵的活动，吸引鱼儿攻击并上钩的一种钓鱼方法，在欧美比较流行。

及身体温度等因素。当太阳溜到一片云的背后，昆虫的身体会稍稍降温，其中有些便丧失了飞行能力而从空中掉落在河里，那里的鳟鱼正等着它们落入口中。正是这种对事物的敏感度铸就了钓手。 87

“钓鱼绝少要靠运气。”斯图尔特告诉我。我笑了起来，以为他在开玩笑，可他又说他是认真的。他有着极佳的幽默感，但又不会让笑声冲淡重要的东西。

斯图尔特并不倨傲于自己的学识，他谈起任何人与事都是亲切友好的语气，包括那些“无法区分大黄蜂和牛蹄”的人！与每一个真正热爱自然的人一样，斯图尔特是对环境敏感的典范：他不仅对周围发生的事情高度敏感，也对自己所造成的影响了如指掌。按当天的路线，我们要朝下游走去以确保生物安全，这样我们不小心带上的任何生物都能够被带至安全的地方。在敏感的生态系统里（当然所有的生态系统都是如此），往上游走并来回出入河水会将有害的侵染物捎带至先前纯净无污染的水中。相反，向下游走便不会给喜马拉雅凤仙花和通讯螯虾这样的入侵物种以可乘之机。

从一条路上走下来，我们穿过一片酢浆草地，靴子踩在林中厚厚的针叶上嘎吱作响。沿着一条在黑色泥土中缓缓流过的小溪刚走了几步，斯图尔特停下把手伸进水里。他用手指搅起泥沙，之后等着它沉淀下来。就在那里，在一个我从未想过要寻找的地方，竟然充盈着丰富的生命。无论我多么努力地提醒自己别总是忽略昆虫，我仍旧低估了周围昆虫世界的丰富多彩。不夸张地说，在你家的后花园里就能发现一种未被人类所知的昆虫；这样的事最近刚刚发生。想象一下，能让一只昆虫以你的名字命名，因为你有足够的勇气在离家几米远的地方搜寻，这是多么美妙啊！

水沿着山坡汩汩而下，带走了被搅起的泥沙，只留下一小摊光秃 88

秃的碎石块，上面蠕动着几十只淡水龙虾。几秒钟后，我们观察起大蚊的幼虫和一只石蛾。

“这些虫子都很美妙，但它们意味着什么呢？”我问斯图尔特。我已经提醒过他，我的好奇心都是受理解线索、迹象以及形态驱使。只有在我理解了生物想要传达的信息之后，它们的美才能真正地为我绽放。

“淡水龙虾是个好兆头，它们说明水中的氨含量一定很低，因为淡水龙虾完全无法耐受水中的氨，从而说明上游的水没有被排入任何人类或动物的排泄物。这一小群昆虫同样证实了这条小溪流动缓慢，慢到溪水浑浊不堪。”这两件事被联系在了一起，这对昆虫乃至鱼类都至关重要，因为流动缓慢且充斥着泥沙的水环境是与流动迅速且纯净的水环境完全不同的生物栖息地。

我们向下凝视着小溪，同时讨论起很多人是如何热切地希望当地的水域尽可能地不遭污染，但我们又主要依赖政府和其他第三方来获取水质是否原始纯净这样的信息。偶尔，人们会注意到鲑鱼又回到了河里，但对于眼下的状况，鲑鱼是一个滞后的标记。如果担心通向河流的管道排出物，我们只需观察水中的昆虫，便可得出自己的结论。通过观察并比较管道上游和下游的水中发现的不同昆虫，政治家、企业或其他任何人都无法掩盖真相。

斯图尔特指向一块扁平小石上的一群小虫，它们在溪中搭起了像窑一样的小巢。斯图尔特解释说他在那儿看到的舌石蛾（*Agapetus fuscipes*）*需要至少连续一年保持高品位的水质，因此它表明在过去的
89 一年里，水没有受过一天污染。它们同样说明此处的溪水稳定可靠，

* 中文名由编者拟定。——编注

泉水不太可能会在夏季干涸，因为这种虫子无法忍受干旱。其他生命周期更长的昆虫表明，水在两三年里都保持着洁净流动。

昆虫是自然让我们感知时间流逝的一种较为巧妙的方式。任何到过苏格兰高地的人都可能讨论过在那儿避开恼人蚊蠓的最佳时间，但想要理解昆虫和鱼类行为之间的关系，还需要一种新层次的认识。以鳟鱼最喜爱的一种食物——蜉蝣为例，它在泥沼中生活两年后又会在空气中待上一天*——它没有胃，因为根本用不上胃。对于鳟鱼钓手来说，了解那一天会在每年何时来临让人充满了期待，因此任何昆虫孵化的线索都是解决钓手疑惑的重要部分。

“鹡鸰是一个确定的信号，说明有一群苍蝇即将孵出。”斯图尔特告诉我，“还有大河上不知从哪儿冒出来的红嘴鸥也是如此。会动脑子的钓手会直接往这个方向去，因为如果红嘴鸥在捕食新孵化的昆虫，那鱼也会这么做。”

从为昆虫提供早期花粉及花蜜的柳树柔荑花序，到水温的最细微变化，河流、小溪以及它们的两岸应对着从春到秋飞虫的一系列暴发。正如有些野花的名字（比如圣约翰草**）来自开花日期与节令的巧合，钓手的鱼饵也获得了丰富且有用的名字：圣马可苍蝇在圣马可纪念日，也就是4月25日前后孵化。判定一个钓手水平最快捷的一个方法，就是询问这个人对昆虫的了解。对于那些捉襟见肘的人，有一 90
些万能表达可以使用：“olives”一词可以代指很多类昆虫［正如观鸟者常用“LBJs”——“棕色雀形目小鸟（little brown jobs）”这个词一

* 蜉蝣成虫的寿命只有一天。

** 即贯叶连翘，其英文名为“St John’s Wort”，其中“St John’s”指的是圣约翰节，在每年夏至过后的6月24日，是欧洲地区的重要节日。

样！]，但真正的行家会仔细亲身观察，通常还带着放大镜一看究竟。

斯图尔特和我向下走了一小段路，穿过一片幽暗的松林，经过一位担惊受怕、牢骚冲天的牧羊人，最后来到一条在明媚的阳光下闪闪发亮的小溪边休息。一只红襟粉蝶好奇地过来对我们探究了一番，发现没什么意思后又飞走了。斯图尔特握着网踏入溪中，很快把一只白色托盘拿到我眼前，里面倒入了一些新朋友。

“几条尾巴？”斯图尔特问。

“呃……三条。”我答。

这样的问题或许能够帮助我们理解动物界中令人畏惧的部分，并为它们轻松梳理出头绪。如果这只虫有三条尾巴，那么它属于蜉蝣的若虫阶段，也叫蜉蝣目或“翘翅膀”。如果它只有两条尾巴，那便是34种石蝇若虫之一。倘若走近观察，蜉蝣蠕动起来像海豚，而石蝇则像鳄鱼。

假如浸淫在水生昆虫的世界里，你会遇到“若虫”和“幼虫”这样的词语，它们代指还未到成熟期的昆虫。值得一提的是，它们不是同一种昆虫的两个不同时期，而是到成熟期会变态和不会变态的两类昆虫的区分方式。若虫指的是会生出翅膀并在空中飞的虫子，但它并不会变态，而幼虫会变态成一种全新的形态*。但是当心一点，课本里为了省事会将这两个术语不加区分地混用！

91 我正在欣赏的这个三尾小生命是“附石者”蜉蝣的若虫，它能够利用头上水流的压力来依附在岩石上，从而获得了这个名字。它是水质极佳的信号。斯图尔特解释说，倘若知识储备丰富，我们能够从发

* 大多数昆虫，如蝶、蚊、蝇等都经过卵、幼虫、蛹、成虫四个时期，叫作完全变态。还有一类是不完全变态昆虫，例如螳螂、蝗虫等，一生中只有卵、若虫、成虫三个时期，没有蛹期。若虫和幼虫是这两类昆虫在同一时期的不同叫法。

现的昆虫身上分析出可能排入水中的每一种物质、污染物以及胁迫因子。硝酸盐、磷酸盐、氧气含量、光照水平、水流速度、捕食者、各种污染物……所有这些都可以找到线索，不只是当下那一刻的状况，还有在过去一年或几年里它们不断变化的浓度。

斯图尔特耐心地为我找到一种非常稀有的本地种，叫高地蜉蝣(*Ameletus inopinatus*)，并解释说当地的昆虫学家们对这种昆虫抱有极大的兴趣，因为他们把它当作矿井中的金丝雀[*]，也就是对气候变化极为敏感的昆虫。之后，他又回到我可以理解的层次，解释说这一盘虫子中为何没有一只淡水龙虾——因为水现在流得太快了。

斯图尔特将这些朋友放回水中，我走上前去，迎着太阳的方向看向水面。我惊叹于眼前的景象——美丽的白色水花在岩石周围翻腾，每一秒都有数百颗细钻被抛在阳光下，熠熠生辉。但我没有意识到周围的昆虫也在标记这种效应。斯图尔特解释说，昆虫对水分的极度需求意味着它们对空气的湿度非常敏感。相比于邻近略微平静的水面，河流和小溪中翻滚冒泡的水段上面形成了一层非常潮湿的空气。昆虫会被空气中的水分吸引，从而飞到这些急流之上。如果没有钓手孜孜不倦的探索，我们能发现这一点吗？我不敢肯定。

昆虫还有一项本领：它们能够识别出偏振光，而所有从水面反射
出来的光都是偏振光。对于昆虫来说，水面的反射光与直接来自太阳 92
的光完全不同。(如果你有一副偏振光太阳镜，你便能对水面在昆虫看来是如何不同略知一二。调整鼻子上的镜片角度，观察水面在怎样轻微变化。对于太阳镜在观水时是否有用，人们一直争论不休；它们能

---

* 金丝雀因为呼吸频率快、体型小、代谢速度高而对一氧化碳极为敏感。在以前采矿设备相对简陋的条件下，工人们下井时会带上一只金丝雀以作为“一氧化碳检测器”，以便在危险状况下紧急撤离。“矿井中的金丝雀”因而代指高敏感物种。

滤掉刺目的光，但同时也会过滤其他光线。个人而言我并不喜欢在陆地上使用它们，但在晴好的海面上却会佩戴。不管有没有太阳镜，一个通用的窍门是，先看阴影下的区域，再去看明亮的区域，这能为你的瞳孔留出充足的时间以舒适有效地进行调整。）

“是虎蛾！”我像孩子一样指着一只飞蛾，这只太阳下的飞虫让我想起双翼机。

“你说什么？”斯图尔特问。他听起来有些严厉，我以为我可能说错了什么。一秒钟后，他又问了一遍，然而这次我看出来他是兴奋，而不是害怕。

“那只虫像一架双翼机。它有两对翅膀。”

“哈哈！太好了！”他说。这让我有些意外，因为我没想到他会有这种反应。

“是吗？”

“是的。我叫它骆驼战机，两者差不多啦。我总是说，去找骆驼战机。它其实是石蝇。”

我笑了起来，向四周看去，注意到大约往太阳的方向望去，能轻松发现白色的闪亮水花从溪水中飞溅而出，而昆虫在它们上空飞舞。我们坐下来，我从瓶中啜了一口水，斯图尔特说严谨的钓手应该在自己打算抛线的上游处捕捉空中和水中的昆虫。他给我看他捉虫时用的
93 不同的网。此时我了解到，那个拿着钓竿出发以为自己是去抓鱼的人，何以最后竟意外成了昆虫学家。

斯图尔特与我讨论起各种因素和昆虫是如何相互作用而让那么多人忽略掉的。我们看着溪边的黑蠓，斯图尔特解释说，这是一种典型的对温度极为敏感的飞虫，假如在飞行时太阳躲进了云里，它们便

会从空中掉落到水里。

如果我们将昆虫的这种敏感与河道的弯曲、风向，甚至微风的每一次转变结合起来，便能解释为何某一片水面上会出现成群结队的飞虫，而在几米之外却连半只飞虫的影子都找不到。鱼儿们能够精准地识别出这些不同，所以才会出现以下情形——河水某一处的钓手们笑容满面，而在河流的拐弯处，他们的邻居却在骂骂咧咧地抱怨着自己的工具。我想起斯图尔特关于运气的话，但他又半是咒骂地加了一句贴切的话："你要接入的是那些该死的信号！"

我们沿着宽阔溪面的岸边走着，斯图尔特不时地向水中的某处指去："10%，30%，10%，70%，哈，100%，那里肯定有鱼！"我们眼前出现的是"凹槽"(pockets)，也就是干流之外的小片平静水面，斯图尔特正在评估里面有鱼的可能性。他停下脚步，指向一处我非常熟悉的水面："看那个漩涡。肯定有条鱼在那儿，绝对有！"

斯图尔特从不指向浅滩处的湍急水流，也不会指向"静流"处非常平滑的水面，而总是指向白色水流旁边平静的凹槽。这些凹槽都是同一种要素，不过是大河上水潭的小号版。当我们意识到浅滩、静流、 94
漩水、水潭以及凹槽等一系列要素构成了水中生物的地图，河流的构相便开始变得丰富又深邃，而在地理课本中，这个细节可能是笼统乏味的。鱼类总是在寻求最划算的交易，用最少的努力换取最多的食物(所有处于饥饿边缘的动物都是这样，小型鸟类几乎永远都处于这种状态)。

与此同时，鱼类还得尽力在不被吃掉的情况下觅食，所有成熟的鱼都很好地学到了这一点——它们既要努力避免成为鸟儿和哺乳动物的盘中餐，还要避免被其他鱼吃掉，因为所有的鱼都会同类相残。这意味着，它们不会花费力气在急速的浅水中捕食，也不会在流动缓慢、清澈见底的静流中活动，因为在那里，任何一只饥饿的鸟都会发现它们。它们必须将自己藏匿好，在树根里一直待到天黑，不让其他动物看见自己。紧邻流水旁边的凹槽像传送带一样给它们带来昆虫美食，要是这些凹槽被一些歪歪扭扭的树根或形状刚好的巨石挡住就更好了。顺着小溪往前走时，斯图尔特评估着这些因素，每一种都让他对某处有鱼的预估概率往上或往下调整一点。

“它们喜欢翻滚水 (popply water) 。”他说。

“翻滚水？”我说，担心这或许是一个我完全陌生的术语。

“是的。它们喜欢凹槽与合适的水潭，但如果进入干流，就会待在翻滚水里。”他指给我看。在浅滩处，水与空气混合在一起，发出清晰的水声。静流完全平静，但在两者之间，你能看到翻滚水，那里的水流过石块，但是速度或能量又不足以让它破碎并与空气混合。“它既不平坦，也不与空气相混而成白色，只是……呃，翻滚着。鱼喜欢这种
95 水。”我认出了他说的这种水。它们在海面上也会出现，以后我们会讲到。值得重提的是，流水的声音来自水的破碎，也就是水与空气的混合。因此我们能听出浅滩，但是听不出静流、水潭、凹槽以及翻滚水，你只能自己发现安静流淌的它们。

鱼类还喜欢某些岩石周围的“柔和区”和“摩擦区”。一块突出的石头上游和下游侧的水要比离石头较远的干流里的水流动更慢。这里便是“柔和区”。而在石头两边，水流也会更慢。这里是“摩擦区”。鱼类喜欢这两个区域。

斯图尔特不时地将手指向对岸处的一片更平静的水面。我问他为何只指向河水远岸处的凹槽，而我们这一边明明也有一些不错的地方。他停下脚步，咧嘴笑了。

“啊。”他看起来既兴奋又难为情。“嗯，是的，你没错。因为我是

右利手。”他用右手做出一个抛线的动作，指向远处的河岸。“右利手观察河水的方式与左利手不同。如果我跟左利手一起走在河边，我们会发现不同的地点。有时我会强迫自己相信我要用左手抛线，这能让我发现一些我平时看不到的凹槽。”

我喜欢这个想法，便跟他分享了一个类似的、会影响徒步者的习惯。我们在路上遇到很高的障碍物时，会用自己不常用的那只手来“推开”那处障碍。想象你有点迷路，沿着一条路走到了在一块细高石头处分岔的路口。你很容易以为自己会随便选择从石头的某一侧走过去，但事实不是这样，因为每个人的意识中都存在一些随意设定的偏好，而这会受到我们是右利手还是左利手的影响。右利手喜欢将自己的左手搭在障碍物上，这很可能是因为这能让他们的右手空出来。这个习惯会让你在岩地里迷路时打转，而自己又意识不到。 96

一条蜥蜴在我们面前穿过，又停下来打量我们，沐浴着4月的阳光。又走了几步，我们跨过羊的胞衣风干后的残骸，斯图尔特说起他喜欢问孩子们现存最古老的生命是什么。“他们通常都会想出一些类似恐龙这样的动物。我告诉他们，蜉蝣在恐龙出现一亿五千万年前就存在了，而它们如今依旧生命力旺盛。”他的语气中带着一丝自豪，好似自己跟蜉蝣一队，两者一起打败了进化。

一片油膜在水上漂过，我们盯着它斑斓的色彩，思考着它的来源，而它往阳光反射的地方漂过去了。我们都认为上游的腐烂松针中的树脂更有可能是肇事者，而不是什么工业物质。

斯图尔特在一排松树和一处岩脊之间停下，我们低头看向一片平静的水潭，旁边是白色的水流。

“鳟鱼需要两样东西：藏身之所和食物。”他说如果我们能够以鳟鱼的眼光从这两样事物的角度看待河水，便能发现它们的行踪。能够提供遮蔽，水速没有过快，但又近乎充足且能集中带来食物的流水，这样的地方能够确保它们的生存，因此成为鳟鱼的首席乐园。我们现在看到的就是这样的地方。

“那里！”手指又指过去了。“你看到了吗？”

“没有。”我说，并努力集中注意力，顺着斯图尔特手指的方向往远处的水面看去。

“就在那儿！”

“是的！我看到了！”

97 涟漪荡漾开去，留下平静的中心，之后又消失在周围湍动的水中。我欣喜若狂。我不想给斯图尔特带来不公平的压力，但这是我这一天最大的期待。我简直和维多利亚时代的大型动物猎手在非洲草原上射中猎物一样开心。我看到了“上浮”。对于事实上无心钓鱼的人来说，这是一次壮观的胜利时刻。在此之前的一整天我们都在追寻这一刻，一直研究天气、水、植物、鸟儿、昆虫……所有这些让我们渐渐接近这幅鳟鱼浮出的美妙景象，它将自己暴露在水面上，周围是它标志性的涟漪图案。

与任何艺术一样，飞钓不可避免地会陷入对细节的争论。但对我来说，它的美在于这是一门无须钓鱼的钓鱼艺术。我们姑且称它为“上浮观赏”。同样的争论也可能围绕着它展开，因为这门艺术丰富而有所回报。飞钓手喜欢看到鱼儿浮出，即便他们最后没有钓到一条鱼。上浮本身便为上浮观赏者呈现了这项活动，也为飞钓手指明了钓到鱼的可能性，对两者来说它同样令人激动。上浮观赏者可以把飞钓手以及白垩岩水环保者西蒙·库珀见到上浮时的兴奋之情当作榜样：

> 当一丝涟漪在你前方荡过水面，鳟鱼吞下一只飞蝇，这一刻正如两人的目光穿过人头攒动的房间遇上一般美好。

没有哪两个专家会就鱼儿破开水面甚至在靠近水面时的准确形态达成一致意见。然而在鱼类捕食行为的逻辑上，他们却没有任何分歧。

为了简化起见，我们以鳟鱼为例。鳟鱼来到水面捕食昆虫。我
们知道，水面对周围的最细微变化都非常敏感，因此当一条鱼将一只 98
虫子吞入口中，它必定会打破水面的平静。这便造成了我们所看到的上浮现象，就是这么简单。但是，这种上浮究竟是什么样子？又为什么会是这样呢？我们能从看到的略微不同的上浮形态中推断出什么呢？这些都是飞钓和上浮观赏的核心问题。

有几个基本原理无人反对。鳟鱼的食物，也就是昆虫，它们的形态和行为形形色色。有大的虫子，也有小的虫子；有的是从空中掉下来的死虫，有的被困住在挣扎，还有的落在水面上准备过一会儿起飞。设想一条鳟鱼在水面上发现了一只静止不动的、很可能死了的小虫子。这看起来不够一顿美餐，也不太可能会很快逃开，于是鳟鱼不会浪费很多力气来获取这份食物，而是优哉地游过去把它轻轻吃掉——何必要大费力气做一次直冲或有力的猛咬呢？但如果是一只很大的虫子，它动个不停且随时都会逃开，这便给鳟鱼带来了一次不同的挑战——一顿不错的美餐，但美餐本身在努力不成为这顿美餐。于是鳟鱼便会采取砸窗抢劫一般的方式来一次猛击。

鱼儿掠取美食的各种策略催生了钓手欣赏及寻求的各种各样的上浮景象。依据你参考的权威来源，可能会有亲吻、吸吮、轻啜、猛冲、冲刷、肾形或隆起等各种上浮。即使是在久受尊崇的专家之间，关于

这些上浮的确切形态的争议和异议之处也令人迷惑不解。在斯图尔特的协助下，稍后我会试图将此简化。

当然，在鳟鱼的浮出之下，即便是最轻微的上浮，都还有很多东西
99 需要被发现。有时一条鱼刚好游到水面之下会干扰水面，但它非常轻微，不能算是上浮，对大多数观者来说都几乎不可见。但如果你恰好看见鱼从倒影下穿过，便可轻松察觉这一情景。树干直线清晰的边缘可能会变得模糊或略微弯曲，甚至可能弯成“S”形。(此处回想“不那么卑微的水坑”那一章里的“地震仪”水坑，可能会有助于理解。)

必要的话，鳟鱼会在几天之内快速变化身体的颜色来适应环境，在逃脱鸟儿视线方面它们是大师，更不用说我们微弱的视力了。它们非常擅长改变自己的外貌，以至于维多利亚时代的人竟将褐鳟划分成几种不同的种类，而这些颜色不同的鳟鱼不过是同一个物种罢了。但我们并不是无能为力，鳟鱼在用以下方式掠食若虫时会暴露自己的行踪。它们面向上游，偶尔向左或向右挪动，之后再回到最初的位置，这一切起初都很难发觉，直到最后一个明显的信号暴露了它：**一缕光线**，也就是鳟鱼在张开嘴时露出的一小片白色，在黑色的背景下清晰可见。

你不太可能会在第一时间发现鱼尾，但最好注意观察尾巴投下的影子的规律移动。最佳的通用原则是：寻找任何不寻常的移动。因为尽管伪装的动物能将自己隐身，尤其是在水下，但这种伪装的一个弱点却是它无法将自己的移动掩饰得很好，因为背景不会随着鱼的移动而改变。偶尔一条鱼会扇掉身下某个石块上的泥沙，从而毁掉自己的伪装，使它在明亮的背景下凸显出来。

可以预想，在寻找鱼的身影时，最好能将太阳和风的因素考虑进
100 来。太阳高挂且从身后照射过来的平静天气里最容易观察水中的动

态，但是记住，只要你走进了鱼的视野，它就一定会有所察觉。你可以通过增强需要的光照并减少不必要的光照来增加成功的可能，这基本上意味着要用宽檐帽来遮挡天空。

斯图尔特和我一直望着同一地点的上浮，其间他帮我复习了各种因素的组合。昆虫的行为、风向、急流旁边的缓慢水潭、水面上的光照和阴影，还有我们身后的一排深色的树木（这样便不会挡住鱼的视野）。我们一连看到了三次上浮，每一次都让我哑然无声、兴奋莫名。通过观察这一连串上浮，你能很快弄清楚它们是同一水潭里的许多条鱼，还是同一条鱼在重复这一动作。如果是同一条鱼，预测下次上浮的准确位置便会容易许多。

“一，二，三……在那儿！同一条鱼。”他小声说，我们盯着那里，直到那个图案再次出现。之后我们向上坡处挪动几步，找到一个新的视角，上浮此时停了下来。我们已经走过了树木边沿，走进了鱼的视野。鳟鱼现在对我们的一举一动都十分敏感，于是冲到了隐蔽区。

“我告诉别人的时候他们不相信我，但是千真万确……我在夜间钓鱼时，能通过聆听上浮的声音来抛线。这是真的。”我相信他。“看那里的浮渣道（scum lane）！”

“浮渣道？”

“嗯。就是顺河而下的一道浮沫。它为我们指出风和水将水面漂浮物汇集的地方。虫子通常会在那儿聚集。要是耐心的话，我们还能在那儿看到一条鱼。”还没等上一分钟，我们就看到一组同心的水纹圈向四周荡漾开去，后面跟着一组又一组。 101

“不是土里的那种浮渣，对吗？”我不喜欢纯净的河水里掺有任何泥土。

“不是，它只是那些泡沫的名字，就是急流里翻腾上来的泡沫，就在那儿的浅滩。”

我等待着下一次上浮，很轻松就看到了它，但随后我的思绪飘到所有不同的类型上去。在花了很长的时间仔细思索不同的上浮形态后，我还是没能将它们有效地区分开来，于是求助斯图尔特。他非常老练——或许是不愿意不敬地透露这一领域的诸多尊名——并说每个人都有自己所见，这件事没有对错之分，只要你忠于自己看到的东西。

他似乎在暗示我们对于上浮形态的感知有一种主观性，如果把它看作一门艺术的话还挺说得通。或许它取决于每个人想要看到的细节程度，一个人眼中的飞溅在另一个人看来或许是“双肾形”。我推了推他，问他自己发现并利用的上浮类型是哪一种。他停下来思索答案，我的目光被一群燕子吸引，这群燕子在桥下低低地掠过水面，在飞翔中快速饮了水。他说，在热爱了四十年的钓鱼后，他将上浮归为三类。听到这里我几乎泄了气。但随后听到他说每一类都只有一种时，我又来了精神。

“有亲吻或轻啜式上浮。想象一位老祖母在自己的摇椅里轻轻晃动。她请求一茶匙杜松子酒，你需要非常温柔地将茶匙触碰到她的嘴唇上。这便是亲吻式上浮。”这正是我们早前看到的类型。

“还有飞溅式。当鱼一点一点移动时，它的头部通常会浮现……有时你能看到它的眼睛！

102 “最后，最不明显的是水下上浮。它很难发现，我有时叫它‘胆怯之水’。”这种上浮被他人称为“隆起”式上浮。“鱼在水下捕到东西时没有打破水面，但它的尾巴有时会翘起……用干蝇来对付水下上浮根本没用——你只是在浪费时间！”

我们从河边走开，穿过充斥着浓浓熊葱味的空气，从两片丛林银莲花铺成的地毯中走过。“它就像下棋。但或许你只能移动一步。”斯图尔特一边把木箱里的煤气灯、水壶和马克杯拿出来，一边对我说道。我们享用了一杯茶，我忍不住向他指出，我们面前的榕毛茛和雏菊的生长方向是朝南排布的。喝茶期间，我们的对话变得更富哲学意味了，斯图尔特更宽泛地谈论起自己的方法，还有他想要融入河流而不让它发觉自己的愿望。他不仅喜欢用“河水”这一概括形式来描述水(很多人会这么做)，还喜欢用它来描述复杂的网络和生态系统，其中河水不过是一条主线。这个习惯让我印象深刻。

“要让河流向你发出邀请，这样当你沿河而上时，你可以抚摸蜷于窝中的野鸭，或者让一只翠鸟从你身边闪过，你只能躲开以免让它撞进你怀里，或者一只河乌甚至苍鹭飞起，你能感受到它翅膀的扑扇……这时你已被河流接纳……这一刻，你开始成为一名真正的钓手或猎手。”

在那一刻来临之前，我们不妨在桥边停驻，向下搜寻鱼类喜欢在何处上浮的线索，然后等待着上浮的出现。如果让我在一条刚钓到的新鲜鳟鱼与在我预计的地方看到上浮之间做出选择，个人而言我会选择后者。它尝起来味道没那么好，却能留下美好的回忆。 103

第八章

湖泊

水鼠消失在缓缓流淌的溪水之中，它溅起的小小水花的声音几乎淹没在斑尾林鸽和苍头燕雀的啁啾声里。绽放在欧洲七叶树枝头的亮白色花朵层层叠叠，花瓣中还带着一抹粉红，只有在好天气里才会出现的积云从树顶上的天空中掠过。周围的一切生机盎然，光线充足，微风习习，这个暮春的清早对于接下来我要开展的计划再完美不过。我沿着米尔路边沿向天鹅溪湖 (Swanbourne Lake) 走去，这个名字让我眼前呈现出一幅水量丰沛的画面。这片湖可以追溯到《末日审判书》* 成书之前，最初它作为磨坊储水池为西萨塞克斯的阿伦德尔城堡供水。“溪” (bourne) 一词说明这片湖由泉水灌注，泉水是从周围的白垩岩中层层过滤而来的。到达任何一片大面积的池塘或湖水时，你要考虑的第一个问题是：湖底有什么？

湖底的岩石对于水里以及水周的动植物有着巨大影响。假如到达水边之前你穿过了一片泥炭地，那你周围便是酸性区域，在这儿可
104 能会有很多蜻蜓，但是整体上动植物的种类都会比较有限。沼泽以其荒芜闻名是有原因的，在所有的文化联想之下——从福尔摩斯的

---

* 《末日审判书》(*Domesday Book*) 又称“最终税册”，是英王威廉一世在1085—1086年钦定的英国土地调查清册。

猎犬[*]到最近的各种谋杀案件——根本原因在于它的酸性土壤。例如，甲壳动物几乎不可能在这里生存，因为这些动物既无法获取足够的钙质来发育自己的壳，也无法耐受酸性水的腐蚀。假如你身处白垩岩地区，那么动植物的种类会异常丰富，甲壳动物也极有可能随处可见。

天鹅溪湖是人工湖，而且一直都是。它或许是地形的一个古老的部分，但如果没有人类的规划，它不可能存在。对于有些纯化论者来说，人工湖缺乏魅力，但它们随处可见，因为在英格兰的大部分地区，尤其是南方，极少有湖是“天然的”。除了岩石类型，任一地区更广泛的地质史都值得思考，因为假如你所在的区域曾有冰川在此地移动开凿过，那么这里就更有可能形成湖泊，不管是否有人类曾在此居住。但在冰川的南部地区，没有人类的助力，很难形成池塘和湖泊。也有一些例外，因为地壳活动能够造出一些最深也是最有趣的水体，比如尼斯湖或东非的一些大湖。别忘了还有河流凿出的奇特的湖，比如牛轭湖。

一旦判断出某片池塘或湖泊有可能是人类的杰作，你便可以探寻它的挖造目的，这能让你更了解这片水和这块地区。在乡村地区最不可能的地方冒出来的小池塘很有可能是露池 (dew ponds) 。几个世纪以来，露池一直都是干旱白垩岩地区的农民的解决方案。这些人工池塘是农民用黏土在地上圈出白垩岩坑而建成的，雨水 (不是露水) 会落满池塘，好让动物饮用。摸不准池塘和湖泊的来历也不是坏事，因为 105
这样便有谜题可解。我曾在一个叫利特尔汉普顿的南海岸小镇的近海地区遇到了一片淡水池。我怀疑它的修建是为了美观，但又不能确

* 此处指《福尔摩斯探案集》里的“巴斯克维尔的猎犬”，该故事发生在沼泽地里。

定，因为利特尔汉普顿迄今为止看起来不像是审美至上的城镇。从形状上我完全猜不出它的用途，但当我知道它的名字时，一切便云开雾散了。牡蛎池曾经确实是被用来盛放牡蛎的。

不管淡水在某一地点聚积起来的物理起因为何，它都值得我们欣赏，哪怕除了稀有之外没有其他原因。沿着大河散步或者到像湖区*这样的地方旅行，会让我们误以为淡水量非常充沛，但事实远不是这样。海水储量丰富，但世界上每有6 750升海水，对应在河流或湖泊中只有1升淡水。这就是为什么即便是在英国这样相对湿润的地区，淡水的使用权也会受到争夺。

当我到达湖边，湖水的气息扑面而来。空气中有一种熟悉的潮湿的味道，夹杂着一丝淡淡的鸟粪和潮湿腐化植物的气味。通过记录水边的气味，我们能快速地了解风向、岸线特征、植被以及温度情况。嗅一嗅水边的空气，我们便能感受季节的变化。倘若你闻到的只是最微弱的湖水气味，这便说明一切状况良好，但通常夏季的气味要比冬季重一些，因为所有生物，尤其是藻类和泥中的细菌，都在夏天更为活跃。然而，轻微的臭鸡蛋味说明细菌在合成硫化氢，而这又意味着水中的氧气含量很低，湖水的生态系统在恶化。

用气味标记地方是一个不错的主意，这还有另外一个原因。我
106 们的大脑从嗅觉处获得信息的路径要不同于其他感官，它会经过一个叫丘脑的区域。相比于图像或声音，气味能够更加直接地到达大脑中与记忆和情感关联的区域。当我们感受到某一个地方的气味，我们便会对这个地方形成另外一种印象，并建立起新一层的认识，但我们还能形成一种更加持久且更情绪化的图像。我不会在这里历数那些以

* 位于英格兰西北部，以湖泊、群山、森林以及华兹华斯等湖畔诗人闻名于世，1951年被划为国家公园。——编注

无可抗拒的力量将我带回某些地方的气味，但确实有一种气味在过了二十多年的时间后还是能让我几近落泪，我相信你也有自己专属的特殊气味。在地理信息依靠网络下载的时代，旅行者使用导航仪屏幕来巧妙地发现藏宝箱，但我们仍旧可能享受用气味来获取地理信息的乐趣。

从感受海岸越来越近，到在沙漠中迷路的领航员根据8公里之外的一头骆驼传来的气味找到营地，在实际中有很多可以使用嗅觉的方式。假如想要描绘一幅关于我们所处位置和周围环境的精准图画，那么用航海专家汤姆·坎利夫的话来说，我们甚至不该“忽略一只老鼠的微弱气味”。

回到天鹅溪湖的岸边，我不小心弄醒了一群雁和鸥，它们看起来波澜不惊，摇摇晃晃地走开了。但它们是如何在嘎嘎不休的骨顶制造出的喧闹中做着美梦是个谜。我向水中望去。

天鹅溪湖是浅湖，水文学家会称它为“全循环湖”(holomictic lake)，也就是说湖水太浅以至于全部均匀混合，因而各处的水温几乎一样。对所有水体来说，水深都是一个基本要素，但对静水来说尤其如此，因为水深决定了水中的光照和温度，而这些因素决定了水中是 107
否会出现生命。几米之差便能造成巨大差异，因为大部分阳光在顶层就会被吸收。所有到达湖面的阳光，或许不到一半能到达水下1米深处，只有1/5能到达2米深处，1/10到达3米深处。光照到达水下的具体深度当然取决于水的清澈程度，但任何深度的湖中都会有区分明显的区域，它们可以由光照和温度来划分。

透光层 (euphotic zone) 是光照能够到达的顶端水层，理论上植物可以在那里生长。在极为清澈的湖水中，这一水层的深度可达50米，而在浑浊不堪或富含藻类的湖水中仅为50厘米，可以说，这个水层的深度范围极为广泛。按照温度，湖水也能划成不同区域。在深不可测的湖中，会有一个底层，叫湖下层 (hypolimnion)，那里的水温常年维持在4摄氏度左右。(这刚好是水在密度最大时的温度，这可不是巧合，水的一个特性就是当水从4度开始升温以及当它冻结成冰时密度会下降。因此，冰块会浮在水面上，而冷水则沉在暖水的下面。)

在水面附近，也就是阳光加温湖水的地方，有一个不同的水层叫作湖上层 (epilimnion)，那里的温度在一年中的不同时间里变化剧烈，冬季时接近冰点，夏季又温暖且适宜游泳。湖上层和湖下层之间还有一个水层叫温跃层 (thermocline)，它的深度随着风吹以及照射进去的阳光的变化而发生改变。这些水层以及它们的深度随着季节波动起
108 伏，因此很多池塘和湖中生物会在冬季向下沉降，这使得水看起来似

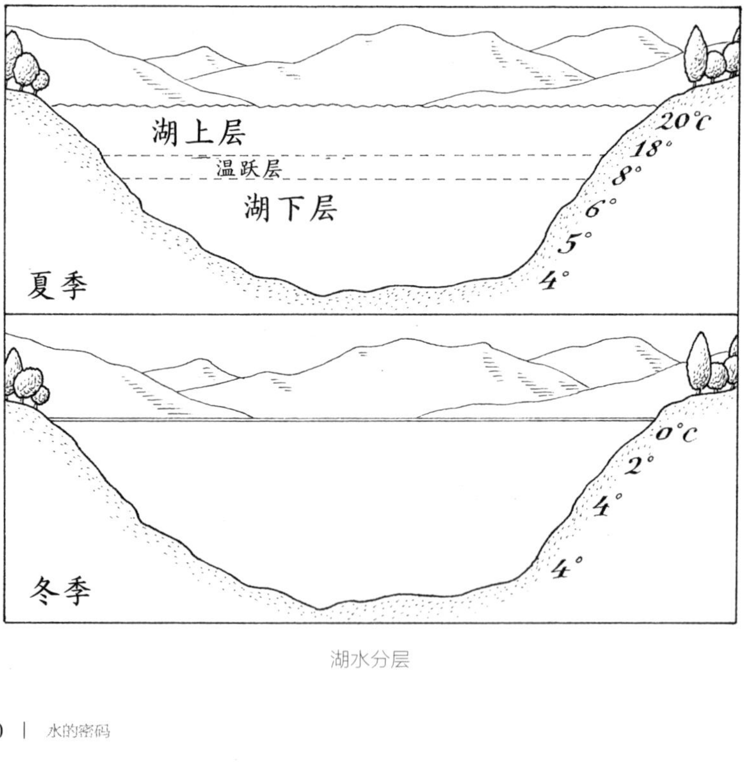

湖水分层

乎是在冬眠，如果不是成为一潭死水的话。

事实上，只要你有心，你也可以在厨房里做自己的温跃层实验。只需找一个透明的长方体容器，比如玻璃烤盆，在里面注入大约4厘米深的冷茶。接下来小心将2厘米的温水沿着汤匙背面倒入盆中，不要让它们混合，你就能看到一层暖水覆在冷水层之上，两者之间由温跃层隔开。

在海洋中，还有更多分层，盐跃层 (haloclines) 按照盐度来划分，还有很多水层拥有一些奇妙的名字，比如大洋深渊层 (abyssopelagic，4到6千米深) 。海洋也有温跃层，通常在300到800米之间，它会形成一个声音屏障，从而限制声呐的应用——军用潜水艇借此躲避彼此。

顺便提一句，水本身的温度层会对声音在水下的传播产生很大的
影响。鲸鱼有时可以跨越遥远的距离彼此交流，有些科学家相信它们 109
进化出了在水下使用声道的本领。让自己的歌声在寒冷稠密的海水层上反弹，这可能是鲸鱼能在相隔几千公里时保持联系的关键。

这些名字犹如拼词版*炸开的水层使得水深和它与光照温度的关系似乎变得专业起来，但事实上它们的背后有一个基本事实。我们只需记住，随着水深增加，植物和动物的活动会减少，这个过程并不总是渐变的，因为温度和光照可能会骤然降低。

有关水深的一些最有趣的线索就在水面之上，无须向水下探寻。我绕着湖水散步，其间经过生长着睡莲的水面，正如我们前面已经讲过的，睡莲是水深的自然测量仪。绕过一棵往外伸出的栓皮槭，我看到长着白尾巴的兔子窜进岸上的扁桃叶大戟后又消失在林子里，之后脚下的小路在林子里断开，正是在这里，我看到了或许是最优雅的水

* 这里提到的是西方流行的名叫“Scrabble”的英语文字图版游戏，在一块15×15方格的图版上，2至4名参加者拼出词汇而得分。

深测量仪——一只天鹅。天鹅以湖底的藻类、水草以及草根为食，因此它们在湖水的浅水区更多见。我看到的这只天鹅身边还跟着三只小天鹅，它们对食物的需求量会更大，这进一步提升了这一漂亮的水深测量仪的精确度。

事实上，水上的每一种动物和植物都能透露一些它们身下的水的信息——如果看到一只鸭子在水中疯狂地搜寻，好似丢了什么东西，那你看到的就是琵嘴鸭，它用自己宽大的喙搅翻湖底寻找食物。显然，这里的水一定很浅。在深度上另一个极端是，鸬鹚能潜入水下45米深的地方。

110 此刻我在明亮的阳光下踱着步，一边欣赏着身边树木上跳跃着的反射光。狐尾藻在这个角落里占据了一大片湖面，这种植物在浅水中比睡莲生长得更为繁茂。我沿着湖边顺着它巡视，看到植物的种类从这些真正的水生植物渐渐过渡到岸上的陆生植物，比如大麻叶泽兰，它是陆生植物，却在潮湿的土壤里生长茂盛。靠近湖边，灰尘、树叶和其他自然残渣堆积在蔗草间的凹坑里，在某些地方看起来似乎已经凝结成接近淤泥的硬块。

这提醒我们，池塘和湖泊远远不是一成不变，河流会随着时间自然生长，因为它们会开凿挖掘，静水却是相反。除非借助一些外力，池塘和湖泊最终都会填平并恢复为陆地。在这个过程中，最开始是藻类，之后是灯芯草以及其他浅水植物找到落脚之地，这使得沉积物开始聚积，水变成湿泥，加强循环得以建立，最终水抵抗不住陆地的扩张。

小路延伸向一座小丘之上，这给了我一个更好的有利地点来研究水面。开阔的视野使我能够好好研究微风和涟漪的细微之处。

当风受到障碍物的阻挡，水中的下风区便会出现平静水面，但解读这些水面是一门精巧的艺术，其中有一些细节值得探寻。我们要感谢帆船策略家，他们让我们对微风如何绕过障碍物有了全面了解，因为这些知识能够为赛船手带去获胜所需的竞争优势。

当风被迫吹过障碍物后，它在一段距离之内无法回到先前的风力和特点，直到吹行了大约是障碍物高度30倍的距离后，它才能恢复如初。 111

当我们观察风吹过的障碍物类型时，会有一些让人迷惑不解的意外。密实的障碍物，比如墙，并不能像某些篱笆或灌木这种稀疏的障碍物一样有效地挡住风。如果从透光性的角度来看一个障碍物，我们便能大致估测它的密度。砖墙的密度是100%，因为没有光能透过它，但一排茂密的灌木密度可能只有50%。奇怪的是，相比密实的墙，这种密度中等的灌木能够更加有效地削弱风力。因此，当我们看向枝叶繁茂的树木背后的下风区水面时，或许会发现静风区一片平静，而且这片静风区实际上要比附近高度差不多的建筑的静风区面积更大。另一个谜题是，风通常在距障碍物下风区5倍于其高度的地方风力最弱，而不是像我们想象的那样在下风区紧邻障碍物的位置最弱。在大多数情况下，风在到达10倍于障碍物高度的地方会回到原来风速的3/4。

我们无须记忆距离、高度或者因素，只要享受观赏水上涟漪的乐趣，并且注意它们在树木和其他障碍物下风区的较远处是如何变化的。

接下来要寻找的是往相反方向荡去的涟漪。此时应该回想一下河中的漩水，回想河水在遇到障碍物时打旋的方式，以及最后是如何以一股细流在河水边缘往相反方向流动的。湖水当然处于陆地上的盆地之中，这就是说，当微风吹过湖周的地面顶端，风便会在高地的下风区紧挨高地的地方形成盘旋的垂直风涡。这又会在湖面上制造出

非常局部的微风，它们会朝与主风相反的方向吹拂。让人意外的是，
112 你会常常发现自己站在湖边感受着轻风拂面，看着它吹起的涟漪朝某一方向荡过湖面，而头上的云朵却朝相反方向飘过。

在障碍物的下风区甚至上风区会形成更小的风涡。空气会垂直旋转，或者说会翻滚（如果它从某样事物的顶端吹过），还会打旋（如果被逼到一个角落）——想想那些在建筑物角落附近出现的尘卷风。（树木之所以通常比墙更能有效地削弱风力，主要原因在于树木制造出的风涡更少。）

最后，还需知道的一点是，会有一些局部的轻风，因为太阳对陆地和水体的加热效果是不同的。后面讲到海洋时，我们会再做更透彻的分析，但此处值得提及。假如你的湖位于深谷中，天气又晴朗温暖，那么在湖水的阳面处便会生成一些局部风，在阴面却不会。

假如将所有这些效应放在一起加以考虑，便能很容易理解水面上为何常会出现如此精巧复杂的涟漪图案和平静区。风总是遵循物理规律，因此这些效应的起因通常都可得到揭示。假如思考一下风的来向，再加上它要吹过的障碍物的高度和类型，你便能够从破译水的形态中发现乐趣。仅仅通过寻找它们，你就能注意到很多他人注意不到的现象。

在水边的一片柳树附近，我发现一团飞虫正疯狂兴奋地飞舞着。它们点在水面上，一些非常细小的水纹出现了，而后一圈一圈地荡开去。不仅鱼在密切注视着这些微小的震动以及细小的涟漪，还有一些昆虫，比如常见的划蝽——它常用四条腿浮在水面上（另外两条腿更
113 长，因而被用来当作划水的桨）——也对这些震动异常敏感，这预示又有一只小虫陷入了麻烦。因此，水面的一个轻微惊动便能引发周围生命的一连串反应，并最终在很小的层面上引起一阵骚动。这些景象观

赏起来甚为惬意——平静状态被打破的一瞬，一阵短暂的狂乱紧随其后，接着恢复平静，一切又重新开始。

有时你会引发一种不同的骚乱。这些水面上的昆虫对轻微的震动如此敏感，以至于当你在一片平滑如镜的水边跺脚时，昆虫会潜入水下或者起飞，并随之产生一连串涟漪。对我来说，这样搅乱昆虫的安宁是一种带有负罪感的乐趣。

我从湖边走开，同时往天上看去，希望能有一朵庞大且低低的云朵从水面上飘过。有一个方法能帮助太平洋的航海家们在海上寻找陆地，我们在陆上靠近大湖时可以使用这个方法。

太平洋的航海家在海上搜寻附近有岛屿的迹象时，偶尔也会向天空寻求帮助。陆地比水升温更快，因而岛屿之上生成的云彩要比水上的云彩更醒目。这些云彩指示牌在数英里之外都能看到，是非常有用的标识。假如上升的空气流足够强大，它们有时会将陆上的云彩一劈为二，形成被戴维·刘易斯等航海家称为“眉云”(eyebrow clouds) 的云彩。

理论上，湖上的云彩要比周围陆面上的云彩数量更少，但只有在很大的湖上你才可能注意到这一点。太平洋岛民们同样会仔细研究远处云彩的底端，以期发现颜色的变化。拍岸的海浪和珊瑚砂上出现的云彩看起来异乎寻常地轻盈洁白，在潟湖上它们会呈现绿色，在干燥的礁石之上则带有淡淡的粉色，而在森林覆盖的陆地之上它们要更为暗沉。 114

当戴维·刘易斯和伊奥蒂巴塔一起在马亚纳与塔拉瓦环礁附近航行时，他能清楚地看到这些云彩底下反射出的绿色。这个现象太明显了，刘易斯不禁纳闷为何伊奥蒂巴塔没有看到。听到这个问题，伊奥蒂巴塔有些尴尬，他回答说他之所以没有提起，是因为不想显得比刘易斯高明——他说，这个现象太引人注目了，“即便是欧洲人都能看到这个显而易见的迹象”。

我们可以反过来在陆地上使用这个方法，由此获得一些乐趣。在云彩飘过湖水上方时，通过研究它们的底端，我们偶尔会发现色彩发生了细微的变化。

湖泊为我们提供了一些观察各种迹象的绝佳机会，让我们意识到自己对水的认识一直在提升，对此我深有体会。在我年轻时，我会在湖区这样的地方大步走过大片的湖水，虽不至于对周围的美丽风景全然不知，但对这些美的复杂之处肯定视而不见。我没有意识到破解涟漪如何能够帮我登上当地的一座高峰。

我要走上成千上万步才能到达我的计划目的地并返回。其间我的某个步伐会惊扰一只天鹅，这又会在水中制造出一种独特的水纹，因为它送出的涟漪会和风涡引发的水纹撞在一起。如果我事先能有注意这些现象的意识，那它顶多会被看成一种延迟。或许我会因空气的新鲜和微风中飘来的气味而感到欣喜，但我永远不会发现这些气味的变化与我身边的水有着密切的关系。

现在我以一种全新的眼光打量湖泊和它们的类型，它们自身便是一座高峰。如果我花时间来注意风鸟鱼虫在水面上的行为并借此观察
115 它们的特性，这便成为另外一种征服——对一座更高的山峰的征服。

第九章

水的颜色

想象你坐在海上的一艘船内，你的朋友问你如下问题：

“海水是什么颜色？”

你环顾四周，只是为了验证这个问题是否像它听上去那么愚蠢，之后便信心十足地答道：“蓝色。不，等等……绿色……也可能是灰色。”

此时你的朋友俯下身，将一只杯子浸入海中，舀了一杯水，呈在你面前。你瞪着这杯清澈透明的液体，一瞬间感觉自己交友不慎。然后你开始回想自己最喜欢的河流、湖泊以及海边的水的颜色，这时你才意识到它们之间都略有不同。

望向水面，水的颜色之多变是我们喜爱水的一个原因，但大多数人只是喜欢欣赏这些丰富的色彩，却很少有人会去思考它们背后的原委。凯尔特人肯定体会到了描述水的颜色这一挑战的困难性。他们用一个前缀“glasto-”来表示任何蓝色、绿色、灰色的事物，借此避开了这一难题。

认识水的颜色分为几个部分，单独考虑的话每一部分都很简单， 116
但合在一起它们就让人迷惑不解了，主体也显得比事实更为复杂。我们要思考的四个部分是：水下有什么、水中有什么、水上有什么以及光线效果。最后一点，也就是光线与水的关系在这一章会得到初步介绍，但由于它是一个深奥丰富且令人着迷的领域，在下一章里我们会继续探索。

当你试图理解在水中看到的颜色时，首要之事是弄清楚你看到的是水，还是实际上只是反射形成的倒影；有时，结果显而易见，但并不总是如此。站在水坑边，从水的上方直接看向水中，假如水体清澈，便能看到不少事物。你可能会看到自己的倒影，可能会看到坑底的泥土，也可能会看到一些褐色的泥渣在水中打转，特别是如果有人刚从坑中蹚过。这些景象各有其重要之处，但首先要意识到，当我们俯身看向水中时，我们可以选择自己想要关注的东西，因为我们是从一个很高的、接近垂直的角度看向水面的。

然而，倘若走开二十步，再往回看，你便无法看到任何泥渣或坑底的泥土，事实上你根本看不到水本身，因为你看到的只是对面与你所在角度相同的无论什么东西的倒影。当我们从低而偏斜的角度看水的时候，我们根本看不到水中。在思考水的颜色时，这是一个很重要的考虑因素，因为很多时候，我们以为自己在看水，但事实上看到的只
117 是远处的其他事物。向远处的海面眺望是一个极好的例子，在此情况下，我们的目之所及被更远处的天空倒影所占据。这就是为什么远处的海面在晴天里呈现蓝色，而在乌云密布的天气里看起来却是灰色。

俯身看向水坑与在海上远眺是两个极端，在这两种情况下我们很容易能预测出自己会看到的东西。但当我们看向离我们不远又不太近的水面时，事情就变得稍微具有挑战性了。站在宽阔河流的一岸，我们至少能看到水中向下延伸至脚边的一部分景象，但是在远处的水面上我们只能看到倒影。所以水的颜色在两岸处常常看起来差异甚

远。如果主动寻找，你会注意到这一点，但如果不刻意去找便会忽略掉，因为我们的大脑已经习惯了这种效应，所以完全不会意识到它的不寻常之处。

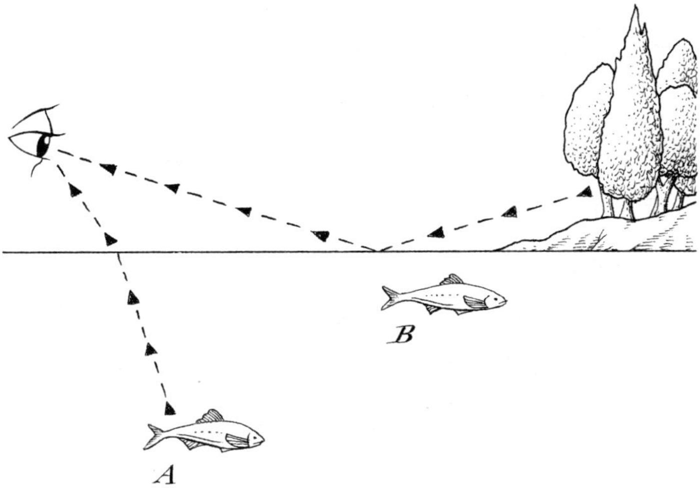

我们能看到A鱼，但看不到B鱼，只能看到对岸的树

试着将自己的目光从河岸边缓缓向对岸扫视，看你能否发现从只 118
能看到对岸的倒影，转变成能够看到水中这一变化发生的交界处（如果河水清澈透明，最容易观察这种效应）。这种转变不是在某一点发生的，因为它受到了几个因素的影响，包括从上方以及远方照射而来的光线角度及强度。你应该能注意到，在某一片水面上，这种转变十分明显（通常在20到30度之间，或者地平线之上2到3个拳头的宽度）。

可以想象到的最简单的实验能够证明光与我们看到的水的颜色之间存在一个基本关系。在夜间，将一杯水放在你面前，然后关掉所有的灯，于是这杯水随着房间中的一切消失了。水的颜色变成了黑色！这听起来很荒谬，因为太明显而几乎毫无意义，但有一点：没有光线照在水上，水根本不会有什么颜色。是光赋予了水颜色。

等灯光再次照亮房间，比较一下杯中的水与浴缸中的水的颜色，事情就变得更加有趣了。假如你的浴缸是纯白色的，试着在它内部注入几厘米深的水，然后朝里面看去。你会发现它看起来完全无色透明，与杯中的水没什么两样。接着继续往浴缸中注水，直到它明显变深。看向现在稍深的水，你能发现水有一丝发蓝吗？当我们从船中看向清澈的深水时，同样能看到蓝色海洋，这与浴缸中的水呈现出淡蓝色的背后有着相同的原因。

纯净的水没有颜色，但它会吸收一些颜色。当白色的光照进水
119 中，有一些被反射了，还有一些被水分子吸收。进入水中的白光由七色光组成，这些色彩并不会被均匀吸收。红色光、橙色光以及黄色光要比蓝色光更多地被水吸收。结果便是，白光要透过的水越多，当它反射回来时就看起来越蓝。你是否曾注意过，当一个白色物体掉入看起来清澈深邃的水中，它在消失之前变成了蓝色？假如将浴缸底部白色的塞子拔掉则会发生相反的情况，塞子会从微蓝色变成白色。

从浴缸到泳池，随着水体的尺寸越来越大，光线要透过的水量也随之增加，于是更多红色到黄色波段的光被吸收，所以我们觉得泳池是浅蓝色的，尽管池底的颜色是白色。科学家们已经发现了在水中穿过最远距离而不被吸收的颜色：蓝绿色光（他们甚至已计算出它的波长是480纳米[*]）。

接下来要思考的是水下有什么。如果你有一个平滑洁白的浴缸，那么浴缸实验的效果最好，原因很简单——在浅水中，水下的任何东

* 1纳米=10^{-9}米。

西都会对水面上看到的水的颜色产生巨大影响。可能你已经注意到，在海滩上，从波浪破碎的地方到远方的深海，海水的颜色会越来越深。但我们同样已经习惯了每片海滩处的水看起来都独一无二，带着自己标志性的色彩组合。这是因为海床会让海水呈现出不同的颜色，海水越浅，效果就越明显。

假如你身处一片白色海滩，最浅处的水（几乎无法淹没你的脚） 120
看起来会是白色的，但在不远处，水会呈现极浅的蓝色，再远处蓝色会加深一些。随着你的目光从岸边向远处移动，颜色会继续加深，直到明亮的白沙完全不再影响水的颜色。

在金色沙子或卵石覆盖的海滩上，你会看到相同的效应，但是颜色会接近蓝绿色或绿松石色。在那里，黄色光和蓝色光混在一起，随着水深的增加，颜色会从最浅转为最深。至于海床，不过是不同颜色的混合，就像调色板一样。海水越深，蓝色就越多，但在较浅的水中，海床的颜色混入得更多。

现在我们准备将这三种效应结合起来。站在齐脚踝的海水中，你可以为自己的调色板调出颜色。分别试验垂直向下看，往几英尺远处看，再往更远处看，试着把与水的浅蓝色相关的颜色、海底的色调以及天空的倒影过滤掉。

在晴好的一天，几朵零散的预示好天气的积云从天空中掠过，这些云像绵羊一样蓬松，你因此有很大机会能目睹天空对水的颜色的影响。注意与云彩投下影子的水面相比，在明媚阳光照耀下的水看起来更接近蓝色。这种效应非常明显，以至于很多人看到水上的云影都误以为是水下发生了大事。人们通常都会认为一定是水深突然发生了改变或者突然出现了一大群鱼，但如果有耐心，你能看到这些颜色更深、不那么蓝的水面随着云彩向前行进。

如果不确定，试着画一条线，以太阳为起点，穿过一小朵云再往下直到水面。想要精确地预测影子会落在距你多远的地方很难，但这个方法至少能让你看向正确的方向。同样地，如果看到这样的一片深色
121 水面，你可以将它与太阳连线，又因为它是云的影子，那么这条线上的某个位置一定会有一朵云彩。确认水上影子的形状与云彩的形状一致，能带来一种奇特的满足感。

学习识别水中颜色的变化预示的是水下的变化，还是天空中发生的变化，这是一门需要不断精进的艺术。在世界上的很多地方，比如太平洋，它成为一项实用的技艺。船只在珊瑚环礁之间穿梭时，周围海水的颜色是它最好的海图。GPS加上最先进的电子海图都无法胜过一位经验丰富的本地船长，他的眼睛对蓝色海水最细微的光亮都十分敏感。甚至电子深度计，比如回声测探仪，与这些颜色变化比起来都是小巫见大巫，因为深度计通常只能测量船下的水深，却无法告诉你周围海水水深的变化。而与海水颜色的变化比起来，珊瑚环礁的电子海图仍旧十分模糊且不精准得可怜。

经过多年的训练，这些海域的航海家能够在这些凶险的礁石之间闯出一条安全的航道，他们只需在各种深浅不同的蓝绿色中挑选出一道细细的深蓝色。1880年代，靠近英国的一位渔民在采访中被问到北海的航行，他说：

> 当你吸取了教训，世界上就再没有比在北海中选择航道更容易的事了，只需让水深以及海底的特性指引着你。

深水和浅水处海水颜色间的差别催生了一个常用的海上术语：
122 “蓝水航行”(blue-water sailing)。如果有人说自己是蓝水水手，这可

没有它听上去那么浪漫或者愚蠢，他的意思是他在深水中航行，一般为跨洋航行。“棕水”(brown water) 这个词现在不太常用了，但它指的是浅水，按照惯例，棕水是不超过100英寻*的海水，而蓝水是任何超过这个水深的海水。

若你确实注意到海水的颜色有所改变，而且这个改变持久稳定到能让你排除云彩或光线变化的影响，那么这说明海底发生了实实在在的变化。如果表现不甚清楚，那么需要我们做一点探查工作；当地水手或许能够提供答案，但你可以通过找到这片海域的海图而自己做一些侦察，不管是纸质海图还是从网上查找的电子海图。如果这里是你家乡或者自己喜欢的沿海区，那么买下当地的海图是一笔很不错的投资，因为它能为你提供很多信息，而且可以解释海水颜色的很多微妙变化，否则它们可能让你疑惑多年。海图上零散的字母能够揭示海床的性质，“S”代表沙质，“Sh”代表岩质，“M”代表泥质，“Wd”代表海草，还有奇妙的“Oz”代表软泥**——对于任何想要抛锚的船只来说这都是重要的知识，因为它们能够帮助我们解开很多海水颜色的谜题。

最近一次去多塞特的珀贝克半岛时，我花了些时间绕着一个名叫“蓝色水潭”的地方缓缓散步。那天早晨阳光普照，潭水从一种充满活力的绿松石色变为常见的深蓝绿色，在投下树影的地方，水是更深的湖绿色。水潭获得这个名字，是因为它的颜色非常突出。它与所有其他湖水和附近海水的颜色都不甚相同。但由于当地很多其他湖泊的湖底性质都较为类似，水深也差不多，而且都位于同一片天空下，因此

---

* 英制水深单位，合6英尺或1.628 8米。

** 分别对应“sand”“shell”“mud”“weed”“ooze”。——编注

这种特殊蓝色的原因一定要从其他方面来寻找。

123 “蓝色水潭”是一个废弃的黏土坑，正是水中悬浮的黏土颗粒带给潭水迷人的颜色。没那么吸引人的是康沃尔的红河，它的名字来源于此地在锡矿开采全盛时期被冲走的富含铁的尾渣。现在采矿业已经歇业，这种红色也已褪去，对野生生物来说这是个好消息（矿工可能没那么高兴），因为这种红水有毒，生物无法在其中生长。

所有你在野外看到的水中都含有一些粒子，即便是在看起来原始纯净的水源以及最有荒野特色的湖泊里，其水中和水面上都有着上百万的微小杂质。藻类、细菌、粉尘、花粉还有其他物质都会出现，并且为湖水增添颜色，有时这不太明显，偶尔则相当显著。

记得最近一次乘坐飞机，飞机从希思罗机场起飞后不久，机身微侧，我向窗外看去。在机翼之下，有一些湖的形状十分规则，很多湖岸线都是笔直的，不可能完全出自天然。与其他的湖不同，其中的一面呈现出明亮的绿色，这让我印象深刻。亮绿色的湖离附近的农场最近，这解释了它不寻常的颜色。

当湖泊或池塘的静水出现科学家所说的“富营养化”（eutrophication）时，意味着其中的营养物质太过丰富，打乱了它微妙脆弱的生态系统。藻类生长需要三种东西：水、阳光和营养，如果这三者都达到它适宜的量，那么它便会发生水华，并彻底改变水的颜色。

水华不只是改变湖或池塘的颜色，它们会影响整个生态系统，大幅度削减照射进水中的光线，并且耗用水中太多的溶解氧，从而可能杀死鱼类和其他生物。这些亮绿色的水看起来很有趣，但它们并不是
124 最适宜的动植物栖息地。大部分人都不喜欢在这些水中游泳，因为他们本能地觉得这水既不干净也不卫生，而它们也确实有毒。

在世界上的某些地方，一种更加夸张的现象由藻类引发。亚马

孙河在某些地方呈现黄色，而在靠近巴西的马瑙斯，这种黄色的河水与内格罗河的红黑色水相遇混合，构成了一幅色彩鲜明的画面。每一种颜色都是河水里不同粒子以及藻类作用的结果。有一种特别的水藻，叫杜氏盐藻（*Dunaliella salina*），它会将一些咸水湖，比如澳大利亚的希勒湖或者塞内加尔的玫瑰湖转变为鲜艳的粉红色。“赤潮”（red tide）指的就是一些将海水颜色变为红色或红褐色的水华现象。我们认为它们由营养水平和温度的波动引发，对于海洋生物和人类都可能有毒。

在营养尺度的另一个极端，假如水“贫营养化”（oligotrophic），即水中营养物质含量很低，那它就会异常清澈诱人，因为藻类无法在此生长。最典型的一个例子是地中海，它的营养水平极低，因而海水中的藻类非常少，水也清澈透明，我们喜欢在此度假游泳。

水中的很多粒子都是无机物，一种泥、沙、黏土、粉砂、白垩岩以及其他物质的混合物，每一种都会影响我们看到的颜色。在低地河里这一点十分典型，那里的河水运动时时刻刻都在将泥沙从岸上搅起，使得河水呈现浑浊的浅褐色。当你看到一条支流汇入流域面积不同的溪水或河流中，比较它们的颜色，你会发现它们绝少相同，因为它们流过的路途不同，因而携带的粒子也不尽相同。在婆罗洲[*]，我目睹了达雅克人解读河中极为细微的细节的能力——他们识别溪水交汇之处的颜色就跟我们解读路口的标示一样轻松。 125

有一些冰川湖会显示出明亮的浅蓝色，因为水中含有一种叫“石粉”（rock flour）的东西。这些细小的岩石粒子在冰川的捣碎和研磨作用下被精细打磨，然后被带到湖中。这些非同寻常的水体可以在

* 即加里曼丹岛，是世界第三大岛，属于印度尼西亚、马来西亚和文莱。下文的达雅克人是婆罗洲土著。

任何有冰川的地方出现，包括加拿大和挪威，虽然颜色鲜艳却十分干净卫生。

如果有机会，在一场风暴前后研究一下近岸的海水。风暴的猛烈活动会将海床搅起，为海水染上新的颜色，但在一天之内便会褪去。

我们看到的颜色有时还会受到水面上的东西的影响。石油泄漏为水面带去的斑斓色彩常常会进入令人忧心的新闻简报，但我们可以通过茶水表面的有机油膜来发现相同的光学效应（在不加奶的茶上更容易看到，面朝光线，视线放低）。水面上的油、灰尘以及很多其他临时访客都会以一种不受欢迎的方式改变水，但有一种常客却十分美丽。

希腊神话中的爱神阿芙洛狄忒和罗马神话中的爱神维纳斯都诞生于海中的泡沫。这一神话时刻被波提切利记录在画作《维纳斯的诞生》中。就像一个狗仔守着门抓拍古典女神最私密的一刻，波提切利为我们展现了那些注定只能被想象的事物。但是波提切利没有在他的画作中展示的是，据赫西俄德[*]所言，海中的泡沫是乌拉诺斯[**]的生殖器被克洛诺斯割去后扔入海中产生的。远离略为污秽的神话，泡沫背后的科学原理令人有所收获。

126 泡沫会为在强风或破碎波之下快速流动的河水和海水添上颜色，这使得它几乎天天出现在水面上，在某种意义上，如果你身处地球之上，事实也的确如此。在科学家看来，地球是太阳系中唯一一个风吹过开阔水面会造成起沫波浪的地方。

---

* 古希腊诗人，略晚于荷马，代表作为长诗《工作与时日》。

** 希腊神话中的天空之神。下文中的克洛诺斯是乌拉诺斯和大地之神盖亚的儿子，是泰坦巨人之一。克洛诺斯推翻了父亲乌拉诺斯的统治，后又被其子宙斯废黜。

我们知道，我们看到的泡沫通常都是白色的，尽管水并不是白色。事实上，即便是更深的泥褐色水面上出现的泡沫仍旧是白色。甚至可口可乐中的气泡也是白色的，这是为何？这跟云彩是白色以及大部分粉末都是白色背后的原因一样。你是否曾注意到，如果将彩色的东西研磨成精细的粉末，不管最初的颜色如何，它一般都会变成白色？

泡沫是空气被水包住后产生的微小空气囊。相反，云彩是被空气包住的小液滴。当光线照在它们上面，它会碰到很多大小不同的球体。光线从这些大小各异的“球”上反射回来，每一种大小的球体都会反射出一种不同的颜色。这些不同的颜色同时进入我们眼中，合在一起因而显现为白色。当粉末足够精细时也会出现同样的结果。但如果仔细观察泡沫，你会发现那些色彩有时会快速闪现。

泡沫中的气泡通常很快就会破灭，泡沫也会随之消失，在海滩上时，我们都曾在自己脚踝周围见过这个现象。泡沫长时间不破说明水中含有一些其他物质，特别是一种叫“表面活性剂”的化学物质。这些化合物，包括常见的肥皂以及很多类似的工业制剂，使得泡沫能够维持很久而不消失。持久的泡沫说明水一定不够纯净。

浪漫主义者别看!

在我早期的一本著作《自然探索者》中，我写到一种叫作“天空 127
蓝度测定仪”的工具，它是由瑞士旅行家及物理学家奥拉斯-贝内迪克特·德索叙尔发明的。事实上它是一组彩色色板，能够拿来有效地与天空颜色做对比，然后评定天空的蓝度。

如果天空的蓝度可以得到测量并获得编号这一观念让你害怕经验主义者会不择手段，那你真的必须在这里停下了。水科学家们研发出了自己的蓝度测定仪，名叫福雷尔–乌勒水色等级表，因为它是瑞典科学家弗朗索瓦·阿方斯·福雷尔以及德国地理学家维利·乌勒发明的。等级表是这样使用的：21支装有液体的细小试管被分别编码，它们涵盖了从较浅的蓝色（1号）到较深的可乐棕（21号）等21种颜色。

正如我们前面看到的，光线在水面上的反射会对水的颜色产生巨大的影响，因此福雷尔–乌勒水色等级分类法避开了这一因素的影响。它将一张白色的圆盘伸入水中，直到它在水中消失，记下此处的水深，再将它提高到水深的一半处。之后将圆盘的颜色与试管中的液体颜色做比较，用最接近的号码给此处的水编码。

很多实验和研究都证明了几个有趣的现象：首先也是最让人意外的是，我们人类其实非常擅长客观比对颜色，因此能够相当精确地读出它们，从而为水编码。其次也是最有用的是，这种颜色对于水中的状况是一个非常好的指示。

以下条目能让你大致了解我们能从水的颜色中推测出什么，前提是我们已经确定这种颜色来自水中的粒子，而不是水底或者水面上反
128 射的光的颜色。

- **靛蓝到绿蓝**（等级1—5）。营养水平低，微生物生长缓慢。这种颜色的水被微小的藻类（浮游植物）占据。
- **绿蓝到蓝绿**（等级6—9）。这种颜色的水里仍旧主要生活着藻类，但也可能有较多的溶解物以及一些沉积物。通常靠近公海处的海水是这个颜色。
- **绿色**（等级10—13）。通常是沿海的水，营养物质和浮游植物含量增多，但也含有矿物质和溶解有机物。
- **绿棕到棕绿**（等级14—17）。营养物质和浮游植物高度聚集，但沉积物和溶解有机物的含量也有所增加。一般为近岸水域和滩涂。

- **棕绿到可乐棕**（等级18—21）。腐殖酸浓度极高，一般是河流与河口中的水。

海岸及海洋光学监测市民天文台使用了上面这个条目，其中有一个公众科学项目，甚至还有一个应用程序为那些抱有兴趣并希望参与其中的人服务。奥拉斯–贝内迪克特胜出！ 129

第十章

光与水

去年，我在维多利亚和阿尔伯特博物馆*看了一场康斯太勃尔**的画展。“大师的养成”是一个备受赞誉的临时性展览，它重点展示了众多大师对康斯太勃尔的绘画技法和个人发展的影响。说来惭愧，我时常发现自己很难被展出的作品打动。

然而，当我伫立在他1796年的画作《月光下的风景之哈德利教堂》前时，之前所有那些隔阂都一扫而空。看着这幅画，我被其中对水的超凡描绘深深打动。画作似乎在用一种私人的、几乎是密谋的方式与我对话——这感觉好像在接收一个暗号。有那么几分钟，康斯太勃尔和我成为一个秘密组织的两个成员。但紧接着，这个奇怪的组织开始发展壮大。

挂在这幅作品旁边的《月光下的风景》很明显影响了前者，这幅作品由彼得·保罗·鲁本斯***创作，比康斯太勃尔的作品早了150多

---

* 维多利亚和阿尔伯特博物馆（简称V&A博物馆）是位于英国伦敦的一座装置及应用艺术博物馆。在英国，它是规模仅次于大英博物馆的第二大国立博物馆。博物馆以维多利亚女王和阿尔伯特公爵命名，专门收藏美术品和工艺品，包括珠宝、家具等等。

** 约翰·康斯太勃尔（John Constable, 1776—1837），英国风景画家，代表作有《干草车》《白马》《斯特拉福特磨坊》等。他的作品真实生动地表现了瞬息万变的大自然景色，其画风对后来法国风景画的革新和浪漫主义的绘画有着很大的启发作用。

*** 彼得·保罗·鲁本斯（Peter Paul Rubens, 1577—1640），17世纪佛兰德斯画家，是巴洛克画派早期的代表人物。

年。这幅画同样描绘了在康斯太勃尔的画作中呼之欲出的那种景象，虽然有所不同，但其对水上倒影的忠实处理同样不同凡响。 130

很少有人会注意或在意月光在水面反射的景象，更不用说忠实地将其描绘下来了。发现自己正置身于两幅如此杰出的画作前让我感到兴奋异常。一旦我们学会剖析一种叫作闪光路径 (glitter path) 的光学效应后，我们就能理解这两幅画中的水面上发生了什么。

我本不该为康斯太勃尔或鲁本斯的作品惊讶，这是大画家的艺术造诣。他们通过比别人更加细致地观察，以及一种我们担心只有自己才会关注的语言一一传达信息，从而为我们带来了自我满足的愉悦感。

《月光下的风景》，彼得·保罗·鲁本斯绘

光线照入水中又到达我们眼里时，它一定遵循了三条路径之一。 131
我们之所以能看到光，只是因为有什么东西让它大幅度改变了方向，并且进入我们眼中——它要么被水面反射，要么被水底反射，又或者被水中的粒子反射。在上一章里，我们已经了解过诸多光线向四周反射以及从粒子上反射后出现的光效应，生成从明信片风景似的蓝色到令人担忧的粉色等各种不同的颜色。本章里，我们来更加深入地了解在水面上反射的光，以及一路照进水底的光。

在能够靠近清澈深水的地方找一个观测点，在那里你既能向下看入水中，也能透过它看向明亮的天空。如果可以的话，找到一个水面全部笼罩在阴影下的地方，而它又靠着一片没有阴影的水面。这样能够证明光照水平的重要性，因为看向阴影区时，你能够向下一直看入水中，但是在明亮的区域你却很难看到水面之下的景象。

接下来，找到一片水面，水面上有一片浅水位于阴影之下，另一片被来自你身后的阳光照得明亮——清早或傍晚最好。你能看到情况发生转变了吗？明亮的区域现在比阴影下的区域更能看得清楚水下了。你身后明亮的光线并没有在水面上形成刺眼的光，相反，它让你能够看清水下以及水底的很多细节。

一旦体会到这种明亮水面与阴暗水面之间的显著差异，你就能明白如何在水下发现自己本可能错过的鱼类、植物以及昆虫。在阿伦河的河岸上，有一个我非常喜欢的地点，我对它的喜爱源于那儿的系缆桩，这些高高的桩子在河岸附近伸出水面，在水上投下了一系列阴影
132 带。我喜欢利用这些桩子以及它们投下的影子来观察鱼类从阴影区游到明亮区又回到阴影区，从而不时地出现又消失的景象。

在阳光普照的日子里，如果你盯着一块平静无人的泳池，将自己的目光投注在池底，池底的景象会一清二楚。这没什么特别或让人意外的地方。等有人跳入泳池，这时再看一眼，你会发现水面的震荡使你完全看不清楚池底。而一旦那人钻出池水，水面恢复平静，再看

一眼，此时你会看到一幅非常美丽的景象。水中会出现一些非常美妙的亮光图案，明亮的白色光圈在池底舞动着。在晴天看向一座桥的底部，你常常会看到相同的景象——水面向黑暗的桥底投射出了明亮而弯曲的形状。

这两种效应彼此关联，而且呈现了我们感兴趣的两个领域中的一种效应。池底的亮光图案是光线照进水底形成的，而那些不断变化的奇怪形状是水面上的水波轻柔摆动的结果。这些波动使得水面好像一个不断弯曲的透镜，将光不停地聚焦在某些地方又拉开，最终造成了这种明亮线与阴暗区交替的形状。桥下的图案是阳光在河中如透镜一般的波浪上反射形成的——在晴朗的天气里，你还能在船体上看到相同的景象。

当太阳仍高悬在天上，它的反射光太过明亮，无法安全地长时间直视它。但如果是月光，你便可以直视月亮的倒影。注意观察月亮的
反射光如何在水面上形成了复杂的图案，与桥底或泳池底部的图案类 133
似。这些图案被称为“月亮圈”(moon circles)，只要有明亮的光点在水面上发生反射便能见到。这些月亮圈的形状改变非常迅速，以至于我们的大脑无法合理地对其进行追踪，但是定时曝光摄影已经表明，当一个微小的光点——一个微型月亮——分裂成两个明亮的光点后跳跃着离开彼此，随后又同时滑回去并消失，便形成了这些月亮圈。

泳池效应很容易发现，你还能够在清澈的河水、湖水，有时在海水中发现它。如果花时间细细寻找，你会发现一些出人意料的、不易察觉的化身。任何停在水面上的东西都会使得表面的水膜发生轻微的弯曲，即便再小的昆虫也是这样。在晴好的天气里，一只虫子降落于清澈的浅水池塘上，会在池底形成一些微小明亮的光点，每一个对应着虫子一只细细的脚——这种美丽的图案是我最喜欢的淡水景象之一。

我们在水中看到的大多数现象都会受到光线与水面的作用方式的影响。最佳的证明方法是，下次在观看平静的水面时做一点观察实验——宁静的池塘、湖泊或者非常平静的河流，甚至泳池都可以。水面或许看上去非常平静光滑，但那只不过是因为我们所处的位置无法让我们看到细微的运动。只要能够找到光影与黑影交叠的地方，我们便总能在水面上发现一些动静。

只需在水边探索一番，或许向后退上几步，直到你能看到一片明
134 亮区（比如天空）和一片阴暗区（比如对面的树木或建筑）的倒影彼此相接的交界线。在这两片明暗区域的边缘，你能够清楚地看到水面上的繁忙景象：细小的漩涡，微弱的水流，虫子或鱼儿在水面上制造出的细微水纹。野外的水面从不会停滞不变，假如它看上去静止不动，那这只是说明我们需要移动自己，直到发现光影与黑影交汇的地方。

现在，倘若你再次移动，直到确认自己看着的水面要么完全处于黑影之中，要么完全处于明亮的倒影中，那么它看起来又会比较平静。这个实验证明，反射光对我们解读相对平静的水面上发生的情形非常关键。只要你对水面上的变化有兴趣，就很值得花点时间在光影和黑影之间找到那条分界线，因为在一分钟内，你能学到的东西与你盯着完全明亮或完全阴暗的水面一个小时所学到的内容不相上下。通过水中最轻微的波动发现水下的一条鱼，这是一件非常有成就感的事。

在看过水中的倒影后，你会注意到的一件事是，水面并不像一面完美的镜子那样发挥作用。明亮的物体在水中的倒影会显得有点发暗和沉闷，而深色的物体则显得明亮一些。除此之外还有另一个重要差异，即倒影能为你所观察的物体带来一个略微不同的观察角度。这点让很多人都感到意外，尤其是初习绘画的艺术家。倒影展示的是从

水面上你注视的那一点所能看到的景象，而不是从你的立足之地看到的东西。这听起来可能有点复杂，但等你外出并亲自寻找这种现象时
便能一目了然。有一种理解方式是，倒影能更多展露出水中或水面附 135
近的事物底部，比如低低的桥或者站在浅水中的鸭子的屁股。因为这个原因，我喜欢称它为“鸭屁股”效应。

我最喜欢的例子是，平静水面另一端的树木以及它们的倒影为我们展示了同一片树木的两种景象（我之所以喜欢它是因为这个例子在实际中不时地会帮到我）。在自然导航中，解读树枝的形状非常有用（朝南的树枝生长得更加水平，而朝北的却更加垂直地生长），但如果没有天空而只有颜色更深的其他树木做映衬时，我们便难以看清树枝的形状。在这种情况下，树在水中的倒影便十分有用了，因为它意味着你可以从更低的位置观察它，这个角度常常能让天空把树木的倒影映衬得更高。

“鸭屁股”效应 136

假如风势增强，水面出现较大的波浪，你便无法看清倒影中的任何细节，但如果是微风拂过泛着涟漪的水面，有一种有趣的现象值得去发现。在荡着涟漪的水面上，你会发现自己常常能够识别出倒映在水面上的垂直结构物体的形状，却看不清水平结构物体的形状。观察此现象最好的例子是一座带有桥墩的桥。如果水面泛起涟漪，通常你能够看到桥梁在水中的倒影，但是桥的主体却几乎完全消失不见。

137 涟漪使得水平结构物体在垂直结构物体前消失了

光线照在水面上最迷人的一个现象是，在白日开始或将尽时，太阳光反射在大片水面上，形成了一根明亮的光柱。这种波光粼粼的长倒影被称为“闪光路径”，它之所以形成，是因为我们的眼睛接收到了来自向远方延展的波浪侧面上反射而来的无数个微小的太阳倒影。闪光路径的形状能让我们估算出太阳的高度以及波浪的高低程度。随着太阳西斜，闪光路径会变得越来越窄，而随着波浪越来越高，它会

水面最为平静时闪光路径最窄

变得越来越宽。 138

数学家已经发现，这是一门相当精准的科学，闪光路径能够准确地揭示有关太阳和水面的一些数字。例如，假如太阳在地平线上30度，波浪的角度为5度，那么闪光路径将有20度长，10度宽。但我们无须埋头于数学计算以发现闪光路径的含义，只需观赏它们，并牢记两个基本原理：太阳的高度和水面的起伏程度会改变闪光路径的长度和宽度。

实际中，这意味着当你远眺一道闪光路径，太阳的高度在几分钟之内不会有什么明显的变化，因此任何宽度的变化都说明波浪的高度肯定发生了改变。不难看出，闪光路径的宽度并不均匀，它在某些地方会明显地凸出加宽。由于闪光路径会随着波浪高度的增加而变宽，这就说明这一块水面上的波浪更高，很可能此处风力更强。

闪光路径并不完全因太阳而生成，任何明亮的光源都会造成这种现象，只要这个光源从你对面照射过来而且高度很低，月亮、行星，以及明亮的星星都有可能形成闪光路径。其中最常见的是人造光源造成的景象。记得有一晚我在法尔茅斯港眺望，注视着来来往往的船只，欣赏着这座繁华城市的灯火在水中形成的又长又窄的闪光路径。在水面因潮流而波动起伏的地方，我看到一处凸出，这幅景象令我十分满足。

通常，在你伫立位置附近的水面会比远处更加动荡一些，因为近
139 岸的水更浅，因而波浪会变得更高。这常常会使得闪光路径在离你最近的地方加宽或延展。事实上，这个现象太过常见，我们的大脑已然习惯。我曾注意到计算机图形设计师们是如何将此巧妙地运用到电脑游戏中，从而使水面看起来逼真得多。具有讽刺意味的是，通过更加仔细地观察自然，软件设计师诱使我们相信水面是真实存在的，这非常有趣，也许是时代的标志，或未来的事物。

闪光路径一般都在你和太阳、月亮或其他光源之间形成一条直线。但有时你会在它们中注意到一个轻微的弯曲或弧线。这种弯曲不同于因更高的波浪而形成的凸起，后者通常两边是对称的，而是闪光路径自身发生了弯曲。最常见的原因是风吹过闪光路径，改变了波浪的形状。这种现象十分美丽，值得我们眺望欣赏，因为它看起来好似风将阳光吹洒过水面。

闪光路径的颜色常常看起来要比制造它们的光源更红。淡黄色月亮或许会洒下一道橙色闪光路径，因为光线中蓝色波段的光被散射掉了，只留下了黄色、橙色和红色光。

你觉得应该会出现闪光路径却没有看到，说明波浪实在太大太高了。你总会在对于形成闪光路径来说太过平静的水面中看到一些倒影，比如晃动伸展的月亮或太阳，甚至在水面完全平静光滑时看到

接近实物的映象。但当波浪的大小超过一定程度，闪光路径便会消失，因为波浪的波面无法再充当镜面。如果波浪根本不大，那么试着摘下你的太阳镜——闪光路径是高度偏振的，因此在它们透过偏振镜片时会被大大削弱，当然这一点也是水手们会戴太阳镜的部分 140
原因。

假如眼前的闪光路径延伸过海面及一片靠近陆地的水面——可能是不远不近处的一座岛，那要特别仔细地观察一下。你应该能够识别出在某些地方，波浪撞上陆地并反射回来，引发我们在前文里提到的有趣的干涉波。这会使得闪光路径变窄或变宽，或者在某些情况下，比如在波浪垂直相遇的地方，它会制造出一些略微不寻常的图案，比如明亮的长方形白点网格。

闪光路径说不出的美以及复杂的结构很难通过记忆重现，所以它才会让风景画家们时不时地犯错，特别是那些太过依赖自己想象力的人。只要花点时间欣赏户外与照片中的闪光路径，你便能很快看出一位画家假装看到了自己并没有看到的东西。当代画家们无法完全准确描绘闪光路径的例子数不胜数——在摄影的时代里尤为如此。

你并不需要金光灿灿的闪光路径来观察风如何影响水面上的光照。这里有一个实用的技巧：在精细的布，比如毛毡上，你能够通过观察上面的阴影看出它们被刷过的方向，甚至一只手轻轻从上面抚过也会留下明暗区。如果用手抚过斯诺克球台、绒面革外套或者随便什么天鹅绒制品，你便能够留下并看到这些印迹。这些明暗区不是随机生成，它们遵循着一个简单的原理，即如果布料朝你的方向刷来，它们看起来就会暗一些，而如果往外刷去，看起来则会明亮一些（正是这种效 141

应使割过的草地上出现了明暗带，当割草机往你的方向割去，被割过的草地看起来就会暗一些）。

当我们看着水面，风是吹向我们还是往我们对面吹会引起巨大的差异。发现这一点最简单的办法就是，在太阳不算太低的时候迎风远眺一大片水面。你会看到，正对着你的水面看起来要比两边稍微暗一些，因为你面前是水的“波丘”向最正对着你的方向被“吹刷”来的位置。当风从你的背后往前吹去，相反的结果当然成立。水在你正前方的地方看起来会明亮一些，而两边则要暗一些。

此处还有很多细节，而我们的大脑因为已经习惯走一些捷径，所以忽略了它们。但这些细节非常有用，甚至在大多数时候都很关键，因此有时会制造出一两个意外。人们已经在月球上的环形山里看到过人脸，在酒杯中看到过耶稣的脸，也在一棵树的树皮上看见过猴子。2014年12月，一场风暴袭击了英国（这场风暴太过猛烈，已经不能算是风暴，媒体称它为“天气炸弹”），观测者们在一张波浪照片中看到了一张脸，其中的波浪有着各种各样的称呼，比如“上了年纪的绅士”、吝啬鬼*或者上帝。

大脑的这种在可能毫无意义的地方发现一些图案并赋予其含义的习惯被称为“空想性错视”。这个习惯令人着迷，有时也让人迷惑，所有读水者在四处奔跑并声称自己发现了奇迹之前都应牢记这种效应。这不是说你在水坑中的街灯倒影里看到的抹大拉的马利亚**的脸一定不真实，而只是说我们在看到时需要考虑它并不真

* 原文为“Scrooge”，源于英国作家查尔斯·狄更斯作品《圣诞颂歌》中的人物斯克鲁奇，是文学中经典的吝啬鬼形象。

** 据福音书记载，抹大拉的马利亚（Mary Magdalene）是一位追随耶稣的犹太女人，她亲眼见证了耶稣被钉上十字架、被埋后又复活的过程，但历史上对于抹大拉的马利亚的真实性和她的事迹一直有着争论。

实的可能性。

有时，光与水中的粒子合在一起会制造出一些有趣的颜色和稀奇的现象。在纯净的水中，你绝不会看到自己的影子，因为没有什么东西可以让光反射回来。你可能会在池塘、水池或者小溪的底部看到自己的影子，但是无法在纯净的水中看到影子。然而，当水中含有一些微粒时，它变得浑浊或“污浊”，光线便可在这些粒子上反射，从而让我们可能同时看到照入水中的光线以及影子。想想黑暗房间里手电筒的光束，你能看到被光束照上的墙壁，但你看不到光束本身，除非空气中有很多尘埃，那么才能轻松看到它。因此，如果你在水中看到了自己的影子，这说明水并不纯净，里面含有很多微粒。 142

当你凝视浊水时，看着自己的影子，有几个现象值得留心寻找一下。首先，你的影子边缘可能会有一圈橙色的光晕。这是因为水中微小的粒子并不会将所有波长的光（即所有的颜色）平均地反射到你的眼中。橙色光比其他光更容易反射回来。假如你看到了橙色的“晕”(halo)，那么一定有第二个现象值得去发现，也就是你可能会发现自己的影子边缘出现一些光束，并在水下向四周辐射出去。这种效应有时被叫作“光环效应”(aureole effect)。这些辐射的光束在观者看来并不是什么神圣的变化，而是往与太阳相反的方向看去时所出现的光学效应，我们在看自己的影子时也会如此。在静水中，假如拿棍子轻轻搅动水面，你看到光环效应的可能性会更大一些。如果是深水，我发现在地中海更容易看到这种效应。

我常常被问到一个主题差不多的问题：在现代世界里，我们为什么还要花时间注意这些东西？从说起这些技能的必需性到认为它们完全缺乏意义，这些问题的礼貌程度不尽相同。不可避免地，我经常 143

在看向水中时也会扪心自问。我给自己以及他人的答案常常不尽如人意，但是没有关系。当我们用一位航海家和一位绘画大师爱徒的眼光观察世界时，我们在片刻内所怀有的那种兴奋之情，便是它们给予
144 我们的唯一的回报。

第十一章

水的声音

在德比郡的峰区，有一座名叫伊姆 (Eyam) 的村庄，它的历史与水不可分割，同时还笼罩着死亡的阴影。“Eyam”——发音为“Eem”——这个名字来源于古英语中的“岛屿”一词，而这座村庄正是巧妙地置身于两条溪流之间。如今伊姆更为人知的原因，或者说它为人所知的根本原因是，在17世纪鼠疫横扫英格兰时，这座村子将自己与世隔绝，默默承受着如降地狱一般的痛苦。水在伊姆的悲剧中扮演了一个不可或缺的角色。

1665年，村子里的裁缝乔治·维卡斯从伦敦订购了一批布料，货物在经过长途跋涉后有一点受潮。维卡斯将布料平铺晾干，几只携带着鼠疫病菌的跳蚤逃了出来——它们在布料中安家，并从伦敦一路搭便车来到了这里。不久之后裁缝就死了。随着鼠疫席卷整个村子，村民们在他们的牧师威廉·蒙佩森教士的敦促下做出了一件无私且骇人的事：他们将自己封闭了起来。在传染病肆虐时，没人能获准进入或离开村庄。到了次年的10月，这座村庄的350个村民中死去了259人。 145
颇有争议的是，在鼠疫隔离就快建好时，威廉·蒙佩森将自己的孩子送出伊姆，他想让自己的妻子也随之而去，但是她拒绝了，坚持要留在他身边。她一直活到疾病传播末期，但就在这个时候感染去世了。牧师本人是少数几个活过这场灾难的人之一。

只要水在流动，它就会发出声音，而这个声音能够用来帮我们绘制一幅周围环境的地图。当一座村庄因为被水环绕而得名时，它似乎就成为验证水声地图可能性的理想地点。于是我出发前往伊姆村，心中已想好了村子附近的几个具体地点。

如果没有从外界获得补给的途径，村民们便会挨饿。因此他们设计了几处地方，用来放置食物或者医药用品。村民们将无菌的钱币放在水中用以支付，这些金属钱币事先要用醋进行消毒。进行这种绝望交易的其中一处场所被称为“蒙佩森井”，以促使村庄隔离的牧师名字命名。

或许它可以称得上是一口井，但事实上它是一眼泉水。这眼汩汩涌动的泉水上覆盖着几块石板，用以在本来毫无地貌特征的平地上制造出一种类似饮用水池的东西。(对于毫无经验的人来说，这块地可能看上去平淡无奇，但老练的读水者一定会发觉一些迹象的存在，因为水会改变地形景观。这片地上有一个浅浅的溪谷，那眼泉水为谷底流动着的一道细流供应着水，这道水流的流径被郁郁葱葱的深绿色灯芯草清晰地勾勒出来。) 坐在空地的高处，我一边享用着三明治，一边观察着这块地势较低的湿润土地是如何吸引了这片区域的鸟类不时来这里聚集。在我身后，乌鸦和喜鹊正争夺着领地，蓝鸲轻快地飞到更高的枝头上，惊恐的鸣叫声透露出那些争吵的鸦科鸟儿使它们略微受了惊。

146 我从泉水涌动最厉害的位置走开，缓缓向长满青草的小山上走去，一边走一边专注地聆听着水的声音。水体本身当然不会发出单独的声响，而是发出音量大小不同的各种音符，大部分都很短促，极个别会比较长。我一直往前走，直到听不见水声，并注意到水声的消失不是在某个确切的时刻发生的。

我们在野外听到的声音会受到风、声音扩散以及被空气吸收的方式、地形、障碍物、气压、温度、湿度等各种因素的影响。所以对于制作声音地图（尤其是水声地图）来说，首先需要注意的是，这幅新地图里的信息不同于任何我们所熟悉的其他地图。

某些因素能让声音传播得更远，比如平坦的地面、无障碍物阻拦以及冷空气。我们离地面越近，地形的微小变化就越明显。在我能够听到泉水涌动的范围的最外缘，当我把头低下一英尺多，泉水声便从我的声音地图上消失了。这是一个有趣的现象，特别是在尺度较大的层面上。

通过研究我自己的感觉，以及那些毫不知情的路人的反应，我发现当一种明显的声音消失时，通常也是我们开始感觉迷失方向的时候。在瀑布附近时我喜欢反复做这个实验，请求人们指出附近的地标。尽管瀑布声清晰可闻，但很少有人会在这个简单的任务中失败。然而一旦地形的坡度发生了改变，水声因而被湮没，这时他们便常常迷失了方向，无法指出瀑布或者其他所有地标的位置。当一个人下意识地依赖瀑布水声来导航时尤为如此。 147

下图中，人们通常都能在A点利用瀑布水声带来的清晰方向指出当地的地标，即使他们无法看到那些地标。但是在B点，地形阻挡了瀑布的声音，于是很多人都难以完成以上任务。

低频声音，也就是低沉的声音，更容易穿过障碍物四处传播，但高频声音却容易在传播的过程中被障碍物反射回来。这在一定程度上可以解释，为何邻居家的低音音箱会让我们恼火不已，但小提琴声却不会这样。这也是有些警察开始试用频率较低的警笛声的原因——在高楼林立的区域，高频警笛声会让人感觉混乱不清，因为声音会在

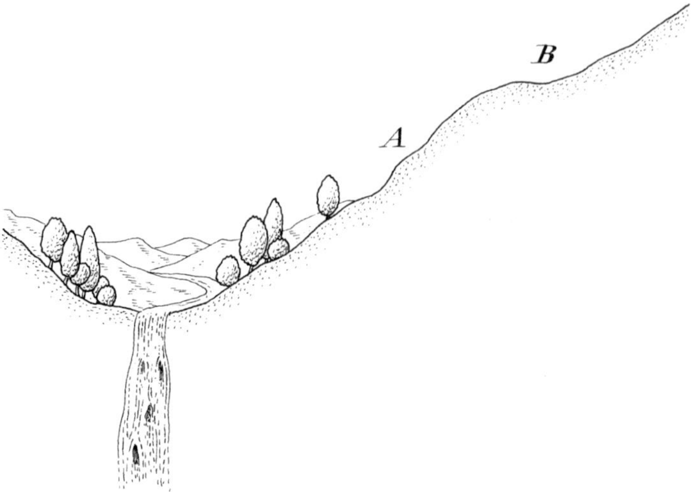

148 建筑物上反射，听起来好像从四面八方传来。

在蒙佩森井之上的小山山顶，几辆车停在那里，偶尔我能听到身后的泉水声被反射回来。但这只有在风向恰当的时候才会发生，而且此时我听到的溪水声与我在平地溪谷中听到的泉水声不再一样，因为只有较高的音符才能一路传播，到达山顶上的汽车处，然后再回到我的耳朵里。

当天稍晚，我来到一座小山前。我知道那里的溪谷中流淌着一条小溪，这条小溪距我将要攀爬的小径时远时近。我在陡峭的小山脚下停住，竖起耳朵聆听起来。我听不到水声，只有身后不间断的车辆声。往上走几步，车声消失了，换成一个院子里饿了的小鸡发出的鸣叫声。我又往山上走了一会儿，然后再次停下。现在一种新的声音传到了我的耳朵里，孩子们在村子里的学校玩耍，他们精力充沛的嬉闹声清晰可闻，尽管我现在要比一分钟之前离他们更远一些。

我注意到，随着风声止息，他们的声音也消失了。我利用屋顶上的卫星天线，还有从下面烟囱中冒出的烟，推断出那座看不到但是可以听到的学校一定位于我的西南偏西方（在英国，大多数卫星天线都指向东南方，因为主要的广播卫星处在那个方位上）。但我还是无法听到任何水声。

小径的坡度缓和了些，往上走又出现了一块小小的平地，泥土在我的脚下咯吱作响，曾有很多人在此歇息。突然我听到了，潺潺流动的急流声传了过来，不会有错。与之前的人声以及泉水声一样，在可 149
听范围边缘，水声随着风力和风向的每一次变化出现又消失。

这个水声是比蒙佩森井微弱的泉水声更加有力的指向标，我可以利用它来多做一些拓展实验。每走几步，传来的水声都会发生变化，在我与水之间，水声穿越了各种树木和植被。小路和水之间生长着成片的斑驳的松树、云杉以及水青冈，每一种都充当了不同的声音过滤器。一丛云杉伸出成百上千个水平的、低低的枝丫，相互交错，上面没有生长针叶。它们让我想起老式音乐盒的齿轮。从水青冈的棕色叶子间费力穿过的水声断断续续、若有若无，而穿过云杉林的水声更加清楚且更连贯。水青冈类树木，比如一些橡树，还有柳树以及其他一些树木，在冬季时较低枝头的叶子不会凋落。这种奇特的现象被称为“凋存”。

在任何生长着水青冈的地区，在冬季时环顾四周，你会很快发现那些高枝上所有的叶子都已经掉光了，而高于地面几米之内的低枝上，却仍旧残存着棕色的树叶。那些在深冬里仍然生长着浓密棕色叶子的树篱往往是水青冈篱，正是由于它这种不会在秋天完全光秃的特性，水青冈常被用来做树篱。

科学家们通过研究发现，有些农作物能够很好地散射声音，从而成为绝佳的声音屏障，而另外一些农作物则难以阻挡声音的传播。事实证明，叶子如丝带一般长的玉米和小麦对于散射声音有着惊人的效果。水声地图不仅需要通过音量或者高低频来描绘，音色本身对于提示我们周围的事物也是一个关键因素。

150 每走一步，我对水声如何随着我左边树林里的树种而发生变化都有了更深一层的理解。之前在深入婆罗洲腹地时，我曾在野外使用过这个方法。在那里，因为没什么别的娱乐方式，我常常把自己塞进薄薄的木舟底部，一躺就是几天，其间我学会了闭着双眼，仅通过聆听舷外发动机噪声的回声变化来解读河岸的特性。盘根错节的树根与泥土混杂的典型河岸反射回来的回声听起来像是远处锡纸的抖动声。当这种回声转变为一种更加有力的敲击声，比如电锯的声音时，我便知我们正经过一处石灰岩河岸。

我很喜欢留意落水声是如何随着地面的每一处凹凸不平而发生变化的。湍急的水声停了那么一秒钟，我只用耳朵便欣喜地发现了一块被连根拔出的树桩，下面完完整整地带着沾满泥土的巨大球状根。

荷兰人巧妙利用景观设计的方法塑造并打磨了我通过聆听水声和突然的寂静来标记土地的能力。阿姆斯特丹史基浦机场是欧洲第四繁忙的机场，它确确实实是一个极为嘈杂的场所。有一天，当地人注意到一个奇怪又令人高兴的现象：在农民犁过周围的田地后，四周变得安静了许多。景观设计师保罗·德科尔特受命研究农民的田地，借以降低史基浦机场周围的飞机噪声，这最终促成了机场周围一片富有创意的美丽景观。

事实证明，田野里的田埂和犁沟，以及它们形成的角度，对于降低机场附近的噪声极为有效。地形中的这些沟坎将声音反射到空中，使

它们偏离附近的居民。德科尔特于是着手建立一个大型的田埂公园， 151
由GPS导向的挖掘机进行作业，从而在更大程度上削弱噪声。

我跨过那个云杉树桩，坐在上面，从我的保温杯中倒出热茶。保温杯的能力总是能让我惊叹——茶水还是很烫，没办法喝，于是我一边等着茶水变凉，一边继续倾听着。一声细枝的断裂声将我的目光吸引到长满树木的山坡上，一只松鼠从断枝上跳走了，一片常青藤叶子缓缓地摇晃着落到地面上。我能听到水的哗哗声，但还是看不到它。

我坐在那里，啜饮着茶水，这时才忽然意识到一件事：随着风向每一次小小的转变，我们听到的河水声音也会发生变化。风向越是偏西，水声听起来就越为尖锐和刺耳，但只要风向转回南，水声听起来就柔和一些。相比南边，我西侧的水流一定在陡峭的地面上经受了更多的起伏跌宕。这样专心专注的时刻让我想起印第安人所使用的一种叫“伏击”的方法，他们会非常耐心地等着猎物找上门，而不是主动出击。

再次出发后不久，我震惊地发现面前有条小溪正向远处潺潺流去。对于任何一次寻常散步来说这不该是什么意外之事，但我的这次步行就是为了听水以及通过聆听来探寻水的踪迹。后来我发现小山为我做了一个完美的示范。我是顺风而行，一座座獾的洞穴在脚下的路上连绵起伏，地上还爬着云杉的树根，身后又传来很响的水声。正如我们看不到自己背后的事物一样，我们也听不到被风或地形屏蔽掉的声音。

这种情形让人觉得奇怪的地方在于，通常当事物位于我们身后
时，我们认为它是不可见的，但是在用耳朵搜寻水时，“背后”这一概念 152
总是相对于风向以及地形而言，而不是我们面对的方向。一件事物可
以位于我们正前方，就像那条小溪之于我一样，但如果风从背后吹来，

地形又不平坦，它就不会出现在我们的声音地图上。

在一次悠闲的短时步行中，这样的后果可能只是让我们更容易注意到上风区的声音，从而稍稍扭曲了我们能听到的事物，但偶尔它会严重扭曲声音地图。1862年发生在艾尤卡的美国内战中，一阵北风借着地形一起制造出了一片声音阴影。事实上，当时有两支联邦部队正好部署在这片区域里，从而错过了整场战争，尽管枪炮就在他们下风区10公里远处开火。

蜿蜒曲折地走过了一段路，一条长长的灰色小路将我带回到山下的一座村庄，那里的街道名字清清楚楚地显示出它的水遗产：水巷、堤道，还有磨巷。我注意到，教堂上日晷的刻度不仅可以显示时间，还能用来标明纬度以及季节——这一定是为自然导航者建造的教堂。随后我朝西走出村庄，耳朵已经为前方练习做好了准备。在我探寻一条神秘瀑布时它们会派得上用场。

当水从某一高度垂直落到另一个高度时便会形成瀑布，它们通常从一块坚硬的岩石坠落到另一块更容易被侵蚀的岩石上——就是这么简单且显而易见。然而，还有一系列不同类型的瀑布，以它们坠落或形成的方式命名：“丝带”瀑布的高度大于它的宽度，“大酒杯”瀑布开始是一股细流，但在溅落时会进入一个宽大的水池，“扇子”瀑布向四周铺开，“马尾”瀑布依附在岩石上，呈现为一种白色的急流，断裂瀑
153 布会在溅落时分离，分层瀑布及阶梯瀑布都有着不同的分段。

我知道在伊姆村附近，有一条美丽的瀑布叫斯沃雷特瀑布(Waterfall Swallet)。“Swallet”是一个古词，意为地上的一处凹陷或深坑，它非常适合做这条瀑布的名字，因为瀑布上游的水像小溪一样在地表流动，但在一块岩架处突然落入地上一个巨大的空洞内。我们习

惯于见到水从高处落在正常的地面上，但这条瀑布却是从正常的地面落至深渊。前些天这里刚下了暴雨，我希望在水砸落到更低的地面时能听到轻微的雷鸣声。

这点之所以有用基于两个原因：这条特别的瀑布周围有着不寻常的地貌，这意味着在靠近它之前你是看不到它的；另外，它的具体位置也是一个秘密。人们一定有过担忧，害怕这处小小的美景会挤满游客，被人踩踏，因为这里的传统是不公开它的确切位置。我当然不是要在这里泄露这个秘密。但我可以做一个提示：在从村子向喧腾的瀑布走去时，我不时地会感到风往脸上吹，在寻找隐秘下陷的瀑布时这一点非常有用。

我沿着小路继续走着，听到急流的声音逐渐变大，之后我小心翼翼地爬到空洞上方危险的边沿处。再靠近些，我从脚下的草皮上感受到了水向下冲去时发出的震颤。在我下方，有一个掏空的黑暗岩穴，其中某些地方生长着绿色的苔藓和蕨类植物。水落下时改变了形状，我会称它为一条分层的阶梯瀑布，略略向外铺开，带有闪着水光的“马尾”，最后断裂开并注入一只“大酒杯”。你可能已经猜到了，我并不
认为瀑布能够严格进行分类。 154

瀑布下的绿色水潭平铺为一种不平坦的形状。我仔细聆听，寻找着一种声音，心里清楚它肯定会在这里出现，但是担心它太过微弱，无法在此情形下听出。水不只会发出声响，它还会改变在它上方传过的声音。声波（还有无线电波）在水面上要比在路面上传播得更远。部分原因是水上的障碍较少，但还有另外一个原因。水面之上的空气遇水变冷，于是低层的空气温度要低于高层的空气温度。这种现象叫作逆温，它将声波向后向下折弯，从而形成扩音器的效果。

在如此之小的一个水潭上分辨出这些声音效应比较费力，但是在

大湖、大河或者大海附近时不妨寻找一下。我有一个朋友住在伦敦泰晤士河宽阔河段的南岸。相对于富勒姆球场，他住的地方离切尔西球场的直线距离要更近一些。但他能听到富勒姆球场上比赛的声音，却听不到切尔西球场上的声音，这在很大程度上是因为盛行风的风向以及富勒姆球场上的人群声在水面上的传播方式。

楚科奇人对于声音在水面上的传播再熟悉不过了，因为如果不了解这点他们便会饿肚子。楚科奇人居住在俄罗斯联邦的最北方，位于北冰洋的边缘。外出捕猎海象这样的动物时，他们会先爬到高处观望，之后行动时会特别小心翼翼，以确保石块之间不发生触碰，金属之间也不能有摩擦。如果发出这些尖锐的声响，即便它们再微弱，都会在海面上的冷空气里完美穿过数英里，从而吓跑动物。

回到陆地上，不妨思考一下这些零散的因素是怎么一起发生作用
155 的。假如在暖和的日子里站在一面清凉的湖边，迎面吹来徐徐清风，身后几百米远处是一条瀑布，可能你根本听不到瀑布的水声，只能听到湖对岸孩子们嬉闹的声音。在冬天，站在同一地点，面向同一方向，此时的湖水要比空气温暖，微风从你背后吹来，那么你很有可能只能听到瀑布的水声。我们的声音地图不仅会因风的改变而变形，也会随着水温和气温的波动而变化。

一种隐秘的好奇心驱使我沿着一条朝东的路向村外走去。远离村子里轻微的喧嚣，我再次侧耳倾听，但没有听到水声。之后我发现一丛雪花莲，这让我有些意外。雪花莲是花园里的常客，在教堂庭院中尤其常见，但它们极少出现在荒郊野外。当你在乍看起来像是野外的地方发现雪花莲，它们往往是从花园中逃逸出来的，因而预示着附近可能有或曾经有人居住。我追随着雪花莲的生长踪迹，最后发现一

种奇怪的深色结构，它僵直的线条不太像是自然的产物——这是一栋荒废的建筑。我在建筑旁边停下，再次倾听，现在我能听到水了，尽管是非常微弱的细流，但肯定是水。我转过头，闭上眼睛。因为通常闭上眼更容易找到声音来源的方向，不然眼睛会将你的注意力分散到其他事物上去。

在我的课上，我教授了以下找到声音方向和风向的方法。闭上眼睛，然后聆听（确定风向时还要感受），缓缓向两边转头，直到你对方向感到确定，接着朝那个方向指去，这时再睁开眼睛。这样做的话，你便 156
可确定自己的眼睛没有促使你用手指向视觉上更容易被发现的事物，比如旁边一棵显眼的树。

不久之后，我俯下身望着一股涓涓细流，它正沿着路边的溪岸向下流去，两岸生长着常青藤、黑莓以及匍枝毛茛。我花了大约十分钟时间研究这条孱弱的小溪，观察、聆听、触摸以及品尝。事实上，我特别渴望它能透露出一个极妙的线索，然而除了在它周围茂密生长的苔藓和毛茛丛，没有别的什么能让我感到兴奋。我停下来，闭上眼睛，再次倾听。轻柔的流水声被树林间的风声，还有之前留下的雨滴从树叶上坠落的声音掩盖住了，但在每次风声止息的时候又重新显现出来。

这一练习让我能够更加精准地感受风力和风向。之后我听到一种声音，它既不像水声，也不像头顶树枝发出的声音，虽然它也会随着微风的风力和风向而变化；我分辨不出那是什么声音。接下来的五分钟里，一种从喉咙发出的愤怒的嘶吼声越来越大，声音的源头现身了——两个骑行者争先恐后地快速驶过，我往侧岸斜身躲避，两人咧嘴一笑，点头致意。即便在少数情况下，聆听并寻找水没能帮助我们找到关于水本身的一些有趣现象，它也总能让我们对周围状况的理解又加深一层。

我继续走着，最后来到赖利墓地待了一段时间。鼠疫传染的风险意味着教堂礼拜只能在伊姆村的露天场地上举行，并禁止人们将身边死去的人埋葬在普通墓园里。他们依据安排将自己所爱之人的躯体埋葬在空旷的土地里，或者他们自家的花园中。1666年8月3日，汉
157 考克一家开始经受他们令人难以置信的磨难。这家人被传染了鼠疫，
先是约翰和伊丽莎白这两个孩子死去了。四天后，另外两个孩子——威廉和奥内尔，还有他们的父亲约翰也跟着死去了。再过两天，汉考克夫人的另一个孩子爱丽丝死了，次日仅存的最后一个孩子安妮也死了。汉考克夫人不得不拖着自己的丈夫和六个孩子的尸体来到一片田野里，为他们挖掘坟墓并安置下葬。我站在那堵环绕着他们墓穴的墙边，很快被一种巨大的悲痛压倒，于是便走开了。

随着夕阳的余晖穿射过高高的云层，我走过其中一块“界石”，村民们把它们放置在这里，用来标示他们活动界限的外缘。这些石头构成一张古老而令人恐惧的地图的一部分，地图本身就安置在这块土地上，并标出一条界线——为了避免传播或感染鼠疫，不管是村民还是村外的人都不得跨过这条界线。我们往往出于各种各样的原因制作地图，没有规定我们只能随身携带一幅。通过将听水得到的罕见地图
158 加入我们的收藏，每一片土地都因而变得更加丰富。

第十二章

解读波浪

很多地方都有记载，太平洋岛屿的航海家在乌云密布的夜晚，通常仅通过感知船身下的海浪，便找到了自己的航线。甚至有传闻称航海家并未十分依赖直觉，而是通过自己的睾丸来感受海洋的运动。

从小到无法察觉的涟漪，到波长为12 000英里、要花费12小时传递的大波浪，水波在大小上千差万别。所有的波浪都有一个共同点，那就是它们会将能量从一处传至另一处。理论上，这种能量可以来自任何地方，但是在海洋里它只有三个主要来源：月亮、地震以及海风。月亮引发潮汐，有一章会单独讲到这一点，而地震会制造出能量巨大的波涛和海啸，在后面“罕见与非凡”一章里我们会回过头来讲。因此在这一章，我们会集中讲迄今为止最为常见的、由风引发的浪。风吹过水面，将其部分能量传递给水，这种能量朝着某个方向运动，这个过程以波浪的形式呈现在我们眼前。

波浪将能量从一处传至另一处这个观点非常重要，因为我们很容 159
易认为波浪是水在做水平运动，但事实并非如此。以抖床单为例，可见的波动从赋予它能量的外力处（在本例中即双手）开始，传播至另一处（即床单另一端的鞭打声），从而将很多能量从一端传至另一端。然而，床单自身并没有水平移动，而仅仅是上下运动。当你在海上观望海浪，你的眼睛容易跟随着某一道浪花移动，这给人一种海水在随浪运动的错觉，但如果你盯住海面上的任一漂浮物，比如海藻、一块木头或一只海鸟，便会发现，它们只是在海浪的能量驱使下上下运动，本身仍旧停留在原处，而不是随浪移动。

倘若非常仔细地观察，你或许会注意到，尽管水面上的物体会回到与原来几乎相同的位置，它确乎在做小小的轨道运动。当波浪到达时，它起初将物体吸向自己，接着又将物体举起，然后将其向前推，再降低，这有点像波浪在转动一个把手。如果我们细细追究的话，波峰的运动速度要比波谷稍快，因此物体会朝波浪运动的方向轻微移动一点，但是常常细微得令人难以察觉。

因此，基本原理很简单。风给水带去能量，这种能量以可见的波浪从一处传递至另一处。但它留下很多待解的问题：在无风的日子里缘何有时会出现巨浪？如果波浪中的水只是上下运动，为何我会被其拍倒？要是我在康沃尔*的一处沙滩上向水面吹起一些涟漪，它们会到达纽约吗？想要回答这些以及其他更多问题，我们需要更加深入了解波浪，了解其生命的四个阶段：它们的诞生期、在广阔海洋里的生命
160 期、浅水处的生命期以及最后的消亡期。

如果我们把波浪比作生物，便很容易了解其解剖结构。波浪有着特定的可识别部位以及特征。波峰是最高的部分，波谷是最低的部分，而波浪的高度则为从波峰到波谷的距离。波长被定义为两个相邻波峰间的距离，而波浪的周期则为波从一个波峰传播至其相邻波峰所需的时间，需要在传播路径中的某一个定点进行测量。

---

* 是英格兰西南端的一个郡，位于德文郡以西，濒临大西洋。

一旦我们开始使用波长、周期等术语，便有美感流失的风险，或者如海洋科学家威拉德·巴斯科姆所言，海洋学有落入那些从未见过海洋之人手里的危险。但还是尝试友善对待这些术语吧，因为它们只是能帮你快速解读波浪的名目。对大多数人来说，波浪的周期可能是最为陌生的，却在识别不同类型的波浪时最能派上用场。向你的茶杯里吹一口气，尝试计算出那些涟漪的周期。你会感到为难，因为它们的周期太短了，但为了解释这一点还是值得一试。

像茶杯里这些细小涟漪的波长是很短的，这表示每一秒钟都有很多涟漪撞向杯壁，这必然意味着它们的周期很短，远比一秒钟要短。若在浴缸里制造出一道波浪，在它从浴缸的一端传至另一端又返回来的过程中，你很有可能粗略估量出它的周期，或许为一两秒。倘若站在沙滩上感知海浪冲刷双腿，在第一道浪花到达时开始数数，等第二道浪花到达时停下。数完六头大象，那你感受到的海浪周期即为六秒。*

在一片水面处观望，找到一个适宜的地点来观察波浪经过某个定
点，比如水里的一只浮标。在此环境下，可能有多种不同因素会引发 161
波浪——平稳的微风、突如其来的阵风、千里之外的风暴、港口停泊的船只以及其他种种因素。试着留意每一组波浪在外形上是如何不同于另外一组，且彼此都有自己的波长和周期。或许你还会发现波长愈长，则波速愈快。

接下来要注意的是，当一道波浪传播了较长的距离后，它的高度

---

* 这是英语国家运用口头用语来计量时间的一种常用方法，通常在“one, two, three”等数字后面加上一个音节较多的单词，如“one elephant, two elephants”等，以正常语速念出来的时间可以相对准确到一秒钟。更为常见的是美国人习惯以“one Mississippi, two Mississippis”等来进行秒钟计量。

是如何走低，并转为更加平滑且温和的水波。在池塘里很容易证明这种效应。池塘中心在受到干扰后，涟漪从中心向四周扩散。你会发现它们在到达岸边时的高度要比在中心时小。在石子刚刚被投入水中后，水波的圆周长很小，比如说有5米，但几秒钟之后，在水波到达池边时，同一道水波的圆周长可能会达到50米；相同的能量沿环形水波扩散，而现在水波的圆周长达到原来的10倍。能量的扩散导致了水波高度的降低。

诞　生

如果一阵微风吹向一块平静的水面，水面就会变皱。倘若微风平息，涟漪则会快速消逝，水面又重回平静。然而，如果我们站在沙滩上眺望海面，观察海浪随微风卷起，随后微风平息，而海浪却不停息，海面并不会像水中涟漪一样快速恢复平静。甚至在一个小时之后，我们所见到的海浪的大小及特点似乎仍然没有明显的变化。此两种情况之间的差异对于我们解读波浪非常关键。

162 最好将水波划分为三种类型：涟漪、风浪以及涌浪*。在适宜的情况下，涟漪会演化为风浪，而后者可能会进一步成为涌浪。然而涟漪中的大多数远在它们到达第二或者第三阶段前便会消亡。这有些像种子、幼苗和参天大树之间的关系，萌发的种子有很多，随着时间的推移长成大树的却是少数。

在时不时有微风拂过的一天观察任何大体平静的水面，你会清晰

---

* 按照不同的标准，波浪的分类有许多种。为了便于理解，作者在此处进行了简化。——编注

地看出大部分涟漪的生存时间是多么短暂。随着一阵风急速吹向水面，水面形成一片褶皱，但几秒过后涟漪就消失了，水面重回平静。这是一个非常常见的效应，它有自己的别称——“猫爪”(cat’s paws)，因为它看起来就像是风在抓弄水面。

在第二章里我们了解到水是如何由分子间的作用力吸附在一起，而这又是如何生成了表面张力，力量强到足够支撑起水面上的昆虫。这种表面张力将涟漪向下拉回，在它们生成之后迅速将其抚平。不论我们何时见到这些水面上的涟漪，我们实际上观察到的是一场表面张力与微风之间的拉锯战；张力无时无刻不在作用，这意味着一旦微风止息，张力便会立即完全抚平涟漪，让水面重回平滑。这就是为什么涟漪可以证明此刻所发生的作用过程；“猫爪”在甚至一分钟之前都不会泄露任何状况，而仅在那一秒显现。这些涟漪同样被称为“毛细波”(capillary waves)。

“猫爪”对于帮助航行中的小艇理解风的局部骤然变化至关重要，通常没有其他途径可以帮助了解。若你驾驶这些小船，或者仔细聆听水面另一头的小船驾驶员，你会听到诸如“起风了！”这样的呼叫，这是船员在告诉舵手他们发现了“猫爪”，而且这阵风要刮到船上来了。在帆船比赛中，这可能会是一次充分利用突发以及附助力量的机会，但对所有的小船来说，这些“猫爪”只是一个征兆，提醒船只预
防可能摇晃或者打翻小船的“不速之风”。 163

在海岸，有一种水里形成的有趣形态能证明你看到的是涟漪，而不是风浪。在轻柔而平稳的微风吹拂下，任何宽阔的水面都会覆有细细的涟漪。但因为这些涟漪仅仅受到表面张力的作用，任何抵消这种张力的外力都能消除这些涟漪，从而让水面再次恢复至镜面般的

平滑。

大部分沿海水域（还有大型湖泊）都有一些区域的水面上覆有一层很薄的油膜。有时这是污染的结果——船只发动机只需漏出一小滴油，便能覆盖相当可观的一片海面——但通常它们也是动物和藻类分泌有机油的自然结果。（事实上，有证据表明在平复涟漪时，有机油的作用要比工业油显著得多。）这些油膜非常薄，有时只有一个或两个分子那么薄，并不构成显著事件。然而，它们在消除涟漪时有着惊人的效果，这就是为什么在微风轻拂的日子里，平滑如镜的水面上只是零散分布着一些涟漪。

任何在褶皱水面上扩散的油膜都能很快成为一片片较为明亮的区域而清晰可见。覆有油膜的水面在颜色上要比周围的水面更加明亮，这是因为涟漪被油抚平了，从而意味着有更多的天空倒映在水中。

微风常常将油膜以及因油膜而平滑的区域，吹拢为长长的“浮油纹”(slick lines)，延伸至很远的地方。但这种效应仅在涟漪间发生，因为一旦风力变得强劲，涟漪转变为风浪，油膜抵消表面张力的作用将
164 不再能够完全抚平水面，平滑的水面就会因此消失。

由于只需微风暂止便可让涟漪平息，较大风浪的出现就令人奇怪了。想让涟漪成为风浪，我们需要一阵持续的风，最好是能在一段时间内不断地朝某个固定方向吹拂，通常持续一小时或者更久。平静水面并不会对风产生阻力或者摩擦，它太平滑了。然而如果出现涟漪，水面就粗糙得多，这让它非常容易与风发生作用。因此，一旦在某个起风的日子里涟漪形成，一种自我加强的循环过程就建立了，因为现在风太容易对水面施力了。

如果一阵平稳的风长时间地吹拂涟漪，就会使得涟漪有一些小小的变形。它们从风力处获得了足够的能量，因而强大到可以挣脱表面

浮油纹

张力的束缚。不要忘了，水的表面张力在微观尺度上是非常强大的，它能让一些微小的金属片漂浮起来——但从宏观尺度来说它并不强 165
大，所以我们才无法在水上行走。因此，一旦波浪拥有了足够的能量，它们将不再像涟漪那样能被轻易地抚平。它们迈入了青年期，并且获得了一个新的名字——重力波（gravity waves），因为主宰它们衰落命运的不再是表面张力，而是重力。重要的是现在波浪不再因表面张力而平息，在消失前它们的能量会得到更远且更久的传播。倘若微风止息，涟漪只能持续数秒，而风浪却可以在无风时持续几个小时。

假若风力足够强劲，且吹拂时间足够长久，那么风浪就能从风那里获得充足的、更高水平的能量而进入下一个成熟期，这个阶段被称为“涌浪”（swell）。最好把涌浪看作是获得足够的能量而远离自己诞生地的风浪。风一旦停息，涟漪想要到达远处的池边就十分艰难，风浪在无风可以借力的情况下也仅能传播几英里，但涌浪可以横跨大洋，轻松行进数千英里。在发源地附近，涌浪要高得多，但随着长时间的传播，它的形状会发生轻微的改变，变得略平且更加柔和。

涌浪和风浪在变化特征及外形上均有不同，但其差异却没有一个科学的分界点。这时我们需要回过头来讲波浪的周期，因为波浪的三种类型——涟漪、风浪和涌浪间最简单的差异就是相邻波峰经过某一定点的时间差。周期不大于一秒的是涟漪，接近或超过十秒的是涌浪，处于两者之间的则是风浪。

涌浪是一种长期的趋势，一次可以持续数日，而其他类型的波浪
166 则可以在涌浪的顶部形成，无论何种方式都无法削减它。在风浪以及涌浪顶部出现涟漪并不罕见，理论上讲甚至有可能同时出现以下情况——涌浪沿某一路径在大洋上行进，风浪从相反方向传递过来，而涟漪又从另一方向突然出现。这种情况无法持久，但它可以并且确乎会零星出现。

一旦你的眼睛习于发现涟漪和风浪，潜于其下的涌浪就很容易识别出来，因为你能够将其他两者过滤掉。对于这种分层趋势的鉴别同样重要，因为一种涌浪类型处于另外一种甚至多种之上的情况再常见不过。风浪间彼此叠加的情况并不会长时间持续，因为它们会彼此干预，且驱使它们的风力会很快消除较早形成的类型。但是涌浪不一样，它可以穿过和潜入其他所有类型的波浪（也包括其他涌浪），而丝毫不受影响，甚至在背负风暴引起的巨浪时也能兀自前行。

太平洋岛屿上居民的专业知识便在这里体现出来。识别涟漪、风浪和涌浪间的差异只是入门，这对于经验丰富的航海家来说并不困难，对他们来说，重要的是除了要识别出所遇到的是涌浪，还要鉴别出

是何种涌浪。这一点他们会通过评估其形状、周期和频率得出。结合这些要素，每一道涌浪都形成了自己特点鲜明的波形。相比观望海面，这些要素有时通过感知涌浪的运动会更容易得出。要从海浪的运动中过滤掉所有涟漪及大多数较小的风浪，这是一个行之有效的办法。将其类比于在嘈杂的房间里聆听特定的声音或许有助于理解。我常常观察家有幼儿的父母们是如何能够一边在房间里正常交谈，一边忍受孩子的尖叫声、玩具的碰撞声、吵闹的音乐声，还有手机的来电声。之所以能够这样，只是因为他们有选择地进行了调节，将自己的 167
听力只关注于当下各种声波中最有意义的那一种。许多航海家可能还在艰难地想要从海面的混沌无序中看出规律，而密克罗尼西亚和波利尼西亚的航海家们已经成功采用上述方法分辨出涌浪的各种类型，把那些意义明显的频率识别了出来。

涟漪的寿命很短，它的特征也相对简单，但是波浪会根据三大影响因素而演变：风力的大小、吹拂时间的长短以及“风浪区”(fetch)，即风吹过的开阔水面距离。每一个因素都需超过一个特定的最小值，波浪才可形成，任何一个因素的增强都会造成波浪变大。

在这里需要注意的是，一阵风从不会引发大小完全统一的波浪，它制造的波浪都有着相似的特点，但其中却充斥着多变性。这就是为什么我们报道的浪高按惯例是指排在所有波浪中前1/3的浪高的平均值，而不是取最大的浪高值。通常我们以为每七道波浪中就会出现一道要比其余大的波浪，但事实上一组中所有的波浪大小彼此可能都差不多。然而也有例外，也就是会有特立独行的波浪。一道波浪比紧随其后的波浪大一点或小一点的情形很有可能出现，但若它的高度是大部分你所见波浪的足足2倍，这样的概率却很小，据海洋科学家测算差不多是1/2 000。在“罕见与非凡”一章里我们会回过来讲这种真正的异端——超级巨浪 (rogue waves)。

在大风天里，我们都本能地以为海面会波涛汹涌，因为风速是影响波高的最常见因素。然而现在，海军少将弗朗西斯·蒲福登峰造极的研究让我们对这两者之间的关系有了进一步的了解。

168 关于水手和海面状况，有两点非常重要，爱尔兰海军军官蒲福在19世纪初对此一定详加评估过。第一，海上人员会有主观和夸大的倾向，从渔民口中“跑掉的那条鱼”到水手口中“像山一样的巨浪”，曾有过并仍将会有各种数不清的夸大之词被到处吹嘘。第二点同样重

蒲福风级表

蒲福风力等级	平均风速/节	风　名	约略波高/米	海面情形
0	0	无风	0	海面如镜
1	2	软风	0.1	海面有波纹
2	5	轻风	0.2	小浪
3	9	微风	0.6	轻浪
4	13	和风	1.0	轻浪到中浪
5	19	清风	2.0	中浪
6	24	强风	3.0	大浪
7	30	疾风	4.0	大浪到巨浪
8	37	大风	5.5	巨浪到猛浪
9	44	烈风	7.0	猛浪
10	52	狂风	9.0	狂涛
11	60	暴风	11.5	狂涛
12	64+	飓风	14+	非凡现象

要，蒲福意识到，完美的精确度并不是这个问题的答案；水手们讨厌精确度，正如他们讨厌官僚作风。 169

这份以蒲福命名的风级表（虽然他的前人及后人对此均有贡献）的一个绝妙之处在于，它非常契合水手们的思维模式——它领会到，水手并不像科学家那样评估事物，而是感知并感受事物，这更像诗人。在海面上感受到的时间有一些玄学在里面。我认识的一位职业水手总是说，“并不存在能够横跨大西洋的无神论水手”。我想这有助于解释蒲福风级表为何能够胜出——它成功地将科学与感知力融合在了一起。

蒲福风级表之所以如此有用，是因为水的动态与风之间有着形影不离的关系。风级表使得海员可以通过观望海面将其情形划分到最合适的等级，以此来报告风力状况。多年以来，风级表的使用有所演变，事实上已颠倒过来——现在它更多地被用来根据天气预报预测海面情形，而不是根据海面观察来报告风力。如今，海员们可以依据以蒲福风级数表示的预报风力来预测即将出现的海况。

蒲福风级表仅适用于开阔海面的情况，这一点由于风浪区的存在而至关重要，因为风浪区是影响波浪演化周期的其他两个主要因素之一。海员新手与老手之间最大的差别就在于，在生涯初期，新手很容易太过依赖解读风力预报来预测海面状况。假若气象局预报风力为5级，新手可能会这么想：之前我曾经历过6级大风，情况也没那么糟糕，5级不算什么。而富有智慧的海员会思考：这5级风是从哪里刮过来的？这是因为风吹过的海面愈宽阔，其引发的海浪就愈巨大。在绵延不断的大西洋上横扫几百英里的5级风所造成的海面，和与其距离 170
只有区区几百米的离岸风所造成的海面状况差之千里。在收听海上天气预报时，若听到法罗群岛*这种地方的7级风与多佛尔**的9级风，前者更加让我不寒而栗。这不是因为法罗群岛的风远在更北方，而是因为它所刮过的是开阔且不设防的海面。

在望向一片湖水，而风又是从你身后吹来时，你便可以在较小的范围内目睹此种效应的发生。单单留意离你脚边最近的湖水看起来多么平静，而远处的水面却生成了涟漪，且逐渐增大。若风力足够强劲且湖面足够宽阔，远处则会生成波浪。相反地，假若风是迎面吹来，便会有波浪拍打你附近的湖岸，而远处的湖面则相对平静。这是“风浪区”效应的一个基本图景。

还有一个事实，那就是风吹拂的时间越久，波浪所获得的能量就越多，因而也变得越大。只要有充足的时间，开阔海面上波浪的速度能够达到平稳风速的3/4。风的这三个因素——风力大小、风浪区和吹拂时间合在一起，能够决定你在开阔水面上的诸多感受。它们同样可以帮助解释，为何我们会看到一些特定可靠的、每天都会出现的波浪类型，比如在夜间出现的较小波浪——有这么一个说法，“太阳落山后，海洋也落了下来”，这源于太阳是风的驱动者这一事实。太阳的能量使某些区域的空气比另外一些区域的空气温度上升得更高，特别是在大陆上，这导致了气压差和温差，而这些是风的主要起因。

风暴引发的涌浪会很快赶超风暴自身，所以你该预料到巨大的涌浪会赶在恶劣的低气压天气及其所引起的风暴前面到达。风暴会引起形态各异的波浪，这些波浪形成之后会先于风暴扩散开来。拥有较
171 长周期和较大波长的波浪传播得最快，并率先到达，跟随其后的是周

* 丹麦的海外自治领地，位于北大西洋。

** 英国东南部的港口。

期和波长依次降级的其他波浪。这意味着你可以通过测量波浪的周期来估量风暴的逼近程度，因为随着波峰之间的时间差愈来愈小，风暴就愈来愈接近我们。相反地，倘若你看到乌压压的天空从地平线处逐步逼近，但海面却相对平静，很有可能那只是一次局部恶劣天气，比如一场很快就会过去的狂飑。

在尚未实现卫星辅助天气预测的漫长岁月里，海面动态通常是危险的最佳预警系统。居住在岛屿上的人们自古以来就知道清朗天气里的巨大海浪不是一个好兆头——它通常预示着涌浪已赶超引发它们的风暴，而风暴就在不远之后。1900年9月8日，得克萨斯州加尔维斯顿市[*]的海滩上袭来了超凡涌浪，当地人对此议论纷纷。第二天他们就遭遇了美国历史上最为严重的一次飓风，有超过6 000人不幸遇难。

冲浪者们喜欢反向利用此逻辑。在电子化时代里，有关大西洋风暴的信息得到快速传播，冲浪者们会远在天空阴沉之前，赶去西海岸享受风暴前的涌浪带来的乐趣。

由于海面时常的汹涌不定，我们很难想象在水面的此种激烈之下竟是一片平静。潜水艇只需潜入飓风之下150米，便能到达平静的海水区。

当海水遇到陆地

当波浪触碰到海岸线，通常会发生三件事——反射、折射和绕射。
我们已在“如何在池塘中看见太平洋”一章里略微了解过这些效应， 172
但现在该对它们做一些深入了解，这意味着在差不多所有陆海交界处你都能够将它们识别出来。

---

* 美国得克萨斯州东南部港市。

反射波

让我们先从最简单也是大部分人都很熟悉的一种开始。当波浪遇到任何接近垂直的障碍物时，这些波浪就会被反射回去。它们撞上的面越陡峭，水越深，它们就越能得到完全的反射。等下次看到波浪被风吹至垂直的峭壁上时，注意观察波浪是如何被反射的，这能够帮助我们估量水下的状况。如果水下有平缓的暗礁，波浪便会在壁前的某一处破碎开来，并在撞上峭壁前因能量几乎全部耗尽而无法得到反射。但如果到完全垂直的峭壁一路都是深水，那么波浪被反射回来时，几乎不会损失什么能量。

在某些地方，我们能看到波浪在撞上矗立于深水中的垂直面后，会完全地反弹回来。此种情况的最佳研究对象之一便是海堤。当海浪撞上海堤，它们的能量绝少丧失，被反弹回来时与撞上海堤之前几乎一样。这会在水里生成一些有趣的形态，值得我们探寻。

如果波浪直直地撞上海堤，被反射回来的波浪会以与来时相反的方向向后行进。然而波浪仍在源源不断地涌来，这意味着现在撞向海堤的波浪会与被反射回来的波浪相遇。随着两股波浪穿过彼此，波峰、波谷彼此相遇，最后形成超级波峰和超级波谷，这使得波浪在顷刻之间看起来会有2倍的高度和深度。在特定的情况下，这会在水里
173 形成一种怪异而绝妙的形态，即“clapotis”，它来源于法语，意为“搭叠”，这时来去的波谷与波峰就会形成驻波。这种情况发生时，看起来好像没有任何波浪到达或离开，波浪看上去只是在同一位置不断上下运动，而不是向别处传播。驻波发生时，会有一些水纹处的水以特定节奏上下剧烈运动，而在这些水纹之间会有另外一些水纹（被称为节点），那里的水看起来几乎完全静止不动。

海浪能够完全直撞向海堤的情况是很少见的。更常见的是它们

会斜斜地拍打在堤面上，接着以反射的角度被反弹回来，就像光线以某一角度射向镜面时所发生的那样。这会在水里造成一种奇怪而迷人的形态，更像是一种交叉效应，这就是为何这种更加常见的现象被称为“驻波轧花”(clapotis gaufre) 或者“华夫饼纹驻波”。

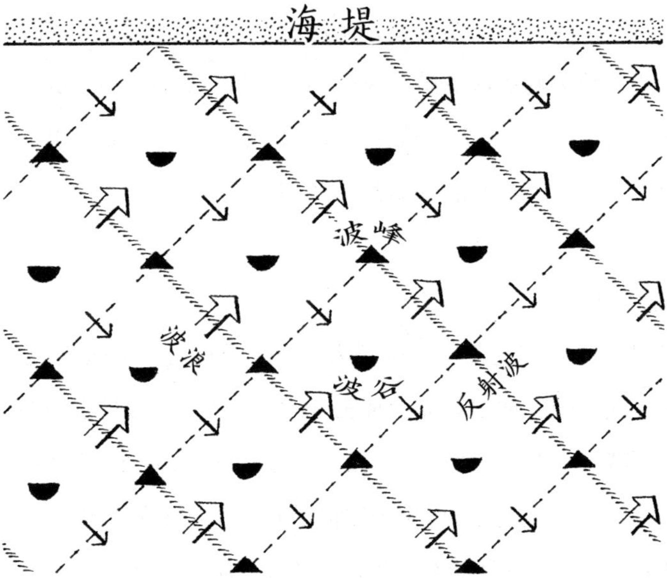

驻波轧花 174

在第一次观察时，假若没有看到漂亮的驻波，或者它更受欢迎的近亲驻波轧花，可不要失望。在开始搜寻它们后的几个月时间里，我没有见过一次值得为之兴奋的驻波。记住这几点：波浪撞上的障碍物愈陡峭，此处的水愈深，波浪便越能得到准确的反射；当反射波遇到涌来的波浪时会形成有趣且各自不同的形态，它们当中只有少数会令人着迷，但统统值得至少片刻的驻足观赏。

反射波的效应说明了为何水在异常陡峭的岸边会出现一些难以预料的形态。如果仅仅在有着陡峭海岸的浅水处，或许你会经历那种新奇的感受，但是水似乎在你四周杂乱无章地运动，波峰上下跳跃，水沫朝你脸上飞溅，尽管海面远处并无任何波动。反射现象随处可见，若你搭乘飞机时常常望向窗外，你甚至会看到类似涟漪的东西从暗礁处传出。

因而，被反射的波浪越少，这些波浪中就有越多的能量会被其撞到的障碍物消除。这就是为什么防波堤必须建在深水区。在浅水中，它们无法承受风暴引起的破碎波的强大力量。在深水中，这些巨浪并不会破碎，而是安然无恙地从堤面反弹回来。要是你能挑出那些会发生碰撞的地方，这对消除大海的威力将大有益处。

折射波

若某样事物穿过某一区域到达另一区域时改变了速度，它的方向
175 也会明显地改变。波浪朝岸边涌去会到达浅水区，此时它们的传播速度会有所减慢。我们很容易认为是陆地的摩擦力减慢了波浪，但事实并非如此。实际上，浅水作用于波浪后减缓了波浪的行进。一旦水深只有波长的一半，它就能有效地限制波浪的运动，这才是波浪减速的原因。

如我们先前所了解到的那样，波浪的波长和波速都被降低了——它们的确被减缓了，但同时也变得拥挤起来，因此周期并未改变。这就是说，倘若你脚踏冲浪板站在较远的海里等候一组合适的波浪，你会看到波浪在你脚下快速穿过，每一道波浪之间都有着较长的距离。在海岸附近的浅水处划船的人会见到同一批波浪涌来，但它们的波速降低了，相邻波浪间的距离也缩短了。然而，如果你们两人都记下每分钟穿过的波浪数，得出的答案会是相同的。

因此，浅海意味着波浪会减缓，而减缓的波浪意味着波向会改变，

事情到这里开始变得有意思了。海床的形状往往与海岸线的形状相似，也就是说陆地凸显处的海水会首先变得更浅，而海湾处的水拥有相对更长的深水区。这使得波浪减慢速度，并转向岬角附近的海岸，但它们在海湾中心附近会变得更加整齐，之后便向海湾边缘分散开去。这意味着在海岸线的任一处，你都能看到海浪在朝你的方向弯曲。这也解释了为什么在两处岬角之间常常会形成新月形的海滩——通常，海浪一进入海湾区就会分散开，这使得沙子也大大地铺展开来。 176

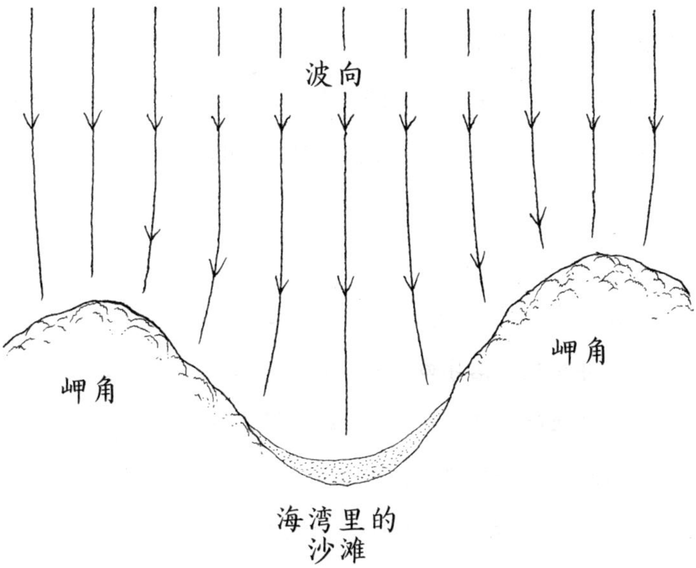

折射现象使得波浪在岸边朝陆地方向弯曲

有一些物理定律和公式可以描述这种效应，比如极其复杂的斯涅耳定律*。但我们并不需要定律来解释这种现象，它只是一个非常简

* 斯涅耳定律（Snell's Law）因荷兰物理学家威理博·斯涅耳得名，是一条描述光的折射规律的定律，即：光入射到不同折射率的介质时会发生反射和折射，其入射角、折射角与折射率之间具有一定的关系。

单的事实：水在海岸处变浅，这使得波浪改变形状以平行于海岸。（试着想象陆地对波浪有一种磁引力，这可能会帮助你记住这种效应，即便你深知波浪并不受陆地的吸引，而是在浅水处放慢速度时改变了方向。）

早在物理学家为此种效应贴上标签之前，古希腊人就已经不出所料地完成了这件事。在荷马、罗得岛的阿波罗尼奥斯以及其他很多人的作品中，波浪撞击岬角的方式多有提及。这并不奇怪，在我们开始为定律命名的很久之前，大自然就早早地在忙于制造这些效应。

177 这也是港口能够为船只提供平静和停歇之地的一个原因。开阔洋面上的波浪会弯向海湾两侧的岬角，任何到达湾内的波浪都会扩散开去，两种效应共同缓冲了深入港口的波浪的威力。或者，用荷马的说法是：

> 在海岸的那处，有一座天堂般的港湾，以海洋长者
> 福耳库斯的名字命名——两道峭壁突兀相对，
> 在朝海的一面断裂，却向海湾倾斜而出，
> 抵挡受外部罡风驱使的惊涛骇浪
> 港湾内部，船只无须系锚，即可停泊
> 只要它们身处系泊范围之内。

1930年4月，加利福尼亚长滩[*]的一座防波堤被海浪摧毁。当然，这不是海浪第一次毁掉类似的构造物了，也不会是最后一次。但是这次来自海洋的特殊袭击让海洋学家们难以置信，并大为恼火。海洋研

---

* 美国加利福尼亚州西南部港市。

究者们遇到的问题是，从科学角度来讲，那天的海面不足以动荡到可以造成此种规模的伤害。所有建模、预测以及天气数据都显示海浪的势头并不强大，近海赌船的观测结果也是一样。这些停泊于防波堤之外的船只都称自己所处的水域异常平静，甚至在巨大的石块从它们身后的防波堤上被击垮腾空时也是如此。

这令科学家们感到费解，在抓耳挠腮了十七年之后，他们中的一位（显然为此感到抓狂）受尽折磨，终于揭开了谜底。1947年，M. P. 奥布赖恩在海床上发现了一处隆起，这块隆起物在那天减慢了一些海浪，并使它们向前弯曲。隆起物上方的浅水使得海浪以一种特殊且不 178
幸的方式被折射，并使海浪在隆起物两侧向防波堤特定的某一点弯曲。水下的隆起物意外地充当了一次透镜，将海浪的能量精准地聚焦于防波堤的那一处，造成了数吨的石块急速爆裂。

绕射波

波浪在进入浅水区后会减速并被折射，但在遇到狭窄的缝隙时情况会有所不同。当一道波浪穿过一个狭窄的缝隙——任何与那道波浪的波长相当的缝隙——波浪就会被绕射，这意味着它会扩散开去。这就是为什么所有的海浪在穿过障碍物的某一处狭窄缝隙时都会分散开来。既然能量保持不变，而波浪覆盖的区域却更广了，因此波高会在整体上有所降低。

狭窄的缝隙最能说明波的绕射现象，但事实上，任何波经过障碍物时都会发生绕射。假如你站在树后，尽管看不到另一边的人，但你仍然可以听到他讲话。这件事细想起来会有些怪异——声音并不是穿过树干到达的，所以它是怎么进入你耳中的呢？答案是声波发生了绕射，在树干周围弯曲，并最终到达你的耳朵。光波与树比起来太微

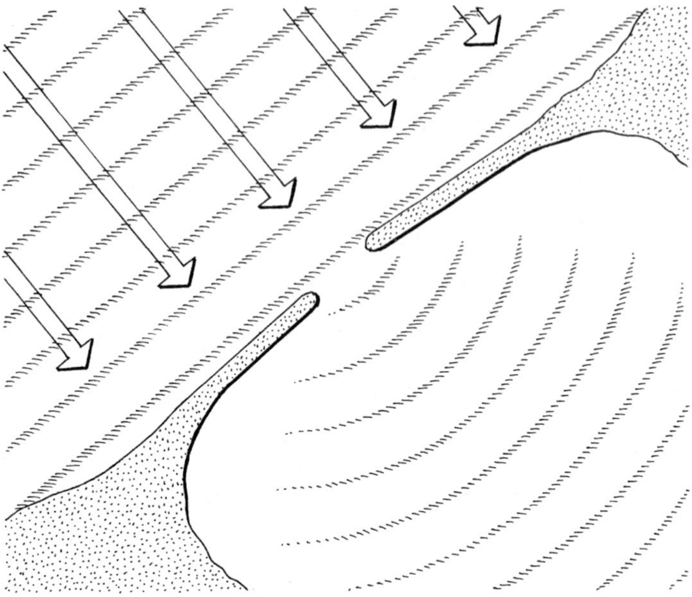

179 穿过狭窄缝隙时波的绕射

不足道了，所以不会有明显的绕射，因此我们才无法看到树后的东西。但是光在经过非常狭窄的缝隙时还会发生衍射，这就是为什么我们在观察DVD的银色涂层时会看到丰富的色彩。

当波浪经过海堤的末端时，注意观察它们是如何不以直线传播，而是分散开来并铺满海堤内侧的区域，如下图所示。

又一次地，波浪在更开阔的区域里扩散，这意味着它们的能量被削弱，波高因而在扩散时降低。然而，假如你目光锐利，你也许会注意到有一方狭窄的区域（在下图中以虚线标出），它恰好与海堤或其他障碍物末端平行，在那里波浪事实上比其他任何地方都要高，甚至高于经过海堤前的波浪。这是防波堤建造者们的又一考量因素，如果忽视，它们会意外地制造出更加动荡的水域。

如我们在前文了解到的那样，海浪会在岛屿周围折射，但它们同

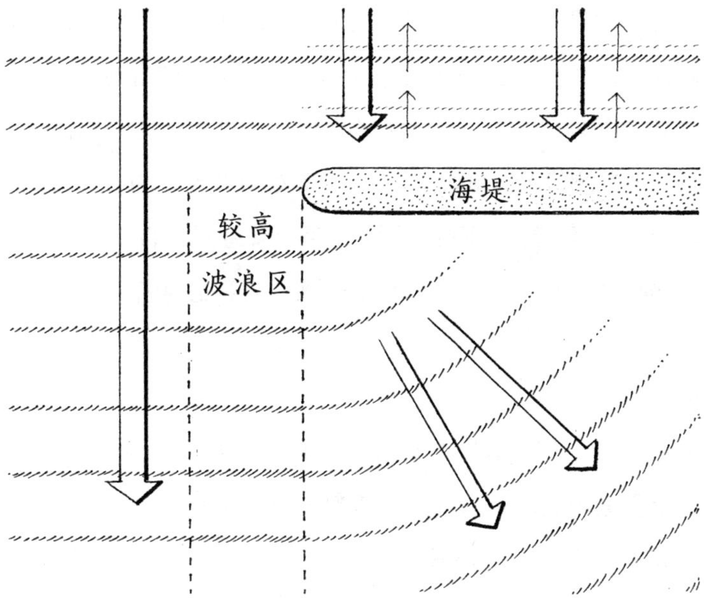

经过海堤时波浪的绕射 180

样会在岛屿周围绕射。合在一起也就是说，岛屿并不会如很多人所想的那样为我们避开海浪提供庇护。我和妻子苏菲那时有一个传统（时态的一种表达方式，随后你便会明白）：我们会在每年12月时为庆祝结婚纪念日而驾船去怀特岛*，外出用餐后在船上过夜，然后第二天早上驾船回到奇切斯特**。

几年前的一个周日，我了解到海上出现了强劲的7级南风，这意味着当我们在仅沿着怀特岛北部向东回奇切斯特时不会有什么事。然而，由于以上所有原因，我意识到，想要抵抗这阵南风及其所引发的巨浪，并最终成功驶过岛屿，怀特岛的庇护还远远不够。折射及绕射

---

* 英国南部岛屿，靠近英吉利海峡北岸。
** 英国英格兰南部城市。

使得这些巨浪在我们经过怀特岛东端前的一段时间里就会到达。我把这解释给苏菲听，确认她很乐于感受我所承诺的“有趣”的几小时。

181 然而知悉即将发生的情形并不会驱走那些海浪，这些知识仅能帮我们较好地预测状况。事实上，在小船开始以我预料的方式（苏菲并不这么认为）四处颠簸时，那些预测并不足以安慰到我的妻子。她再也没有踏上那艘船半步，几个月后我便卖了她——我是说船。

破碎波

我们已经了解过波浪在深水和浅水里的状态，但大部分人更常在极浅的水里见到它们。当波浪传播到水深小于波长一半的水里时，波浪的形状和状态会发生轻微改变。水面下波浪的轨道运动被海床削弱，这使得波浪降速、堆积，波面也变得陡峭起来。波峰与波谷之间的差异更加明显，波峰变得更加陡峭和狭窄，而波谷变得更加平坦和宽阔。

由于远在波浪破碎或者海床清晰可见之前，海洋的浅水区便可通过观察海浪的动态被觉察到——数世纪以来，水手们都将这点作为预警信号。海浪动态的变化也可被感知和聆听到，因为对船只而言，这些波浪比开阔海面上的波浪更难航行，在船速减慢时，敏感的水手也许能觉察到水体呈现的一种美妙的状态，或者在水面改变时注意到船只的节奏和声音。如果是正在靠近海岸线，这是可以料想到的事，并没有什么奇怪，但在散布着暗礁、环礁、失事船只残骸或者岩石的海域，任何海浪的异常改变都能令一个机警的水手警惕起来。

15 世纪的阿拉伯航海家伊本·马吉德编纂了一部非凡的作品，其标题为 *The Fawa'id*，却有一个更加笨拙烦琐的全称：*Kitab al-Fawa'id*
182 *fi usul 'ilm al-bahr wa'l-qawa'id*，翻译过来就是《航海术基本原理和原则指导手册》。这是一本厚厚的大部头书，也是我很引以为傲的一本藏书。其中，伊本·马吉德在很多地方都提到了以上那些效应，但我最喜欢的地方还是他对一片起伏不定的水域的描写，他认为这是水域变浅的一个征兆。多年之后他再次回到那个地方，发现那里已经变成一座岛屿，上面的树木郁郁葱葱。

随着波浪涌向岸边，水更浅了，而波浪会降低速度，并且更加陡峭。在这一阶段，水中的能量很快集中在较小的水域，这使得波高急剧上涨并被抬高。同时，波浪的最底端比最顶端减速得更加显著，这意味着波峰逐渐赶上了波谷，波浪开始“破碎”。

破碎波 (breaking wave) 是波浪将其储存的风能急剧释放的结果，由于风能来源于太阳，因此破碎波究其根源是太阳能的释放。太阳使得千里之外的大气层升温，风由此形成，海洋获取风能生成波浪，波浪又将此能量传输至遥远的大陆，然后在能量被释放至砾滩时发出轰鸣和呼啸——想到这些真让人感到新奇又有趣。

波浪之所以会破碎是因为它们不再稳定，当水深减至波高的1.3倍时，这种情况一定会发生。但并不是所有的破碎波都有着相似的表现，波浪破碎的方式由波高以及在关键的破碎点处海床的性质决定。

关于破碎波的类型有三种还是四种一直争论不休，这听起来像是废话，因为你可以理直气壮地说波浪有多少种类型，破碎波就有
多少种类型。但我发现把它们分成三大类更为有益，也就是崩碎波 183
(spilling breakers)、卷碎波 (plunging breakers) 以及激碎波 (surging breakers)。通常来说，破碎点的海床越浅，破碎的方式就越温和。如果海床倾斜处极浅，那么波浪不会以骤然激烈的方式破碎，而是从顶端直接落下，使得“崩碎”的白色水沫向下以及向前倾泻。正是这种波浪将和按摩浴缸内一样的泡沫抛至海滩上，并没有构成击打的威

力，在里面游泳几乎让人觉得痒痒。

假若海滩稍稍陡峭，我们便会见到卷碎波。如果你曾见过波浪的照片或是画作，并被其经典的画面或者某种方式的美感深深打动，那么几乎可以肯定图中的波浪是卷碎波。这种波浪有着最为独特的波峰，有时可以充当海水的“窗户”——透过波浪的表面可以看到其下的海水。只有这种波浪能够形成一种独特的破碎形状，最极端的例子是冲浪者们梦寐以求的“卷浪”(barrels)。

184 带着飞沫的卷碎波

第三种类型被称为激碎波，它们通常在异常险峻的海滩处形成。想象一道初生的卷碎波正在生成，它的波峰被抬高，但因为海滩急剧陡峭，波峰并没有机会完全赶超波谷，因而波峰和波谷被一道冲上海滩。我倾向于认为这些波浪是被泼溅在岸上的，因为它们并不像前两种那样会完全地破碎开来。由于不会完全破碎，而且撞上的是陡峭的海岸线，这些波浪在被反射回来时仍携有巨大的能量，源源不断涌来的险浪与能量巨大的反射波结合在一起，使得这些海岸非常危险，不适宜游泳以及停泊。幸运的是，它们相对比较少见，而在目的地海滩上尤其少见。

通常，海上的状况是，风最终决定了破碎波的动向。在特定的风速下，波峰会被削去，白色的水花会随风飞溅，这种效应被称为“溅沫”(spindrift)。有趣的是，这种现象只有在8级风时才会出现，高于或低于8级都不行。因此，它能够用来识别8级风。(在陆地上同样也有办法：8级风会折断树上的嫩枝，而不是枝丫。）向岸风会使波浪更早破碎，并在更深的水里破碎，崩碎波也更有可能会出现。与之相反，离岸风使得波浪破碎得较晚，并且在近岸的浅水里破碎，出现卷碎波的可能性更大些。

如果你想站在海滩上测量破碎波的高度，即使你的观察点很远，仍然有一个简便的方法可以得出可靠的结果。只需在海滩处上下或者前后调整自己的位置，直到破碎波的顶端与你的视线平行，那么破碎波的高度即为你的身高加上或者减去你与主要退浪间的高度差。换句话说，假如你的脚还未沾水，那么破碎波的高度一定大于你的身 185
高，而假如你不得不踏进水里才能使破碎波顶端与视线平行，那它们肯定低于你的身高。

波浪以组群的形式到达，这被称为波浪的序列，所以我们常常在见到一组波浪到达后，后面还会跟着一阵相对平静的波浪，再后面又是另一序列的波浪。由于不同组群之间会相互作用，再加上反射波、风及海流的作用，结果就是海岸线处的水面会形成振荡。

或许你曾注意过，当你筑好一座外墙坚固的沙堡，然后等待上涨的潮水淹没你精心筑造的堡垒，大海并不会以一种可预料的方式将沙堡推倒。海浪可能先是拍打一两分钟，接着退去一阵子，一些势头强劲的冲流朝沙堡袭来，在沙堡被彻底淹没前，海水又会退去一段时间。这种水位波动的现象被称为“破浪拍击”(surf beat)，它是所有波浪的力量相互作用并造成振荡的结果。这种现象很容易被观察到，但准确预测下一秒会发生什么却很难实现。

你是否曾注意过，海滩浅水上的漂浮物在波浪破碎后会被其推上沙滩？这当然很常见，但如果细细思索就会发现这种现象不合常理，因为理论上波浪并不会将水向前推进。这是为什么？苏格兰造船工程师约翰·斯科特·罗素在发现一种新型的波浪后解开了这个谜。

以上我们所了解的波浪被称为振荡波 (oscillating waves)。海水
186 在前后运动时，只有能量在持续沿着某一个方向运动。然而，罗素曾看到两匹马在运河里拖拉一艘船的景象，当马和船都停下时，他注意到原本在船头处鼓胀的水面变成了一道逐步传递的波浪，便策马追随这道波浪以研究它的动态。最终公布的观察结果让物理学家们大为震惊——他发现这道波浪确乎是一种新型的波浪，与他们之前所熟知的类型相差甚远，因为这种波浪在传播时，不只在传递能量，水自身也在运动。罗素将此种波浪命名为“移动波”(translation waves)。

在波浪破碎后看到水冲向沙滩时，我们所见到的波浪已经是振荡波变形后的结果，它变成了移动波。正是这种波浪变成了冲流。这些移动波遵循着与远海处的常规波略微不同的规则，因而会产生一些有趣的效应。一个很大的差异是当这些细波到达沙滩时，它们实际上是叠加于它们先前的波浪之上的。而由于与其他所有波浪一样，它们在深水中的传播速度更快，因此你会注意到它们通常能够急速地覆盖在其前方的较浅波浪之上。

因此，下次你站在沙滩上时，注意观察最浅波浪顶端的海沫是如何被冲向沙滩的。你所见到的这种波浪类型在1834年刚刚被发现，而
在同一年，人类发明了第一台实用电动机。 187

第十三章

阿曼欣喜之旅：幕间曲

我踏上阿拉伯三角帆船*的经历带有一点约翰·勒卡雷**笔下谍战小说的感觉。

在一座名为坎塔布的孤立海滨小镇的一间简陋公寓里，我度过了在阿曼的第一晚。那间公寓的指南中并不包含其具体地址，而仅仅由一串有着熟悉形态的数字组成——这种形态即精确的经纬度——这显示了一位航海家对同行的信任。这是唯一一次我在搭出租时要求司机停一会儿，好让我能下车观望一下星空。刚刚找到公寓，我便收到一条短信，告诉我某个时刻会有人去那里见我。

第二天，我正向海面上远眺，来自澳大利亚的一位年轻阿曼历史学家威尔走了进来，告诉我他会协助我搭上船。威尔用他那蹩脚的阿拉伯语成功说服了镇上一位好心的当地人，后者答应驱车半小时带我们去马特拉区。在那里我们艰难地穿过老旧的露天市场，嘴里不停说着“*la shukran, la shukran*（不，谢谢，不，谢谢）”，最终找到了那座有着

---

* 一种独桅或多桅的传统斜三角帆船，多航行于红海及印度洋海域，其由阿拉伯人还是印度人发明尚无定论。

** 本名戴维·约翰·穆尔·康韦尔（David John Moore Conwell, 1931— ），英国著名谍报小说作家。约翰·勒卡雷是他的笔名。

明朗轮廓并飘着昂扬旗帜的巴兰达博物馆。

站在洁白的墙体和深色的木质镶板前，我们四周突然有人开始 188
跳起一种热情奔放的传统舞蹈。跳跃、扭动、歌唱以及舞剑并不能将我的注意力从混乱中的一种不和谐声音和画面里拉回。起初我的大脑拒绝接受被呈现到我眼前及耳中的景象，但再次梳理后便十分确定了：有人在吹风笛。

舞蹈和风笛声渐渐止息，长袍沙沙作响，几位阿拉伯女人站上讲台，为我们送出由英语和阿拉伯语呈现的双语致辞。谢天谢地，它们不长。短暂的掌声过后，泰然自若的阿曼高官们在苏丹的一位议员带领下进入博物馆。我跟着他们走进去，毕恭毕敬地站在较远处，心里还在想着阿曼风笛，或者称它为哈班*。因为一经奏响，整个地区都能听到它悠扬的笛声。（后来我从一位移居国外的阿曼人那里了解到，阿曼会定期派遣风笛演奏家出国参加爱丁堡军乐节，这大概是我听说过的最令人震惊的文化输出了。）

几个小时的时间里，我在精心设计的气派画廊里欣赏了展现阿曼传统生活场景的画作，它们被陈列在馆中舒适的环境下——暴风雨中的船只、港湾里的船只、安静的骆驼、暴躁的骆驼、数也数不清的连绵的沙，以及大海。

我被引荐给一位澳大利亚的艺术家，他叫戴维·威利斯，已经在阿曼生活了几十年，从事阿曼古老生活方式主题的绘画。我告诉戴维我很喜欢他的作品。说话间，一艘独桅帆船乘风破浪的老旧视频画面在他背后闪烁着光。之后我漫步在富有文化气息的阿曼社区内，遇见了我的计划联络人。他是一位永远笑眯眯的阿曼人，名叫法赫德。我

* 原文为“habban”，即阿拉伯语的“风笛”。

们走向一辆白色的轻型卡车，然后法赫德载着我沿着主干道和坑坑洼洼、尘土飞扬的小路行驶了三个小时，最后到达繁忙的苏尔港。太阳落山了，但在卡车驶上路面的一块巨石时又再次短暂地露面。

189 踏上传统的三角帆船“沙米利亚号”，我小心翼翼地穿过在睡梦中低声咕哝的身体，找到一片无人的木质甲板，姑且称它为家。作业船只发出的灯光不时闪烁，噪声也在港湾内回响，这使得海鸥不时鸣叫，让人毫无睡意。满月发出明亮的光辉，从天空倾泻而下。猎户座的两脚之间，一点火一般的光亮正快速移动。而蚊子们在我的脸部上方和耳朵周围整夜狂欢作乐。

快5点的时候，一两个人影开始回应宣礼员的召唤，即穆斯林召集大家做祷告的呼唤声，踏过吱呀作响的甲板走到陆地上去。太阳会在不久后升起，以熊熊燃烧之势结束这个无眠之夜。但在此之前，木星和水星先后散发着璀璨的光芒。

在享用了一顿无酵面包和花生酱早餐之后，我见到了来自五湖四海的船员们，开始了这次不可思议的任务。我已见过美国籍队长埃里克，在我早先来阿曼讲授自然导航课程时，我们在沙漠里结识。作为一名阿拉伯海事遗产研究专家，他已经在阿曼生活和工作了八年之久。他的团队由阿曼和印度传统造船师以及绳索船帆制作工匠组成，也加入到船上来，其中有法赫德、赛义德、穆罕默德、阿亚兹以及纳赛尔。这个做手艺活儿的核心团队将因为我们这一小队更偏向做理论研究的西方学者的加入而得到扩大。我们中还有两个海洋考古学家——雅典娜和亚历山德罗，分别来自丹麦和意大利。我的工作是在航行中发挥我利用太阳和月亮进行导航的经验优势。团队的最后一位名叫斯图尔特，他也是船主之一，来自英格兰中部地区。

斯图尔特毕业于著名的格拉斯哥麦金托什建筑学院，在那里他遇

一座小沙岛周围的涟漪地图……

……以及睡莲周围形成的涟漪地图。

注意那些在湿地中繁茂生长的植物，比如这些柔软的灯心草……

……使我们很容易发现下面隐藏的水。

浮萍的生长说明下面的水流动缓慢且富含营养物质，而营养物质通常来自水禽与附近的农场。

水在流经任何突出物时都会形成漩水，即使在流动非常缓慢时也是如此。

许多微小的“水枕”和“水洞”。

德文郡达特河上的浅滩与水潭。

舌石蛾（*Agapetus fuscipes*）幼虫的存在说明此处水质极好，在过去的一年里没有受过污染，也没有干涸。

小溪远处的一处背阴凹槽。鳟鱼有可能藏身此处。

“亲吻”或
“轻啜”上浮

“肾形”上浮

我们在水中看到的颜色取决于光照的明亮度与角度，水深，还有水上、水中、水下的情形。

深色的酸性土壤通常会蓄起清澈的贫营养水。

视线角度以及光的反射决定了我们能否看见水下的东西。轻柔晃动的水相当于一个透镜，在湖底形成不同的图案。

倒影看上去要比实物暗一些。图中同样还呈现了轻微的“鸭屁股”效应。

希腊莱夫卡扎附近的闪光路径。路过船只留下的“静止伴流”将海水抚平，使路径变窄了一些。

多塞特“蓝色水潭”上的“猫爪”。

绕射波和折射波使得波浪在查普曼池呈扇形展开。同样还出现了有趣的海面颜色变化,包括云的影子。

在阿曼的一道防波堤后，三角帆船“沙米利亚号”正等待风暴过去。

非对称沙纹。本图中海水从右向左流过。

顶部平坦的沙纹。海水从左向右流过,又与潮汐一道返回。

埃尔角灯塔附近的对称沙纹，在破碎波的影响下形成。

回流冲痕

流痕

浅槽处的沙子里形成沙纹，那里的水与海滩平行流动。沙坝在左侧，右侧的碎石标记出滩脚。

繁忙港口里的伴流图案以及浮油纹。

快艇制造出典型的伴流图案。仔细观察图片左上部，你会发现更早之前的船只航行留下的痕迹。

本书作者在冰岛北部研究维京人的航海术。

冰岛附近的长肢领航鲸。就连它们柔和的伴流都能改变水纹的明暗。

见了一位阿曼女孩，并爱上了她。结婚之后，他移民阿曼，皈依了伊斯兰教，全心投入自己的新家和新生活中。清晨在月亮下面走过的身影 190
便是他，那时他正要赶去苏尔的清真寺进行黎明前的早祷。

太阳刚刚升起，码头上的人们便来来往往忙活着为起航做准备。风势有些令人担忧，即便在不怎么受影响的港湾内仍势头不减，这意味着我们在起航之前不得不对船帆做出调整。在上午10点多的高温下，这个过程让人饱受太阳的炙烤与暴晒，却也让我深受启发。这艘三角帆船有一张斜挂大三角帆 (lateen sail)，这个词来自法语的*latine*，是一种从罗马时期沿用至今的帆具，由一根长长的桅横杆支起一张同样长度的三角帆布，指向船首。你会时而在摄影作品里，可能还在水面上见到这些船帆。它们美丽迷人，充满着怀旧气息，一直都是一种富有诗情画意的象征，代表了对迷恋效率和进步的现代生活的反抗。

古代完全不缺人力。倘若一项技术成效显著，哪怕需要大量的劳动力，也会被认为非常合理。近来的情况却不是这样。为一艘现代帆船换一张帆，一位训练有素的工人只需花费几分钟。但我们八个人汗流浃背地干了两个小时，才把大号的三角帆换成了中号。其间我们没有借助任何金属工具，每隔几厘米就要系上椰壳纤维绳，先是把帆固定在长长的桅横杆上，之后又系了几十个平结将船帆挂起来。很快，我的双手发起热来，在系粗硬的椰壳纤维时也被磨破了皮。

船上的工作完成之后，我抽身出去又买了一些无酵面包，之后一边沿着一道破碎波走着，一边观察着大海。海面上有很多静风区和静浪区。港湾内散布着其他帆船，有一些停泊在码头处，但大部分都停靠在海湾里。我很享受观赏成群结队的水鸟排成一排，与停泊的帆船平行，一律面向西南风。 191

又耽搁了一阵子，这次大家在为发动机找一个替换叶轮。我无事可做，便开始教那些感兴趣的人如何利用临近中午时的影子来分辨南北。随着太阳渐渐升至最高点，它永远忠实的影子便渐渐缩短。在太阳达到最高点时，影子也达到最短。我解释道，这根海港灯柱的影子会变短，之后再变长。我们在中午时分给它的影子做标记，就可以计算出它何时最短，这能让我们画出一条完美的南北线。

我在世界上许多不同的地方做过上百次这个简单的小实验，但我仍在做它。这不仅是因为它是一种打发时间的轻松方式，还因为不管在哪个团体里，总会有一些人觉得它很有意思。但最重要的原因是每次我在做的时候，都会学到一些东西。我并不总能学到有关太阳变化的新东西，但我确实常常能学到不同的人是如何理解太阳和影子的。

在为康沃尔的军校教员开设的一门课程里，我曾绘出影子末端的曲线。我一边画一边解释说，夏天曲线是这样的走向，但冬天曲线却弯向相反方向。一位军事求生教员举手说，他记忆的方法是：因为我们在夏天时要比冬天快乐，所以对应的曲线分别是微笑和皱眉的样子。此前我从未这样想过，但我现在总是这样看待。在我们为自然界的事物做出个人或文化上的诠释后，自然导航便另有一番趣味。

在阿曼苏尔港炙热的岩石上，我用粉笔标出一道影子的末端，并解释说由于临近中午，影子长度的变化将不再显著。这时，宣礼员的
192 唤拜声从许多不同的高塔上传过来，在港湾里回荡。

“太阳现在就在天空最高处。”斯图尔特说，他注意到我在影子的末端标了一个“X”。

“是吗？”我问，“你怎么知道？”

“因为我们现在听到的是正午唤拜声。它被设定在太阳位于天空最高处的时刻。”

斯图尔特和我看了看彼此，又看了看地面上的标记，都笑了起来。

一旦我们领悟了这些含义，一切都变得完整清晰起来。不管我们是不是穆斯林，正午的唤拜声都是观察影子的一个提示。在世界任何地方，那些影子都能清晰地指出南北方向。我用粉笔完成了影子罗盘的标记。这时，一艘渔船靠岸了，带回的战利品有一条小鲨鱼和一条巨大的剑鱼。

在影子开始明显拉长之后，我走开去观察离码头较远处的一个水坑。这个水坑距海较远，很明显并不是海水飞溅或者下雨的结果。在这个地方，一年只有几次大量降水。我猜测，最有可能的结果是一艘渔船的捕获物被装进箱子冷冻保鲜，之后在这里被卸载到车上，给这里留下了一个小小的淡水坑。我毫不怀疑这是淡水，甚至都无心去尝一口进行验证。水面和它周围的环境里撒满了鸟屎，这清楚地表明鸟儿们不仅发现了这处珍贵的淡水，还非常欣喜地在此嬉戏。周围的苍蝇发出急切的嗡嗡声。

又做了几个小时的准备工作后，太阳落山了，白日的余温逐渐消退。我们松开船首和船尾的缆绳，踏上征程。起锚意味着把锚提起，并开始扬帆。

紧张的扬帆工作让大家手忙脚乱。接下来是异常紧张刺激的一
个小时，其间我们四处躲避，并不断穿行于各种小型渔船以及它们隐 193
藏在黑夜中的“阴谋之网”间。有人在桅杆处向舵手打手势，以此从船首处下达指令。浮标、灯火以及停泊在岸边黑沉沉的三角帆船巨大的身影，从我们的船边滑了过去。

手忙脚乱的时期过去了，现在转为在开阔水面上更为安静的瞭望工作。那些对航行不甚熟悉的人通常以为他们在短短几小时的航行之中所见到的情景便是整个航行的常态。然而这并不能清楚地呈现

任何一艘帆船上的典型生活。出港后或进港前的一两个小时通常会很忙碌——船帆需要挂起或收起，绞船索要备好，护舷材要装上或取下等。因此，任何不到一天的航行都会给人一种航海就是不停忙碌的印象。然而一旦远离港口，或者距目标港口尚远时，要是天气不错(通常都会如此)，我们便只需安静地行驶。在这种怡人的平静环绕着“沙米利亚号”和它的船员时，我走上船头，就着月光往本子上草草做了些笔记，手里还捧着一杯甜茶。我沉醉在老人星璀璨的光辉中，它是夜空中船尾方向第二明亮的恒星。无论何时你在欧洲南部旅行，见到它都是一种恩赐，因为它是南天的一种恒星，在地球北部是看不到的。

阿亚兹和赛义德看到我在用手比画一些奇怪的形状，便走上前来。埃里克告诉他们我上船的原因，他们都非常好奇我在船首所表演的奇怪舞蹈到底是在做什么。我告诉他们如何利用仙后座找到北极星，又如何运用北极星测算出自己所在地方的纬度。你的水平视线与北极星之间的角度便是你所在地的纬度。

我给阿亚兹和赛义德演示如何运用自己的拳头大致测量出这个角度——对大多数人而言，平伸的一只拳头所占据的角度大约为
194 10度。随后我们闲聊起一件闻名遐迩的阿拉伯航海工具：卡玛尔测天仪。

假如定下三角形的两条边，你便得到了一个角。背靠墙站在房间里，看着对面的墙与天花板的交会处，你的视线与地面便形成了一个角。数一数从地板处到天花板能容纳几只平伸的拳头，你便能粗略地估量出某个角的角度。在我此刻写作的小房间里，从地板到天花板之间是五只拳头，也就是说从地板到天花板的角度大致为50度。

阿拉伯航海家发现用胳膊和拳头的效果还不错，但用一根绳子

和一块木板会更好。他们用牙齿咬住绳子的一端，木板下缘对准地平线，然后测量出星星和太阳的高度。在“沙米利亚号”上就有一个卡玛尔测天仪。但说实话，因为它的构造太过简单，只要能找到一根绳子和一块木头，你就可以说你拥有一个卡玛尔测天仪。

由于不管如何测量，在你水平视线之上的北极星角度便是你所在地的纬度，那么，倘若你离家时在港口测出这个角度，那它就能很好地指导你找到回家的航线。随着时间的推移，测量这个角度的方法在不断完善。在世界上的不同地方，各种精妙的工具补充或取代了卡玛尔测天仪，包括反向高度观测仪、直角尺、星盘、象限仪、八分仪，最后还有六分仪。六分仪可能是一种非常华丽的工具，其中最佳者设计精良，价格不菲。然而，所有这些工具最初的目的和原理都令人难以置信地简单：它们只是为了测量角度。

我接管了舵。幸运的是罗盘灯坏了，这样它前卫的光亮便没法再碍手碍脚。但当有人推荐我用苹果手机的应用程序来替代罗盘时，我内心深处生出一阵厌恶。在天津四和北极星之间，我掌舵向前航行。 195

被换下岗位的瞭望员钻进睡袋，在轻柔起伏的舱板上分层躺下。大海的波涛声时而被低声的阿拉伯语或不时的笑声打断。亚历山德罗在听到我们说可以在他煮的意大利面上浇些酱汁时，表现出了同我在听到可以用苹果手机应用程序导航时一样的鄙夷。他在午夜的厨灶上切切剁剁，忙活了好一阵子，我们才得以在海面上享用了一顿美餐。

回到船首处，我举目望着一只蛾子在桅灯上方起舞，好似一粒灰尘飞舞在篝火上方一般。看了一会儿后，我又望向水面。一条大鱼——看起来像条小型鲨鱼——跃出了海面。不过鲨鱼一般不会跃出水面。然后我便看到了那幅景象。

满月的光辉在水面上被反射出去，但是反射得并不均匀。它明亮的路径在远处更为宽阔，但在近处比较狭窄，这种情况在海上很常见。但还是有一些不寻常的地方。在不远不近处的一片狭窄区域（一道极细的平静水面）里，白色的光束突然急剧变窄。我望着月亮慢慢沉下，它在海洋上的闪光路径跟着变得狭窄了些。风完全停了，月亮的路径缩减为一小块不断跳跃的耀眼光芒。

我们继续行驶，船后方是最为明亮的天狼星以及大犬座的其余星辰。我长久地伫立于我在船首的位置上——即便远离海岸，无处不在的渔具仍会对船构成威胁，所以需要有人在那里守着，而我乐于效劳。船首的瞭望台在恶劣天气里最令人恐惧，它会使某些人如坐针毡并引发呕吐。但我一直很喜欢前甲板的位置，而在这样风平浪静且温暖的天气里，它简直就是一种恩赐。

没有人会忘记自己在真正的极端天气里的第一次船首值班。很多年前，在英吉利海峡，我在8级大风中站立于一艘70英尺长的赛艇
196 的前甲板处。伴随着每次重重撞上船首的海浪带来的冲刷，我与跟我同在前甲板上的伙伴哈里一起挣扎着修好了艏三角帆上的一处毛病。当时是2月份，我们被层层包裹，衣服外面套着海上用的油布雨衣，戴着帽子、手套，还穿着救生衣，用保险索固定住。要是大部分时间里船都处在波浪之上，我们便清楚自己会安然无恙。我们不停地大笑着。起初我们紧张不已，随后感到难以呼吸，但最后我们开始闹腾起来，开心地大叫着把海水从口里吐出去。

值班结束后，我们像蜥蜴一样沿着闹哄哄的甲板溜回驾驶舱内，又下到厨房里。在我的记忆中，我仍旧可以清晰地看到可怜的船员们靠着船尾的安全护栏，朝海沫遍布的海面上呕吐。在甲板下，我们穿过那些晕船或者受伤的船员，卸下了自己的装备。我们的腹部上方有一些蛋一样的区域。冰冷的海水灌满了我们的靴子，浸湿了我们的每

一寸身体，但不知为何却在紧挨着我们两人腹部皮肤的衣服上给我们留了一块卵形的干燥区，大小不超过我的手。这又让我们大笑了一场。最后我们在船舱湿乎乎的温暖空气里昏昏欲睡，一只胳膊紧紧抱着一根杆子，另一只手里还握着一杯茶。

清晰的视野、明确的任务、肾上腺素以及新鲜的空气可以帮我们在大风天气里抵抗晕船。哈里和我在执行任务前曾在船首灌了一大通鸡尾酒。这使得我们在遭受不幸的船上仍能保持心情愉快。

很快，月亮的闪光路径又回到了水面上，并朝着远方模糊的山体轮廓铺展开去。这一次，闪光路径并不平直，而是从月亮朝北方弯曲。我不禁看得出了神。此前我已无数次看到过这些闪光路径，然而一旦在熟悉的景象上又观察到新的东西时，我便为之心荡神摇。此前我从未注意到这些区域有时会弯曲。我用脑子记下这幅景象，又在笔记本 197
里草草写下，好在日后对此做进一步的调查。

我的目光从猎户座的宝剑处向下移至南方，想要估量它与老人星之间的距离有多近。黎明前的风光恬静怡人，船首上现在聚集了一拨人。我为他们演示了几种利用星星的方法。我们观察猎户座、御夫座、仙后座，还有现在已于东北方升起的北斗七星。最大的喜悦还是来自望着水星在东方冉冉升起。这颗明亮的行星总是离太阳不远，以至于常常无法用肉眼看见。倘若天空无云，而你又了解观察时间——它仅在太阳刚刚落下之后或快要升起之前显现——便很容易常常发现它。那天早上，我们大饱了一场眼福。

太阳升起来了，风势也随之渐盛。我们中没有瞭望的人在甲板上忙前忙后。所有的人手都需要一起上，好改变我们的帆向，这包括将三角帆从桅杆的一面转向另一面。我们再次大汗淋漓，双手也变得酸痛。不久之后，海风开始呼啸，乌压压的云在我们上空堆积起来。我们不得不躲进远方海岸线的一处海湾里。

在一处安全的海湾里我们抛了锚，这时天空变得愈加阴沉。对长途航行的渴望在即将来临的风暴前搁浅了。在此之前，月亮下闪光路径弯曲的方式一定在我的眼前演绎过上千次了，但在那片海面上乘坐那艘三角帆船的前一刻，我从来没有恰当地领会到这一点。我现在非常珍视这种形状，在“光与水”一章里已经详细讲过这一现象。但本章关乎另外一些更为广阔的事物。

198 我已经到达了中东，并充满希冀地踏上了一艘三角帆船，在对我而言既新奇又古老的船上研究水。我以为我会满载而归，身负阿拉丁的一只口袋，里面装满全新的观察收获的宝石。在遇到诸多熟悉的水面迹象后，我们被迫躲了起来。但我只观察到了一个新奇的现象，那就是月亮在海面上倒影的弯曲形状。

这可能令人垂头丧气，但这次航行提醒了我，那就是：如果学会接受我们所寻求的迹象就在那里，我们会找到它们，但发现的过程并不总是按照自己的计划发生，那么此时读水者的沮丧就会转化为一种接近喜悦的心情。在那次短暂的航行之后，我现在称这种心情为**阿曼式欣喜**。不像那种被称为“土耳其式欢欣”的甜甜腻腻的土耳其软糖，对我来说，“阿曼式欣喜”是水所拥有的一种习性，那就是它会挑选合适的时间，把自己愿意展示的秘密展示给你看。

我抬头看着周围崎岖不平的地势，身体随着船只熟悉的节奏轻轻摇晃着。空气在山体岩石上方舞动，风趁势卷起一捧尘土。或许我已
199 从三角帆船上跨下，但阿曼海岸远处的水仍让我牵挂。

第十四章

海岸

如果把海岸区定义为距岸12英里的内陆加上距岸12英里的海面，那么在英国，海岸区的空间要远多于非海岸区的陆地。

任何海岸线的长度都具有迷惑性，因为它的形状是不规则的——我们与它的距离拉得越近，观察的位置越近，它就越长。看看世界地图，从康沃尔的西南角到肯特的东南角之间的距离目测应该是500公里左右。但假如你徒步沿着海岸线走过每个迂回曲折的大小海湾，你就会发现实际距离可能比那个数字多一倍。又假设你是一只蚂蚁，顺着每一道岩脊、每一块石头往前爬行，这个数字便会飙升至成千上万公里。选择的观察方式不同，海岸线的长度便随之不同，这是大自然玩弄的一种数学把戏。

当我们思考身处海岸的视野大小时，又出现了另外一件数学趣事。凭海远眺，我们习惯于去寻找海天的连接线，也就是地平线。由于很少有东西能完美地置于地平线之上，好让我们的目光可以聚焦于它，因此无论我们站于何处，这条线看起来离我们的距离似乎都差不 200
多，但事实并不是这样。视线的海拔高度对我们所能眺望的距离有着至关重要的影响。当这个高度较小时，这种影响会更加显著。

走在沿海的小径上，当你爬上一座小丘，你所处的海拔高度可能会从100米升至125米，这时你会比之前多看到几公里的海面，比如说从36公里延伸到40公里。但如果你站在拍打海岸的海浪处，然后爬上25米高的小丘，那你能够看到的海面范围将会从5公里猛增至18公里。

实际上的差异要更加异乎寻常，因为当我们的高度提升后，我们不仅看得更远了，我们所能看到的海面范围也会有更大幅度的扩张。站在一座25米高的小丘之上，要比你站在沙滩上所看到的海面面积多10倍。水手们常常爬上高高的桅顶瞭望台观望，无线电发射器如今被安置在天线顶端，这些做法都是有其道理的。灯塔的高度也非常关键。

这一章将会讲述对海岸现象的理解和解读如何能够帮助我们更好地领会海岸世界之美。能见度、海岸风、海岸线的形状与博物学知识，这些都是一幅美丽拼图的一部分——在这一章我们会先了解一些细节，然后再把这些碎片整合到一起。

能见度

地球上只有0.04%的淡水存在于大气中，但这部分水却时常受到我们的关注，因为大海无时无刻不在受云彩、薄雾的影响，而后者会改
201 变能见度。即使空气中没有水分，这也预示了阳光普照、一眼万里的一天。事实上，良好的能见度不仅说明空气湿度较低。当大气十分稳定，各个气流层之间互不干扰时，较低的气流层就像一潭死水，将污染物与灰尘滞留其中，从而引发雾霾天气，降低能见度。因此高能见度是空气水分含量较少的表现，它意味着大气的流动性较好，污染物水

平较低。有一些著名的事例记载了极高能见度的情况，比如透过游客的望远镜能够从多佛尔看到加来[*]的钟塔。

> 多佛尔海峡，泰晤士河。东南风转西南风4到5级，稍晚偶尔可达6级。偶有降水。良好，阵雨中较差。

这段话是英国广播公司 (BBC) 广播四频道的海上天气预报的最后一小节。“良好，阵雨中较差”指的就是能见度。它对于海上生活以及观海活动至关重要。如果你在观海时有固定的海岸观察点，那么找到一些朝不同方向延伸不同距离的地标会非常有用——你可以利用它们在白天进行能见度测量。

“12分钟之后会有倾盆大雨……对，我们要变成落汤鸡了。”一位头发花白的当地人悠悠地说道。他口里吮吸着一片草叶，目光深长。之后便下雨了，不早不晚，刚好过了12分钟，你会发现自己身处倾盆大雨之中，被这位当地人的先见之明弄得摸不着头脑，而他早已拂袖远去。这不是什么巫术，只是一个通过观察事物可以预测天气的例子，比如，西方的无线电杆消失后，就一定会有阵雨。

沿海区域特别容易起雾，不仅因为它“腹背受敌”——前有大海， 202
后有陆地，还因为这里是暖空气、冷空气和海水交汇之地。雾有几种不同的形态，但主要有两种值得我们了解，因为只要能够将其中一种与另外一种区分开来，你便可以相当精确地预测出它的变化。

第一种是陆雾。它在一年中的寒冷季节里更为常见，特别是在晚秋和冬季，且常常在一夜晴朗之后出现。如果是冬季无云的夜晚，陆

---

* 法国北部港市，与英国隔海相望。多佛尔海峡（加来海峡）是英吉利海峡最狭窄的地方。

地会辐射出热量并升发开来，因此这些雾在气象学里被称为“辐射雾”(radiation fogs)。热量辐射掉之后，地面降温，湿润的空气遇到这些冰冷的地面就会凝结成雾。然而，这些雾的出现取决于不流动的空气，只在空气非常稳定的时候停留。一旦起风，辐射雾便会随风扬起而消散。飞行员常常受到这种晨雾的困扰，于是他们学会了在几分钟之内只通过留意风速来预测出它们的消散时间。风速为9节时，跑道上仍有大量雾聚集，而当风速为12节时，雾便全部消散。(1节等于每小时1海里，而1海里约等于1.15英里[*]。)

另一种值得被提及的雾是一个与众不同的讨厌鬼——海雾，也被称为“平流雾”(advection fog)。这些雾主要在春夏季的海面上形成，此时温暖湿润的空气吹向凉爽的海面，水蒸气因而凝结，于是成雾。这种雾看起来或许与辐射雾，也就是陆雾没什么两样，但它的特性却十分不同，因为即便是狂风也无法将这种雾吹散，因此它可以在大风天里滞留。我还记得许多年前，我在英吉利海峡驾驶一艘小艇时遇到了狂风与平流雾。那种感受令人十分不安，在被强风吹拂的同时，你
203 还无法看到任何东西。

海岸风

在了解过能见度之后，下一个需要详细讲述的海边事物就是风。这是因为，假如高度和空气湿度决定了很多你**可以**看到的东西，那么风力和风向则决定了很多你在水里**确实**看到的东西。许多水手将小

---

* 1海里=1.852公里。——编注

布条［别称“风向线”(tell-tails)］系在船帆和支索（为桅杆提供牢固性的金属丝）上，通过观察它的状态来观测风的动态。这种认识对于安全有效的航行当然非常重要，但对于从陆地上了解海水的动态，它同样具有价值。陆地上通常也有一些尺寸很大的风向线以供使用：旗帜或者烟都是了解风势的绝佳视觉提示。

在思考风力和风向时，试着将风向与它的特性及周围陆地的特点结合在一起考虑。对于很多古人，包括希腊人来说，风的特性与它吹来的方向关系如此紧密，以至于它们的含义交织在一起，不分彼此。描述风和方向的希腊词可以通用，*anemoi*意为诸位风神，每一尊都自不同的基本方向上占据一位。近来，太平洋岛民发明了“风罗盘”(wind compass)，这种工具并不神秘，最好就把它当作是对于来自特定方向风的特点的确凿记录与了解。从西北方吹向汤加*的风温暖湿润，来自西南方的风比较清冷，东南风吹来时则带来了它标志性的云团。

这种“风罗盘”的概念让西方人迷惑不已，这可能是因为“罗盘”
一词不可避免地令我们想起某种实体的工具。但这种迷惑并无必要，204
它就这么简单：当你感受到的微风要远比预想的凉爽，那就看看这阵风是否大致来自北方。这样做的次数多了，你便无须检验，并由此掌握了一种将凉风与北方联系在一起的传统方法。你也因而获得了自己独有的最基本的风罗盘。你可能并不需要或者甚至不想知道风向，但重点不在这里。这是了解风不同脾性的开端，而了解风是解读大海不可或缺的一部分。

对风的敏感度越高，你就越有可能掌握某些海岸风的特性。其中一部分风会在世界各地出现，有一些却只在特定地方出现；有些能持

---

* 位于太平洋西南部赤道附近的王国。

续一整个季节，而另一些却只能维持一两个小时。在5月至9月间，梅尔特米风 (Meltemi winds) *会突然降临，从北方吹向爱琴海。有时它会持续一个小时，有时持续数日才停息。这种风十分猛烈，令人惧怕，一有征兆显示它在逼近，海警便常常禁止小船出海。不难理解古人为何会将这种风比作人，且常常是奸诈凶狠之人，但有时也会把它当作朋友。马其顿国王腓力二世对梅尔特米风善加利用——他十分清楚舰队很难在夏季向北行驶到达他的疆土，他便可以在此时更加自如地发动战争。

我们来看看两个相对来说值得信赖的全球人物：海风与陆风。在温暖的天气里，清晨的太阳使陆地升温，其速度快于海水升温，陆地上方的空气因而升起；微风自海面吹至陆地，冷空气得以流动，填补了上升的暖空气留下的空缺——由此建立起一个循环。在夜晚，由于陆地要比海水更快降温，循环于是转换方向：陆风得以形成，空气往相反
205 方向流动。在风平浪静的天气里，只有这些风可以被感觉到。

这就是人们喜欢在闷热而令人窒息的天气里到海边乘凉的一个原因，这个习惯如今依然十分盛行，一如在荷马的《伊利亚特》里，涅斯托耳和欧利米登去吹海风以给自己带来清凉。感受到海风的一个确凿证据是，不管你当天位于海岸何处，风都让你感觉是从海上吹拂而来。假如你徒步或驾车环岛，在同一天里不管你朝海上的东南西北哪个方向望去，也许都能感受到海风扑面而来。

下一位值得我们了解的无所不在的人物是下降风 (katabatic wind)。前面已经讲过，在无云的夜晚，陆地会辐射出热量，当它发生在山体比较陡峭的斜坡上时，就会形成冷气层，就像雾在形成时所生

* 东北地中海的一种季风。

成的那般。但因为身处斜坡，这团冷空气无法老老实实地待在山上。冷空气的密度要比暖空气大，于是这个冷气团开始迅速地向下坡滑动。这听起来像是一种温柔且可爱的现象，有时也的确如此，然而因为累积效应的作用，如果山体足够庞大、险峻和寒冷，或许还覆有一层雪，那么最后生成的有可能是毫不友善的风。在北极的某些地区，突如其来的猛烈下降风有一个别名——“威利瓦飑”(williwaws)，这个词的来源不甚清楚也不重要，因为它如此完美精准地捕捉到了这些风所引发的担忧。

接着出场的是相对不被人熟知却非常迷人的海岸风效应，每当风沿着与海岸差不多平行的方向吹拂时便会发生。风一旦触碰到地表，便会因摩擦力而减速，具体减速的幅度取决于地表的粗糙程度。山地会大幅度削弱风势，平地则没有这么严重，而海面只会略微降低风速。这也就是说，风在吹过任何陆地时遇到的摩擦力与吹过海洋时遇到的 206
摩擦力总有着相当大的差异。当风因摩擦力而减速，在北半球它们便会“逆转”，也就是说它们开始逆时针转向，比如西风可能会偏转为西南风。

综合以上，海岸吹拂的风会遇到不同水平的摩擦力，大小取决于它们是吹过地面还是水面，这进一步意味着它们会有不同程度的转向，并最终吹往略微不同的方向。假如风沿着海岸吹拂，而陆地在风的左侧，比如沿南面临海的岸边自西向东吹，这些风便会分裂成不同方向的风。这种现象被称为沿海辐散 (coastal divergence)。而假如风朝相反方向吹，陆地上的风会偏向海面上的风，两者因而挤压在一起，这种现象被称为沿海辐合 (coastal convergence)。倘若对此有所怀疑，你可以抬头在云彩中找找这种辐散或辐合现象，再低头看水。

与水面相比，风在吹过陆地时会减速，这个现象同样意味着风在吹过岛屿时会向左偏转。声望显著的当代太平洋航海家奈诺亚·汤普

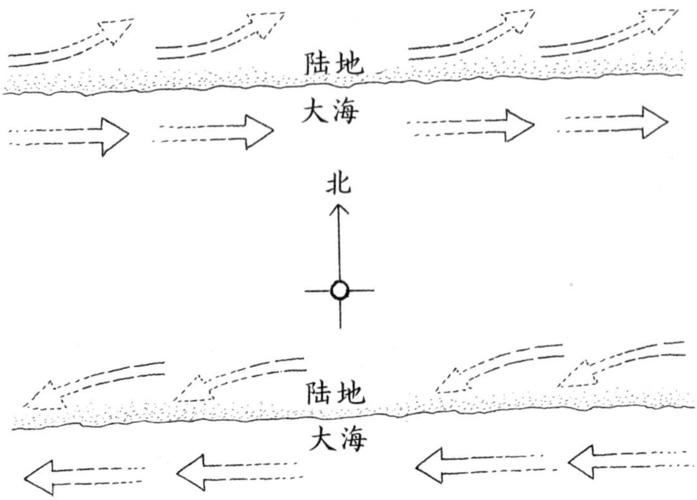

207 沿南岸吹拂的辐散风和辐合风

森，能够通过持续观察风在经过岛屿时所偏转的方向，来计算出自己相对于视野之外的夏威夷所处的地理位置。

风从水面吹向陆地时会向左偏转并减速，而从陆地吹向水面时会向右偏转并加速，比如，在吹过辽阔的湖面时便是如此。

冷水较暖水更能降低风速，而浅水常常比深水温暖，因此假如你仔细观察便会发现，风在吹过较冷水面时会向左偏转，而在吹过较暖水面时会向右偏转。

海风里有一个另类叫“飑”(squall)。飑是恶劣天气里的复杂单元以及孤立的迷你系统。温暖湿润的空气被抬高，随后又回落在附近区域，成为更加寒冷且猛烈的狂风，并最终形成一阵倾盆大雨——这种现象便是飑。我永远不会忘记2007年我孤身一人穿过大西洋时曾与这个无赖交手。每当在大洋上航行，尤其在你人手不足时，要时刻紧盯着手头所有的天气数据和预报，并对所有预示变化的自然征兆保持警惕，这非常重要。

在大西洋上你可能会遭遇一些恶劣风暴的袭击，虽然小心选择出发日期能将这种概率降到最低。然而没有一个专业气象预报员会承认这样一个事实，即根本没有任何方式能够准确预测飑会在何时何地形成——这种天气现象范围太小且反复无常，常常突然发生又迅速消 208
失。在穿过大西洋时，我遇到飑的次数频繁到让我应接不暇，每一次我都因换帆而筋疲力尽，并且要在经历几分钟如坐过山车一般的风和水的暴动后，一切才归于平静。

然而，倘若你并不需要驾驶小船经受飑的袭击，便很容易对它们持友善态度。我对这些捣蛋鬼的憎恨现在已基本消除，并且十分享受从岸边观赏它们，欣赏程度一如几年前我在一艘小船上看到它们时的厌恶程度。它们在水里制造出的水纹可以作为一件狂暴且尖锐的艺术品欣赏，风最好被看作是一股向下爆发的力量，从黑暗的飑云中心底部辐射出来。因此，当你看到一团孤零零且面目狰狞的云彩时，可要在云下的水面上找一些有趣的水纹来看。

海岸线的形状

1880年代，丹麦的海军军官、北极探险家古斯塔夫·霍尔姆在冒险前往格陵兰岛的东海岸时，遇到了许多因纽特族群。他回来时带了一件非常独特的可用于研究的纪念品。旅途中他遇到的一位叫科纽特的因纽特人卖给了他一些乍看上去像是浮木的东西，其粗糙的边缘已因长时间漂浮在海面上被磨平。但霍尔姆发现这些可远不是普普通通的木头——它们是地图。霍尔姆当时为拥有这些三维的木质地图而自豪，这些地图的形状反映了海岸线的特点，不管白天黑夜都可以通过抚摸它们来进行阅读。这种有形地图边缘的每一个突起都代表了一处岬角或一座岛屿，上面还有刻痕以代表良好的储藏地点，除此之外，它还标记了那些可以在两道峡湾之间的陆地上抬起独木舟的
209 地方。

霍尔姆由此发现的那处海岸线名为安马沙利克海岸，而霍尔姆新得的安马沙利克木质地图被安全地送至哥本哈根的一座博物馆里，随后又被送回位于努克的格陵兰国家博物馆。大英图书馆有它的复制品展示。

我们大可以自己动手为我们最喜爱的海岸线制作木质地图，但有一个更加简捷易携带的办法。我们可以辨别形状并用窍门对它们进行记忆，从而了解海岸线的形状。

让我们回想一下在“光与水”这一章里讲到的“空想性错视”现象，记住我们的大脑喜欢识别形状和图案，一点点迹象便能让大脑创造出一些实际并不存在的东西。这有时倒也有趣——我们会在起沫的水面或云彩之类流动的场景中看到人脸，有时它又会误导我们，比如我们以为海豚在朝我们微笑，但这只是因为我们将它嘴角的形状进行了人格化。不过有时它也十分有用，当我们试图识别记忆一些固定却复杂的形状时更是如此，比如地形，尤其是海岸线。

沿着一道海岸线观察，你会看到陆地的轮廓特征——它的形状、一系列海角、岬角、海湾、小湾、海柱、凸出的石块、海滩、凹角以及其他各种陆标。起初太多的信息会令你难以消化，但如果找到最为显著的地物，然后让你的大脑随意发挥一下，便很有可能一处岩石突起与另一处重叠起来，进而形成一种勉强能够识别出来的形状。大脑的这种错视应该得到鼓励，因为它能够在很大程度上帮你识别并记忆海岸的

地物。这反过来也会帮你理解在水中所见到的一些水面形态。 210

例如，你可能会在远处看到一处大的岬角，而在近处看到一处较小的岬角，两者合起来就有些像猫的脑袋。因此你可以为它们命名"猫头双岬角"。如前所知，岬角对于水中所生成的图案形态有着相当大的影响，像这样与两处岬角建立关系并为它们命名意味着你能将这些地貌记在脑子里，从而能快速识别出它们造成的水面图案。

沿海岸线行驶时，你看到的形状会变形、出现以及消失，因此你创造出的这些形态只对某一段特定的海岸有效。你已开始在脑中描绘周围海岸地物的地图，尽管你不会在任何博物馆里见到这些地图，它们却要比因纽特人的安马沙利克木质地图更加便携。设想你停车下去观赏沿海的风景，发现一处岩石的外貌让你想起一位老人的面部轮廓，因此将其命名为"老人"。现在沿海岸步行一段路，几分钟之后"老人"消失了，因为那处岩壁不再像他。当天的晚些时候你又往回朝你的车走去，以为自己一定离它不远，但随即想起回头查看那个熟悉的岩石外貌——没有看到"老人"，因此你清楚还有一段路要走。再过几分钟，你再次回头查看，"老人"又出现了，现在你确定车就在不远处，很快它便出现在小路的下个拐角处。

这听起来像是无害且可能毫无用处的游戏，但它却带我们认识了水手们所发明出的最强大的海岸技术之一，正式名称为使用"过渡导
标"(transit)。这值得我们详加了解。简单来说，假如任意两个物体一 211
前一后重叠，这便意味着我们站立于两个物体形成的直线上。举例来讲，当我们看到远处一座高山上的一根无线电杆，它刚好处于近处某座教堂的尖顶上，那么我们就一定站在它们所形成的直线上。这种将自己与其他事物连线的方法强大到令人难以置信，不需要用电，也很容易运用和理解。假如你能鉴别出这两种事物并清晰地看到它们，这

种方法便十分精确。

莱塞克雷胡斯岛是位于海峡群岛[*]的泽西岛东北方向上的一个岩石群，它对航行构成了严峻的挑战。在主岛上有一些度假小屋，我们喜欢夏天去那里露营。但要抵达那里，你不得不穿过有着巨大潮差的水面和湍急的潮流，无数凸出的岩石，以及随处可见的致命的沉船残骸。这个地方太小，不适宜用任何高科技航海辅助设备，甚至GPS作用也有限，因为一旦深入其中，一切都发生得太快。但有一个已经沿用几百年的诀窍，也就是将事物连线，使用过渡导标。此处有三块伸出海面的岩石，你要做的不过是调整自己的位置，使得那块在我看来有点像鲨鱼鳍的岩石处于其他两块之间，这时你便在正确的路线上。然后再转一个弯，使旗杆上黑色的面板瞄准被涂成白色的石块，然后便可以安全地航行至小岛上。

几个世纪以来，所有使得陆地能够更容易从海面上被识别出来的标记都拯救了千千万万的生命，不管它们是自然地物还是人为标识。伊丽莎白一世深刻地意识到国家的富强越来越依赖于海员们的安全，因此她有一道知名度不高却十分实用的法令，那就是保护沿海地物：毁坏或改变它们会被定为刑事犯罪。到了今天，绝大部分的港口和港湾管理机构都在设法使这些过渡导标更容易被发现，其中白色和黑色是沿海地物的常用色。

212 在探索海岸时，最好将这些记在心里，因为一旦发现一些被涂成白色或黑色的醒目事物，通常很高或比较突出，你看到的就很有可能是一个过渡导标的一部分。找到另外一部分因而也就意味着能找到安全航线。当然，查看航海地图是解决疑惑的简便方法，因为过渡导

* 位于英吉利海峡内，法语中称“诺曼底群岛”，是英国领地，包括泽西岛、根西岛、奥尔德尼岛等岛屿。——编注

标在上面显示为一道细直的黑线，从陆地伸向海面。

戴维·刘易斯既是学者也是海员，他曾驾驶一只传统的小舟从太平洋的普卢瓦特岛出发。他要研究当地的航海家希波是如何在不借助任何工具的情况下成功穿过涌浪而不偏移航线的。如刘易斯所猜测的那样，希波使用了过渡导标——他在行驶的过程中会确保身后的两座岛屿既不要完全分离，也不要重叠太多。如他所说，他在掌舵时会确保它们“难分难舍”（*parafungen*）。希波在这样给刘易斯解释的时候，太平洋的船员们都哄笑起来。刘易斯猜对了，*parafungen*的意思确实是刚好重叠的岛屿，但它同时也是个隐喻，暗指两个人非常亲密。

辨别地物以及连线过渡导标，这两个彼此关联的方法在世界各地都是基本的传统航海术。即便身处陆地之上，它们仍十分有用且有趣，你可以利用它们来辨别和记忆附近的海岸地物，也可以借此更加深入地了解你与这些地物的相对位置。

另一个行之有效的方法是测量远处物体的高度或者它们之间的夹角，测量工具为最基本的一种六分仪——伸出的拳头。去年我曾经把车停在几座沙丘附近，然后步行前往艾尔角（威尔士大陆的最北点）附近的塔拉克尔海滩。我开始朝着醒目却被闲置的灯塔走去，但刚刚 213
走了几步，我突然意识到想再次找到车可能是个小小的挑战。它停靠的地方无从描述，隐藏在绵延几英里的一座座沙丘之后。我决定伸出拳头测量远处灯塔的高度，数一数从海滩到灯塔顶端需要几个指关节。几小时过后，我往回朝车的方向走，心里清楚当灯塔的高度又回到两个指关节时，我便可以穿过沙丘，这时应该能找到车。

如果你这么做，你便是在跟随沿海航海家们千年以来的脚步。你既可以测量物体的高度——灯塔啊，岬角啊，教堂啊，任何有高度的物体都可以——还可以用与测量物体之间水平夹角相同的办法，比如凸式码头靠海的一端与靠岸的一端之间的宽度为一只伸出的拳头。

所有这些技巧合在一起——辨别海岸地物、寻找过渡导标、测量角度以及在沿海岸线移动时观察它们如何变化——数世纪以来拯救了无数生命。但在这里，我们的重点不在于安全，而更多在于认识。只是欣赏海岸线的美而不去注意周围丰富的细节简直太容易了。如果想要理解沿海水面的形态，首先你便需要关注被水环绕的错综复杂的陆地。

沿海生物

当作家斯蒂芬·托马斯在研究密克罗尼西亚人的航海术时，他对一种被称为“以物定点”（*pookof*）的方法产生了浓厚的兴趣。一些特定种类的鱼或鸟会固定在每天都回到同一个捕食点，当地的航海
214 家，比如毛·皮亚卢，学会了识别陆地与这些可靠生物的相对位置。每一种动物都有自己的栖息地和习性，因此不难想象这些航海家会利用这些动物来描绘地图，但让托马斯意外的是它的细节之处。密克罗尼西亚的航海家们并没有使用我们可能会用的那种很粗略的方法，比如见到像乌鸦这样的陆鸟就认为大陆一定就在不远处。他们会列出某种动物的一些具体的个体特征：一处被称为“因纳莫瓦”的航途基准点[*]被托马斯描述为能够看到眼睛后面有红点的鳐鱼的位置。

不得不承认，当我第一次听说这种方法时，觉得这样微小的细节

* 两个重要航行站点之间的某一点。

太过不着边际。我自以为是地认为传说或迷信削弱了真正有用的方法。但在一次不太可能的情境下，我却改变了看法。当时我同在希腊生活的哥哥一家人一起度假，我们租了一辆吉普去探索伯罗奔尼撒半岛的海岸线，途中偶然发现了一处美丽宁静的海滩。这一发现让我们十分欣喜，计划等第二天再去。然而，虽然承认这点有些难堪，我们这一次却花了很长时间才找到它，远超实际所需要的时间。

第三天我们再次回到那处海滩，只是这一次我们很快就找到了它。在希腊这一周剩下的几天里，我们每天都到那里去。在一种奇特方法的帮助下，现在我们可以轻轻松松找到它，并将它命名为我们的"以物定点"海滩。原因很简单——我们最后使用的方法就是沿着一条两侧摆有很多一模一样的市政垃圾箱的路行驶，直到看到那只上面总是有黑白花纹的小猫玩耍的垃圾箱，然后在那里拐向一条尘土飞扬的小径，便可以直达海滩。那些小猫从未让我们失望。

由于与这种方法的这次离奇相遇，我总是痴迷于搜罗这种对动物与地点之间的关系做个人解读的案例。13世纪的一处文献记载了 215
在阿拉伯海域使用的这种方法。"假如在这片海域航行的人看到七只鸟往大海的方向飞，他便可以确定自己正朝着与索科特拉岛相反的方向航行。任何在这片海域航行并经过这座岛屿的人，都会看到这七只鸟，不论白天黑夜，清晨傍晚。不管船只往何方行进，这些鸟儿都会自航行方向迎面朝它们飞去。"

所有动物都能传达信息，就看我们能够破译多少。有很多有关天气变化的特别线索，我们到任何地方都可以派得上用场——沿海的鸟类，比如海鸥，在恶劣天气来临时喜欢朝内陆飞行。然而，我们研究某一区域的时间越久，便越能深入了解动物们所给出的线索。我们可能会注意到一些鸟儿喜欢凌驾于上升的热泡上，在观察了几个季节之后，又突然发现冬天它们喜欢在海面上空飞翔，而夏天喜欢在陆地上空飞翔。这是因为海洋在冬天要比陆地温暖，而在夏天要比陆地清凉。当罗伯特·史蒂文森*在贝尔礁卖力建造他最著名的那座灯塔时，他注意到了动物们所提供的关于天气恶化的线索，因为鱼在天气好时总是汇集在暗礁之上，但在天气恶化时便四散逃开。

逆流碎波与愚蠢

我有五天的休假，想要在海上打发时间，于是便有了这样一个计划（如果这种模糊的念头能被称为计划的话）：从奇切斯特港出发，向西向南再向西航行两天半的时间，然后再花两天半的时间回到家。我的想法是这样能够最大化地发挥时间价值——这样我们就能整整五天都待在海上，而不是从一个船坞跳到另一个船坞——而且完全不用
216 花钱。我的朋友威尔答应同我一起踏上这趟可疑的“时间价值最大化”之旅，我仍清晰地记得我们为自己招来麻烦之时他脸上的表情。

美国经济学家戈登·塔洛克于2014年去世，他因提议在方向盘上安装一根指向司机心脏的尖钉以改善道路安全状况而臭名昭著。我想他的意思是，因为能让我们确信自己受到了保护，那些旨在令我们更加安全的设计会无意中使我们的行为更加危险，从而适得其反。我不知道这个理论是否影响了我和威尔的短途航行。当时我的小艇设

---

* 罗伯特·史蒂文森（Robert Stevenson, 1772—1850），苏格兰土木工程师、灯塔建造师，《金银岛》作者罗伯特·路易斯·史蒂文森的祖父。他最为伟大的成就之一便是于1807—1810年间在苏格兰安格斯海岸附近建造了著名的贝尔灯塔（Bell Rock Lighthouse），它是现存最为古老的海中灯塔，被列为工业时代的七大工程奇迹之一。

计的耐海性能确确实实可以与一艘32英尺的大船相比，因此这可能对于我们之后做的一系列决定造成了一些影响。

一个明智的准则是，如果在航海地图上见到波形曲线，你就得避免在它标识出的那些水域航行，特别是如果那里还涌动着湍急的潮流。但我和威尔觉得这一准则或许并不适用于所有船只，而如果它不适用于所有船只，那它就不适用于我们的那艘小艇。地图上的这些波形曲线代表着多塞特波特兰岬角附近水面上的“逆流碎波”(overfalls)，这个名字所指的海上现象是：当急速的潮流流过非常崎岖不平的地面，便会造成动荡不安、危机四伏的水面。其背后的原理非常简单直接，在家便可轻松演示，只要打开水龙头，让水落在一件平滑的物体上，比如一只托盘，那么形成的水面也会非常平滑；但如果同样的水落在像海床洞穴、岩洞及巨石一样相对坑洼不平的物体上方，比如刨丝器粗糙的那一面，那么水面便会四处飞溅。

马克杯、碗、刀叉和书本从橱柜上纷纷落下，在地板上四处滑动，
发出令人不悦的刺耳声音。船首以一种猛烈且似乎怪异的节奏上下 217
起伏，我们紧紧抓住护舷。白色的水沫横扫前甲板，我们的指关节也因紧抓护舷而毫无血色。甲板下又是一阵物品砸向地板的哐啷声。这种情况持续了半个小时，令人筋疲力尽且慌乱不安。最终我们摆脱了逆流碎波，船只又恢复了它那怡人的平静和摇摆。这次尝试并没有确切目标，但我们都把它当成是一次惊心动魄的胜利。

我对那次经历的某一刻记忆犹新。在穿过那处逆流碎波时，我曾朝海边的峭壁瞥了一眼，发现峭壁顶端有一座海岸警卫队的瞭望站。我想象着两位警官从上面轮流用一只望远镜望向我们，还一边骂骂咧咧地说：“水面上的那两人真是一对傻瓜！”

去年我出差去多塞特，工作之余有了几个小时的空闲，便想着要

是从一个安全的地点去观察那片湍急的水面应该会比较过瘾。我了解到在一处名叫圣奥尔本角的地方有一条路，沿路向上有一座瞭望站，隶属于国家海岸观察组织。海岸观察组织是一个志愿组织，旨在通过设立瞭望站以提升海上安全。(你要是以为这些事情是海岸警卫队在做，我不怪你，但事实并不是这样！女王陛下的警卫队如今在汉普郡的一处工业区运行无线电和电子设备，那里可没有一点海的影子——这可能是时代的又一标志。)

那座瞭望站坐落于俯瞰着一片逆流碎波区域的峭壁之上，这片水面同我在波特兰岬角附近所经历的那一片非常相似。当时正刮着猛烈的狂风，我与站台边缘保持着距离，因为曾有人从站台边缘跌落至
218 滨海路而死亡。我忽然想到，要是我想从安全之地观望逆流碎波的愿望导致我被吹落峭壁，那可真是造物弄人啊！

我见到了瞭望站热情的工作人员，在甚高频电台传出来的嘈杂背景音中我们聊起天来。从宽大的窗子望出去，我看向一处湍急的白色水面，那里就是逆流碎波。海水喧腾着发出嘶嘶声，并朝空气中吐溅着泡沫。据我了解，大部分遭遇麻烦的船只都是被那片剧烈运动的水面折断了桅杆。我还见到了一张照片，里面是一艘被拖到安全区域的断桅船。听着风在毫无遮蔽的瞭望站四周呼啸，我问他们，这天的狂风会有多少级。其中一位看了一眼旗子说："旗尾都跳起来了，这风一定至少有40节。"我喜欢他这么讲——主要是因为当时我们旁边就有两台电子设备。机器上面显示风速为41节。

水在流经某些岩石的时候会形成一些比较明显的漩涡。正如河水和溪水在流经障碍物时都会在水里形成漩涡，潮流推动海水经过任何海岸凸起物 (从大的岬角到小的岩石) 时，同样的事情也会发生在海水里。然后我将注意力集中在紧挨着几道峭壁脚下的一片水面上，与

附近其他所有地方相比，这片水面形态异常。这里是两种漩涡的汇聚之地，一种是水涡，另一种是风涡。

屋外的风从海上呼啸而来，但在内陆大约只有50米的范围内才有离岸风，这由附近海边小屋上飘扬的旗子可以看出。这阵风涡因峭壁而生成，并在底下的水面上制造出它独有的波浪，影响了潮流水涡所造成的水面形态。唯一让人有点失望的是那天没有看到试图穿过圣奥尔本角的傻瓜船长。 219

离开瞭望站之前，一位工作人员指着水里的某处说："船到那里会忽然走不动。那底下有一个53米深的洞。"

我向下望去，看到在高高低低的浪峰中有一小块平静的水面，好似它被什么给熨平了一般。

不久，一位头发花白的男人冲进了瞭望站，他满面涨红，眼球布满血丝，瞳孔的颜色却是醒目的浅蓝色。他气喘吁吁，上气不接下气地说起一桩奶牛紧急事件——大约有40头黑白花奶牛冲破了老旧腐朽的栅栏，现在跑到了峭壁边缘，随时都有跌落下去的危险。奶牛主人一定要知道这件事！鉴于事态紧急，我又帮不上这些奶牛什么忙，因此我向工作人员表达了谢意，奉上一些捐款，便退回到外面的烈风中。一辆蓝色路虎正在风中摇晃——我笑了笑，估计现在的风速得有45节了。

内心深处我希望能看到一些年轻的傻瓜在峭壁下的逆流碎波中艰难穿行，正像我几年前所经历的那样。但是又一次，水为我展现了另外一些东西。我沿着一条小路向下走，海岸在我眼前延展出一道充满诗情画意的小湾。因先前拜访过几次查普曼池，我对这道小湾印象深刻。在赞叹了那片水面美丽迷人的浅蓝色后，我首先注意到的便是波浪作用于海岸线的经典呈现，即反射波、折射波和绕射波轻触岬角和海湾。在海湾内，波浪呈扇形平展开来，并翻滚至宽阔的半月形沙滩上。 220

第十五章

海滩

1990年代，美国军方完成了有史以来对海滩构成最为透彻的一项研究。这项研究被称为“沙鸭1997”，它把我们解读海滩的能力提升到了一个新的水平。我们并不是马上就要规划一次两栖登陆，但如果花时间观察，便能感受到每片海滩为我们带来的感官冲击。

“海滩”(beach)一词本是我们用来描述多个相似要素的，通常我们不会单独注意到这些要素。波浪每次冲上海滩，都会改变一些沙子的位置，而在退回时又让它们再次移动。这样每天来回重复上千次，累积起来的效应便创造出了海滩的形状。而通过研究这些形状，我们又能回过去了解水的动态变化。

我们都知道，海滩在某些地方比较陡峭，而在另外一些地方又比较平坦。此外，我们都有过这样的经历，即向海里划去时意外发现水深与自己想象的不一样，那种奇特感觉难以言说。这些坡度的变化是海滩地图的一部分，也是我们借以了解水的动态变化的线索。一片典
221 型的沙滩有多达六块我们可以识别的区域：沙丘、前沿沙丘、滩肩、滩面、浅槽和沙坝。请看下页示意图，便能了解这些不同的部位是怎样组合在一起的。

首先要注意的是，海滩一路延伸至海里的坡度并不总是一样的，

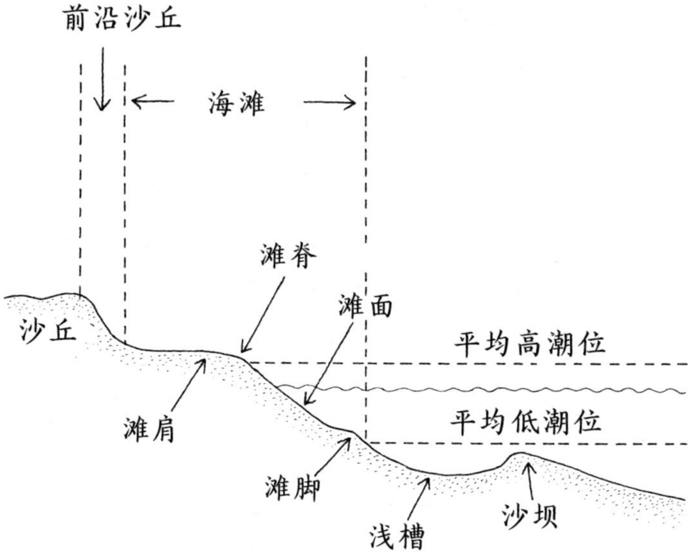

典型海滩地形

它在某一点会明显变得陡峭，这个点就叫“滩脊”(beach crest)。滩脊朝海的一面会比较陡峭，这个陡峭的区域是“滩面”(beach face)。这里的“滩面”说的可不是那种在沙滩上经历了一天的风吹日晒后获得的面色。滩脊朝陆地的一面是相对宽阔平坦的区域，我们称之为“滩肩”(berm)，它是我们放置浴巾的地方。而在滩面处，我们常常会惊讶于海水变深的速度如此之快。当然，在很大程度上，潮汐的状态决定了有多少滩面会被覆盖。假如潮水异常高涨，你可能根本就看不到滩面，但一踏入水里便能很快感觉到它。 222

从海滩处朝海面望去，找到大部分大浪的破碎区。在此波浪破碎区之下会有一处明显的浅水区，因为那里是“沙坝”(bar) 形成的地方。只要沙滩常受大大小小的波浪的冲刷，就一定会形成沙坝。这是物理学家在做了各种波浪水槽实验之后得出来的结果。沙坝朝陆的一面有一个较深的槽区。有的海滩上会形成不止一个沙坝，于是对应的海床便会有各种高低起伏的沙坝和浅槽。由于塑造和造成这些沙坝的波浪的作用，沙坝朝向海滩的一面通常很陡峭，而朝海的一面则相对比较平缓。在潮水上涨的某些阶段，假如你一直朝海里前进，一路穿过浅槽直到沙坝，那么沙坝陡峭的一面便会把你绊倒。

我常去的西威特灵海滩位于西萨塞克斯，那里总是有很多人对水深突然从膝盖涨至腰部又回落下去而感到意外。在这片海滩上被绊一下然后试图保持淡定，再看那些嘲笑你的人同样被绊，这种事情时常发生。沙坝两侧水区的水温也常常差异明显，异常温暖的水区距明显寒冷的海水仅有几米之隔。

下次踏入海水朝深处走去时，看你能否感觉到脚下的沙子刚好在水开始变深之前变成了粗砾。有一个被称为“滩脚”(the step) 的区域，在那里滩面平展开来并与浅槽区连接，连接处常常会有一排粗粝的沉积物。

海水因重力而回落至海里时被沙坝抬高。这意味着浅槽里的海
223 水在不断寻找重回海洋、获得自由的路径，有时这会使得海水平行于海滩流动。我敢肯定你知道一些海滩，在那里你不得不一直朝一个方向游才能避免被冲到侧边。这种情况非常常见，因为浅槽在其他时候其实是很讨人喜欢的区域，它既远离较大的破碎波，水深又足够我们畅快地游泳。

偶尔也会出现这种情况，浅槽里的海水冲破障碍，强行在沙坝上打开了一个缺口。试想一下，所有的海水突然找到了一个狭窄的出口。或许你已经猜到了，最终形成的是离岸流 (rip current)。

1998年，我和妻子苏菲 (那时还是女朋友) 在印度尼西亚的巴厘岛度假。我们一直在库塔附近一处海滩的大浪中畅快淋漓地游泳。

我正要离开水面去海滩上找苏菲，这时听到了一个奇怪的声音。转过身去，我看到海滩上有人尖叫着指向水里的某个人，水里的那人无力地挥舞着双臂，脸上带着惊恐的神情，处境显然非常危险。我往四周看去，想看看附近有没有救生员或者救生圈之类的东西，却什么都没有找到。那时我的身体相当强壮，又是游泳的一把好手，因此我觉得自己该做点什么。我往回蹚进海浪，开始朝遇险的那人游去。开始划了十次，上百种念头闪现在我的脑海中。我奋力迎着不断涌来的海浪向他游去。

我知道去找帮手是更明智的决策，而且我对搭救溺水之人的危险甚是清楚——其间的心理状态相当怪异且骇人。溺水之人有时会在他们错误且常常猛烈地争取自救时溺死自己的施救者，这也是许多救生设备上系有长长绳索的原因之一。但知道这些并没有阻止我想
要搭救的本能。我更加卖力地朝他游去，在几道巨浪朝我猛扑过来时 224
俯身躲避。之后我浮出水面，听到另一种可怕怪异却又异常熟悉的声音。我停下来，向四周看去。

那声音来自苏菲，她声嘶力竭地朝我大喊，想让我回到岸上去。我清楚地记得自己当时意识到她离我比我预想的要远。我转头看向我要施救的那人，发现我们之间的距离被大大拉远了，尽管我一直在奋力朝他游去，而他也没有朝任何方向游。我突然明白我们两人都被困在了离岸流里。我强力保持镇定，转身奋力并尽快地朝海岸游去。此时这种情境下的心理就相当怪诞了。我大脑里有个理性的声音冷静地告诉我："不要直直地朝岸游，你现在被困在离岸流里，那样做你没法挺过去的，你要顺着海岸游，摆脱离岸流后再朝岸游去。"但脑中那个情绪化的声音又在尖叫："你要溺死了！看看，前面就是漂亮结实的海滩，朝那里游啊你个傻瓜！"

很显然我活下来了，可能你在期待我讲述我大脑里冷静的理性声音是如何胜出的。但实际并不是这样，我没有必要在这个小故事里撒谎。事实是我脑中这两种声音的对峙一直在持续，随后便是一种超乎现实的妥协。我真的无法做到顺着海岸游，虽然脑中残存的少量理性在告诉我我应该那么做。我只是太恐惧了，太想回到陆地上去。

但同时我也感到直朝海滩游去效果明显适得其反，并且非常耗
225 费体力，因而更加危险。于是我转身斜斜地朝海岸游去。我跌跌撞撞地走出浅浪区，浑身无力，重重瘫倒在苏菲身边的沙滩上，此处离我入海的地方已经相当远了。在接下来的几分钟里，她一边庆幸于我的得救，一边严厉斥责着我那令人难以置信的愚蠢，但最终她妥协了。

过了几分钟，一位当地人走过来，在我身边蹲下。我当时还平躺在沙滩上。他用一种诡秘的声调小声说："多谢尝试，但别再那么做了。你会淹死的。每年的这个时候都会有人遭遇不幸。"他朝海面望去。

"那人获救了吗？"我问。

"我看到一群冲浪者往他的方向去了，所以……可能吧。"

虽然这么问了，但我从不知道那人到底怎样了。

离岸流让人闻之色变，人们对它们也有颇多误解。它们常被称为"离岸潮"(rip tides)，但它们并不是潮汐现象——这便是它们让人困惑的开端。其背后的原理其实很简单，当海滩上的大片水面在重力作用下被拉回海里，却只有一个狭窄的通道能让它们通过时，就会形成离岸流。水一旦穿过狭窄的缺口，速度便会激增——就像你把大拇指放在水龙头或水管末端时所发生的那样——于是就形成了一股流向海里的高速水流。它们的流速高达每秒2米，任何游泳者都无法企及。

这些狭窄通道中有一部分是固有的，比如礁石之间的缝隙，这种情况下形成的离岸流至少会被当地人所熟知。但有一些是暂时的，比如回流的海水冲过沙洲间新形成的通道，此时形成的离岸流就令人难以预料。讽刺的是，由于离岸流能平缓波浪，它们会吸引游泳者们前 226
往——他们误以为自己进入的是波浪起伏的大海上一片温和且相对平静的水面。

从岸上是很难发现离岸流的，在水里则更难发现。唯一的通用法则是，动态异常的水看起来也会与众不同。对于离岸流来说，要注意那些比它两边的水都更加动荡或平静（这将取决于风从哪个方向吹过来）的细流，或者上面覆有更多泡沫的朝海流去的水流，又或者波浪形态总是受到干扰的某一道水流，以及其他任何垂直于海岸的异常水流。大部分沙滩游客都无法发现其中的任何一种，但是读水者却可以努力做到更好。无论如何，不要效仿我在巴厘岛的那次糟糕经历。我既没有发现离岸流，还跳进去往海里游。

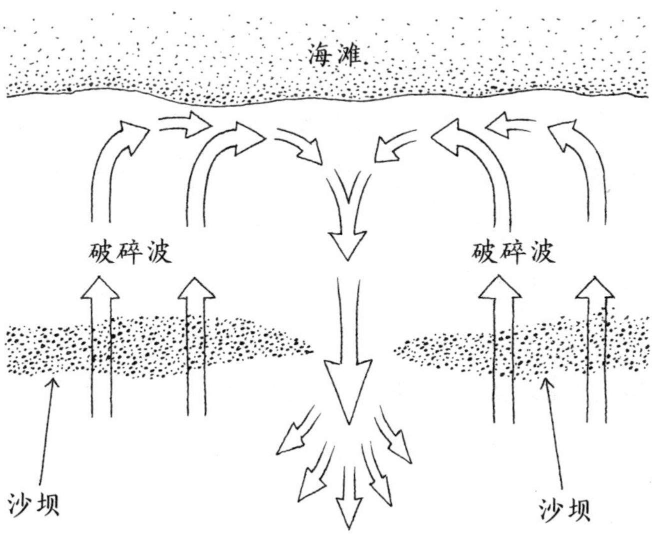

离岸流 227

我们很容易认为海滩的每一个组成要素都是一成不变的，但事实上整个海滩都一直处于变迁之中。沙坝、浅槽、滩面和滩肩每一年都在被重塑、完全摧毁并再次创造。每一片海滩还会经历季节性变迁，在冬天，滩肩容易变高变薄，而沙坝也会明显增大，这是因为冬天的波浪更为有力，它们将滩肩处的沙子往下推移，从而筑成了更大的沙坝。

我订阅了一份叫作《航海通告》的电子时事简报，它会为我提供本地的海事新闻。去年圣诞节我收到了一则对于一年的这个时候来说非常典型的新闻，虽然可能有些不合节日气氛：

> 航海者须知：2014年12月15日对奇切斯特沙洲所进行的一次水深测量发现，在奇切斯特沙洲灯塔的北部，靠近海峡西部边缘有一块水域的水深低于海图基准面[*]0.9米。最大水深位于奇切斯特沙洲灯塔和以斯托克浮标之间航线的东侧，那里最小水深为低于海图基准面1.3米。

换句话说，沙坝不仅转移了地方，体积也有所增长，这属于它的季节性变迁。巨大的风浪会对地景做更大的改造，不仅重组滩肩和沙坝，还会重整整个海滩。奥克尼群岛[**]就常常遭遇狂风，但在1850年的冬天，一场异常猛烈的风暴袭击了其中最大的岛屿，与之相伴的还有千尺高浪。一切平静下来后，岛民们意外地在那时还叫斯凯拉布拉的地区的沙丘之中发现了一些石头建筑的轮廓。如今它被联合国教科文组织列为世界遗产——斯卡拉布雷新石器时代遗迹，它是新石器
228 时代的一处聚居区，让我们得以洞察五千年前的人类生活。

---

* 海图上标注水深的起算面。

** 英国大不列颠群岛北部岛群。

在河水汇聚至海洋的河口区会形成巨大的沙坝。如果不做疏浚，这些沙坝会阻挡河水入海，使得河水朝两侧90度“反冲”。

底流的艺术

该是进一步观察和探索我最喜爱的沙滩现象的时候了。站在海滩上，最让人熟悉的感受便是海浪一波波冲刷你的双腿，之后随着水流往海里倒流，很快又有一些轻柔的海沫绕着你的脚踝，挠着你的双脚。波浪破碎后冲上海滩的海水被称为“冲流”(swash)，而退回去的海水是“回流”(backwash)，此时回流就成为“底流”(undertow)。底流是在不断涌来的波浪之下滑行的平坦水层。它出人意料地有力，会使双脚奇痒难耐，但它绝不是也永远不会是离岸流。

这便是人们最为常见的误解之一，一旦有人感到脚踝受到一阵猛拽，就忍不住开始嚷嚷着说是离岸流，但这两种现象毫不相干。底流的力量有时相当强大，但它的位置很低，一旦遇到涌来的波浪便立刻消退。离岸流能把你带到几百米之外的海面，但底流对于任何能够独自行走或游泳的人都很少构成威胁。

底流或许并不危险，但它却别具魅力且富有创造性。每次海水流上沙滩，便会改变沙滩的形状，因此我们可以寻找沙滩上的图案，借此了解海水的动态变化。低潮时期，不妨走近海水，观察一下海滩。我们应该会在沙滩上看到一些沙纹，很多都与海滩以及几小时前在此破 229
碎的波浪纹平行。但如果仔细观察浅槽区，或许你会发现一些与这种简单图案并不相同的沙纹。

如果沿浅槽有一股水流——就是我们在游泳时所对抗的那一

股——那么它在沙纹的排列中便能有所显现。在浅槽区，沙滩首先会被波浪塑形，形成一些与海岸平行的沙纹，但同时它还会受到浅槽内沿海岸流动的水流的影响，从而形成与海滩垂直的沙纹。假如两种沙纹同时形成，就会在沙滩上形成“梯背”沙纹，这是一种垂直交叉的纹路。由于浅槽内的水流要比浅槽上方的波浪更加狭窄，因此水流制造出的沙纹也较为狭窄。

请记住，所有因液体流过而形成的沉积物纹路都遵循着一个简单的规律——流动物来时的那一面坡度较缓，而流向的那一面却较陡峭。就像沙漠中因风形成的沙丘以及山峰上的雪纹，海滩上的沙纹也是一样——它们的形状提示了事物在其上面流过的方向。(看看海滩高处的沙丘，在那儿你也能看到一些风吹拂留下的沙纹；抚摸这些细小沙纹的两侧，便能感觉到其中一侧要比另一侧柔软——较为柔软的这一侧便是下风侧。若你知道风的来向，那么这些沙纹便能起到罗盘的作用。这是图阿雷格人*在撒哈拉沙漠中所使用的技巧，但它同样适用于任何海滩。)

如果朝某一方向流动的水制造出的沙纹在它流向的那一侧较为陡峭，那么我们可以推想，假如沙纹的两侧同样陡峭，那这一定说明了另外一种情况。这些两侧对称的沙纹是水在沙滩上来回振荡流动的
230 结果，在波浪的破碎区附近极其常见。然而，假如水不是在来回流动，而是朝某一方向流动一段时间后再朝相反方向流动，那么其制造出的沙纹顶端会明显平坦，这是因为正常的滩脊在初次形成后被削平，随着水流退回又推动沙子将其抚平。这种现象在潮差较大的区域极为普遍。

---

* 撒哈拉沙漠中的一个半游牧民族，居住在阿尔及利亚、利比亚、尼日尔和马里等几个北非国家中。

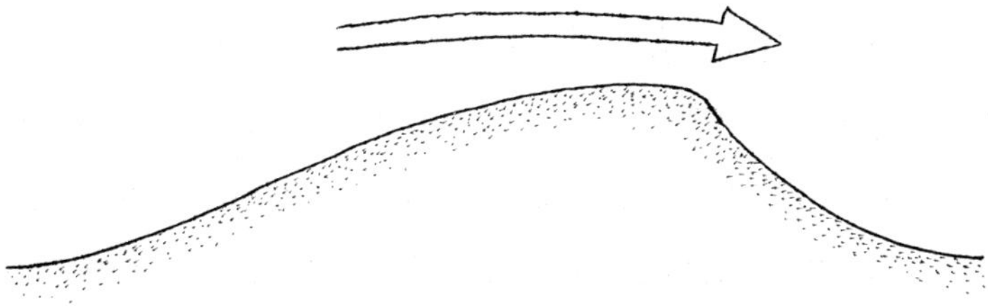

海水自左向右流动。

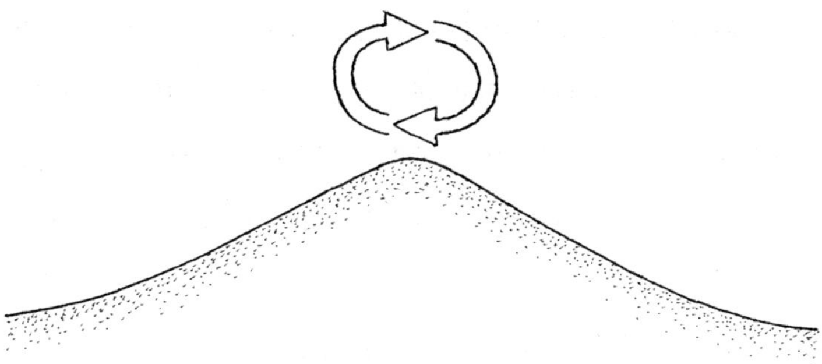

海水来回振荡，可能在破碎波下面形成。

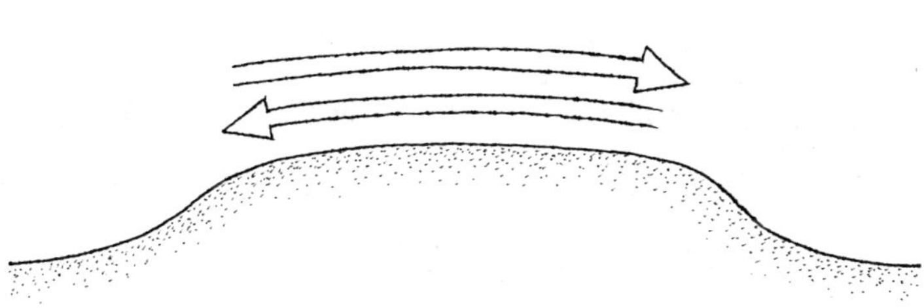

海水随潮汐沿某一方向流动，随后又转为相反方向。 231

假如波浪同时从两个方向涌来，比如在天气变化、风向改变时所发生的那样，便会形成一种不同的图案，即“干涉沙纹”。又假如水在流动的过程中突然停下，就会使得沙纹之间的凹陷处覆盖一层薄薄的沉积物。如果这层沉积物并不是沙子，那可能是自入海口被带来的淤泥，由此便会制造出一种彩色沙纹效应，名为“压扁型沙纹”(flaser ripples)。你所见到的每组复杂沙纹图案背后都反映了水的变化，不要担心自己的鉴别能力，试着只是享受观察它们，看自己能不能做出一两个推断。

波浪在破碎之后冲上海滩成为冲流，这道起沫的细流在慢慢停下的过程中会逐渐消耗能量，此时被水流冲起的沙子则会掉落在远处。这些沙子会与下面沙滩上的沙子有些许不同，因而成为对冲流最高点的一个可见记录。这些在任何有波浪拍打的沙滩上都能见到的曲线被称为“冲痕”(swash marks)。

冲流在到达最高点后，会有一些海水渗入沙子，另外一些则成为回流退回海里。回流会创造出它独有的沙纹图案，与冲痕颇为不同，
232 通常它更像是15厘米长的狭长菱形，沿着水流的方向延伸。

如果正是涨潮时分，冲流会尤其强大，强大到能够向上冲至干沙区。发生这种情况时，会有一些海水渗入干沙，迫使沙粒间隙内的空气往上跑。这些逸出的空气会从沙子表面爆破，在沙滩上留下很多洞，这些洞被称为“针孔”(pin holes)。倘若空气在逸出时不够顺利，它会在表面的湿沙层下形成气泡，迫使它们向上膨胀，从而形成很多小的穹丘，把手指放在上面便会崩塌。没有穹丘的针孔很常见，但如果你见到穹丘，那里很可能也会有针孔。

涨潮时渗入沙子的海水会在退潮时重新渗出。这些海水从滩面上渗出并向下流动，从而形成另一种叫“流痕”(rill marks)的沙纹图

案。这些流痕有一些特定的指示性特征，首先它们向四周扩散，开始是一股总流，最后却分裂为很多更加细小细微的水流。这使得它们看起来像树一样生出枝节，或者在我看来更像树根。

偶尔你可能会遇到一种更大一些的海滩现象，即“滩角”(beach cusps)。它是新月形的沉积物线，宽度从几米到50米之间不等。这些新月形沉积物合在一起形成一系列滩角，彼此之间在钩尖处相连。粗粝的沉积物会在钩尖处沉积，而细小的粒子会进入湾区。科学家们对于它的成因还没有达成一致意见，这对于读水者来说既是好事，也让人困惑。滩角的跨距由波高决定，越大的波浪造成的滩角也越宽。

潮汐带内孤零零的岩石四周的沙子值得我们细细观察，利用此处
的沙纹有可能推测出海水的流动状况。我曾见过极妙的反射、折射、 233
绕射沙纹，图案很像岛屿周围的深海区所形成的水纹（见前文）。在康沃尔的一个以其与大海关系亲密而闻名的郡，甚至有一个古老的词用来专门称谓岩石庇护区（那里不受潮水和波浪的影响）内的平静水面，这个词就是“spannel”。潮水退去之后，这些地方下面的沙子看起来与岩石其他侧的沙子很不一样。尽管海水早已退去，你还是能感受到这片平滑沙子上曾经的平静。

寻找大部分这些微小海滩现象的最佳时间是清晨，此时潮水回落，水位较低。你见到的沙滩很可能专属于你，因为先前的高潮已将前一天的脚印和痕迹抚平。

漂　移

在低潮时分观察海滩，注意回流并不是冲流直接反转而成。波浪

拍击海岸的方向会受到很多因素的影响，其中包括在前文里讲到的折射波的偏移，但通常起决定性作用的因素是风。回流受这些因素影响的方式并不都是一样：它的形成过程相当简单，不过是在重力的作用下被直直拉下海滩。这意味着，依据盛行风方向与海滩之间的关系，你可能会见到冲流将沙子或碎石朝某个方向推移，而回流却并没有再将它们往相反方向拉回。随着时间的推移，这个过程将海滩上的物质持续不断地朝盛行风的方向推，从而形成了“沿岸泥沙流”(longshore drift) ——这个现象很受学校地理老师的喜爱，它和牛轭湖一道成为老师们最爱的地理现象。

234 这种沉积物的输送对于那些认为海滩总是一成不变的人是个问题，对于维护海滩的海岸工程师们来说也是个麻烦。海滩的轮廓有一个奇特的真理：在物理学意义上，它们演化出了能够抵御大海冲击的近乎完美的形状。这意味着几乎所有想要对抗自然行为的“方案”在起作用的同时，也会产生相反的效果。丁坝是一个很好的例子。向海里延伸的丁坝是为了阻挡海滩朝某一方向缓慢移动而设计的。然而你见到的丁坝从来不会只有一座，因为单单一座丁坝会阻碍海滩往前重建，从而加重了问题，需要另外一座来弥补上一座引发的新问题。从好的方面来看，至少你可以通过观察丁坝哪一侧的沙子或碎石在堆高，来立刻指出此片海滩上的泥沙流方向。

冲流将沙子朝某一方向推送，回流又将其拽回，二者共同作用并不会使所有的沙子或碎石全部一同移动，而是将其分层。较重的粗砾要比较轻的沙粒在水中沉淀得更快，所以它们一般不会远距离移动，这使得海滩上的沙子出现分层。一个简单的经验是，沙子的颜色越深，它就可能越重，因为深色沙子通常由较重的矿物组成，而颜色较浅的沙子所含的矿物也较轻。因此，通常来说，海滩的颜色沿泥沙流的方向会轻微变浅。

在有多片不同朝向的海滩处，比如群岛周围，这种分层效应会更加显著。锡利群岛[*]因其白色沙滩及与之相伴的“热带”浅蓝水面而闻名。然而，站立的位置不同，脚下的沙子带来的感受也会不同。在群岛西部，比如圣艾格尼丝岛这样的地方，沙滩上的沙砾较粗，行走在上面会发出吱嘎声；在更东部，特雷斯科岛的沙子是粉状的，而布赖尔
岛的沙子更加透明。 235

研究表明，世界上的每一片沙滩都是独一无二的，这在某种程度上或许可以解释为何集沙爱好者们会有一个专有称谓——沙子收集者 (arenophiles)，即那些被沙子的无穷种类迷住的人。(如果你也有沙子收藏癖好，可能会想要加入国际沙子收集者协会，它们的口号是“一粒一沙，探索世界”。) 随手抓起两把沙子，它们绝不可能有着完全相同的矿物及贝壳组成，海水昼夜不歇地将这些混合物进行分层，直到形成各式各样的图案——波浪由此为我们绘制出沙子地图。

在有些海滩上，靠近海水的地方是碎石滩，之后才是狭长的沙带，这是最为简单的一种分层类型。这些海滩在低潮时会更有海滩的感觉，因为那里有足够的沙子可以让人躺在上面。碎石滩的位置比沙子更高，因为涌来的波浪要比回流更加有力。它们把更大更重的石块推上海滩，石块沉积下来，而较轻的沙子却被再次带回海里。

海水对沙子的筛选方式正如矿工们的淘金方法，持续不断的旋转使得最重的粒子——比如黄金——沉到底部，而较轻的粒子则被带走。所以经验丰富的海滩寻宝者会在早晨和傍晚巡查低处的海滩，寻

---

* 英格兰康沃尔郡西南部岛群。

找那些沙子回降至早先波浪破碎的地方，因为这里是沙子最为垂直的运动区，也是黄金之类沉重的物质沉积的地方。

风也在移动沙子，较轻较小的沙子同样被带至较远处。在风会逐渐减速的区域，比如障碍物的背风区，颜色最深最重的沙粒会自风中落下，因此在这些地方你会看到深色的沙子汇集在一起。

236 碎石和沙子的行为相似又有所不同——与较小的石子相比，较大的石子会汇聚冲力，从而向前行进得更远，这使得海滩上泥沙流指向的那一端的石子更大。这种分层方式十分有效，它使得石子的大小形成了一种地图，狭长石带一端的石子只有指甲盖大小，而另一端的石子却比手掌还大。传说切希尔海滩[*]的渔民们通过查看卵石的大小便能推算出自己的位置，卵石很小就是在西端，很大便是在东端。波浪撞击在不同性质的海岸上会发出不同的声音。我读过康沃尔渔民的一些故事，他们通过聆听“海岸的歌声”，便能够在大雾中判断出自己的位置。

植物与动物

你认为人类测试过的最为强韧的生物材料是什么？或许是蜘蛛吐的丝？

> “人们一直致力于寻找下一种最强材料，然而蛛丝在这些年里一直无法被超越，”阿萨·巴伯教授告诉BBC，“所以

---

* 位于英格兰南部的多塞特郡，是英国三个主要卵石海岸之一。

现在我们很高兴帽贝牙齿超越了蛛丝。”

帽贝的牙齿非常结实，由它制成的一段管子可以提起一辆大众高尔夫车。帽贝的大本营位于海边的岩石上，涨潮时分它们会离开岩石去寻找藻类，而在落潮时又回到岩石上。然而它们的习性有些复杂，不只依赖潮水，还因光照的不同而改变行为。这些大本营在帽贝离开后看起来像是岩石的“伤疤”。大部分沿海生物的习性和生活节奏都与潮水的涨落密切相关。蛎鹬、海鸥、杓鹬、乌鸦都知道在潮落时分沿
海滩搜罗，那时的沙滩上会有丰富的新鲜食物。 237

动物还能为我们提示发生过的事件，不管是新近发生的还是历史事件。你一定在海滩上见过蛾螺壳，这种成块的发白卵形壳像是气泡膜和海绵的混合物，水手们也的确曾用它们来清洁，因此它被戏称为“海用清洁球”。如果壳体发灰，那么蛾螺就是已经孵化出来了，但如果发黄，里面就可能还有蛾螺。蛾螺会食用同类，首先孵化的蛾螺会欣欣然地食用它们尚未孵化的同类。这些蛾螺壳通常出现在1月的繁育期，而在风暴掠过后不久会更加常见。

大量的海胆、角鲨和鳐鱼被冲上海岸线的某一区域，这通常说明了两件事。首先也是最明显的是，出现了恶劣天气。然而，这些动物汇集在同一片海滩上也可能是因为离岸不远处发生了海难。船只的残骸是这些以及其他生物异常丰富的繁育基地。

玉黍螺，即那些出现在海滩上的像蜗牛一样的小生物，有规律地散布在海滩上：光滑的玉黍螺常常出现在海滩低处的海水里或靠近海水的地方，而可食用的玉黍螺则栖息于海滩更高处，因为它们只需偶尔被海水浸湿。此外位于海滩顶部的玉黍螺较为粗糙，它们在没有水的情况下能够长期存活。

同样地，朝大海每走近一步，在岩池里发现的生物都会有所不同。这是因为岩池的位置高度不仅决定了它完全浸入海水的时间长短，也决定了因蒸发形成的海盐的浓度。在夏季炎热的天气里，最高处岩池的盐度能够杀死较低岩池里的生物。常见的普通滨蟹（最有可能见到的蟹类）可以通过改变自身的盐分平衡来应对这个问题。

海藻同样能够标记海滩。槽形、囊状及锯形（或者说有锯齿状边
238 缘的）海藻善于替人着想，因为它们的名字便暗示了其外貌特征。槽形海藻上的确有槽，囊状海藻也的确有囊，而锯形海藻确实有锯齿。海岸上最为常见的是囊状海藻，但这三种都不罕见，且都演化出了专门适于生长在海岸某一区域的特性。槽形海藻生长在海滩最高处，接下来是囊状海藻，最低处是锯形海藻。你只需要记住“在海滩上寻找海藻”这句话，也就记住了槽形、囊状和锯形这三种海藻。[*]

有一种褐色的海藻名叫海带，它能长到5米长，生长于浅水区和潮间带的岩石上。它还被人称为“穷人的晴雨表”，因为当它被悬挂晾干的时候可以用来测量空气湿度。

红藻没有叶绿素，因而并不依赖阳光，这使得它们能够在深水中生长，但它们却常常被海浪冲到低潮线附近。最常见的一种是掌形藻，几个世纪以来，苏格兰西部和爱尔兰的部分地区都以此为食。

在岩石遍布的海岸，你还能看到色彩带这样与众不同的生态环境，其中每一种颜色都是一种不同的地衣。海岸最低处的那些岩石会在涨潮时分浸入海水，在那儿，你能够找到一种像焦油一样的黑色地

---

* “在海滩上寻找海藻”的原文是“Check the Beach for Seaweed”，其中首字母大写的“Check”“Beach”“Seaweed”三个单词分别形似于“Channelled”（槽形）、“Bladder”（囊状）、“Saw”（锯形）。这是作者提供的一种帮助记忆海藻名字的有趣方法。

衣，名叫瓶口衣（*Verrucaria*）。每当发生漏油事件，很多为此担忧的人都声称自己在岩石上发现了石油——幸运的是，大多数情况下，他们发现的不过是坚硬的黑色瓶口衣。

在这条黑色色带之上是橙色的地衣，即石黄衣属（*Xanthoria*）和橙衣属（*Caloplaca*）。再往高处，地衣变为灰色；那些有壳的是茶渍属（*Lecanora*），而叶状的是树花属（*Ramalina*）和梅衣属（*Parmelia*）。最简单的记忆方法是记住“你走出海水，踏入**沼泽**”，也就是：黑色、橙色和灰色。*光照越多，地衣就越多，因此这种效应在朝南的多石海岸上更为显著。 239

“滨线”（strandline）指的是死去的动植物和漂流物混合在一起形成的杂物线，它构成了海水上涨至海滩的高位线。假如把海水运动的过程想象成宽大的拖把拖厨房的地板，那么滨线就是位于拖把前侧边缘的碎屑物和灰尘组成的弧线。滨线通常呈一系列曲线状，因为它是很多有力的冲痕留下的。

滨线不是一个适合铺海滩浴巾的地方，因为那里浓稠的腐烂物质会散发出强烈的气味，在上面大摆宴席的小生物也常常引人尖叫，但它们仍旧值得研究。仔细观察，你很可能会看到沙蚤，它在受到干扰时会跳跃，因而也被称为“海滩跳蚤”。沙蚤喜欢湿润的环境，在白天它们会往沙子深处钻去，直到到达含水量为2%的沙层，而在日落之后又回到沙滩表面。研究发现，沙蚤是专业的自然导航器，它们不仅会利用地标，还会参考太阳和月亮。

在其他漂浮物中，你还会看到一些浮木，通过查看它们被磨平的方式，以及栖息在其中的虫子或藤壶数量，可以大致估算出它们在海

---

* “沼泽”英文为“BOG”，三个字母分别对应“Black”（黑色）、“Orange”（橙色）、“Grey”（灰色）。

上的漂浮时间。(在我写作本书期间，刚刚发生了一件离奇的巧合事件。不久前，这种依据漂浮物上的藤壶数量推算其漂浮时间的方式经由电视和报纸在世界范围内大幅度报道，与此同时被认为是马来西亚航空公司MH370航班的第一片残骸也刚刚被冲上留尼汪岛不久。专家们提出，被发现的这部分机翼，即“襟副翼”，上面的藤壶数量及种类表明这片残骸已经在海上漂浮了一年多，时间足以与飞机失事时间吻合。)

在太平洋，戴维·刘易斯学到了一些绝妙的通过观察动物行为以
240 掌握天气的知识，那里的岛民们会运用这些知识来帮助计划起航时间。吉尔伯特群岛中的尼库瑙岛上的一位航海家详细地解释了如何利用螃蟹的行为来预测天气。螃蟹如果堵上自己的洞穴入口，并将沙子抓落，平坦地铺在洞口处，制造出像是太阳光线的标记，那就意味着风雨会在两天内来临。但如果螃蟹只是将沙子堆成堆，并没有盖上自己的洞穴，那么就会起风但不会降雨。而如果它堵上洞口，却没有摊平沙堆或者留下抓痕，那么就会降水，而不会起风。只有在螃蟹既没有动沙堆也没有动自己的洞穴时，天气才会晴好。

海滩上的蚂蚁用自己对待食物的方式来为岛民们预测天气。如果食物被留在露天场地便预示着好天气，而被藏在洞穴或任何遮蔽处则意味着在接下来的几天里会有恶劣天气。蜘蛛选择织网的地方以及珊瑚礁上海星的行为也是提示天气的线索。甚至珊瑚礁自身也能预示天气变化，在天气转晴之前，它们会喷射出清澈的液体，而在波浪要变大时会喷射出深色或乳白色的液体。

游完泳，我们在试图晾干自己却失败后，便会离开海滩，这是因为存在一种叫“吸湿性”(hygroscopy)的现象。你是否曾注意到，在海里

畅游之后便再也没有身上完全干燥的感觉了？总是有一种潮潮的、黏黏的感觉，尽管已经过了很久，太阳应该把你晒干了。吸湿性指的是特定物质吸取水分的方式。盐便是一种吸湿性物质，所以储藏在地窖里的盐上才会盖有一层谷粒以防止它吸取水分。同样这也解释了为
何在海里游过泳后身上会发潮很长一段时间——没等我们被太阳晒 241
干，我们身上的盐分便开始从空气中吸取水分而附着在皮肤上。这个海滩现象值得我们深思，除此之外，还有一个现象广为人知但缺乏科
学趣味——我们的野餐三明治中总是会掺上沙子。 242

第十六章

水流与潮汐

2010年9月19日中午，一小群观众汇集在泰晤士河的三浮标码头，聆听一只钟的第一次鸣响。这只被全新打造出来的钟名为“时间与潮汐之钟”，设计初衷是能让它在高潮时分河水冲刷钟座底部时鸣响。但在那天它让人们失望了，钟默然无声，河水并未触碰到它。

“今日事件的复杂之处在于气压很高……此前我从不知道……高气压会如此影响潮位……”钟的铸造者马尔库斯·韦格特这样告诉困惑不解的观众，“此刻它应该正在鸣响才对。”

如果长时间地望着海堤，便能注意到海水流过堤面以及海平面的变化。大多数人很快便能想到这两种效应一定是水流和潮汐作用的结果。然而，“水流与潮汐”(currents and tides) 这一短语却带有戏谑
243 性，很多人使用这个短语只是为了掩饰一种普遍的无知。

水流指的是沿水平方向流动的水，而潮汐指的是水位的周期性变化，后者受天文力量 (比如月亮) 驱动。记清这两个基本定义，因为它们能让你摆脱混乱。

水流和潮汐的一般定义很容易理解，但想要弄清楚一片水面到底是如何受到它们的影响就是一个全新的挑战了。这个挑战对于读水

者来说无可避免，在这一章里，我们将从基本知识开始，一步步讲到虽不至于是高深莫测但在地球上很少有人曾试图达到的水平。为了说明这一点，你可以和一位水手做个小游戏。只需向他们做如下提问，然后在他们转身跑开并跃入海里之前，看看他们的面部表情如何扭曲，回答又是如何含混不清：

> 如果月亮24小时之内只绕地球一圈，为什么每天会有两次高潮和两次低潮？

> 为什么每天第二次高潮的高度有时会和第一次明显不同？

洋　流

1990年5月，一场风暴将一艘货轮上的集装箱冲进海里，导致61 820双耐克运动鞋的损失。在接下来的几个月里，这些鞋子开始陆续出现在海滩上，为海洋学家们提供了一次绝佳而少有的了解它们旅程路线的机会。几年之后，28 800只橡皮鸭（呃，橡皮鸭和浮动玩具这类东西）被冲下船，开始了**它们**的探寻自由之旅。由于厌倦了海上生活，这些橡皮鸭在泄漏事件发生十个月后开始在海滩上安营扎寨。从
夏威夷到冰岛一路都能见到它们的踪影，有一只被发现于十一年后到 244
达了苏格兰。幸好有这些运动鞋和玩具，与几十年前相比，我们对洋流的了解更加深入了。

一旦出现不平衡，洋流便在水里形成。太阳加热海水会引发温度

和盐度这两种不平衡，从而导致某些水域的海水密度大于其他水域。地中海便是说明此种效应的最好例子。太阳照射在这片独立的海面上，使得水体变暖及蒸发的速度都高于大西洋，地中海的海平面因此下降，同时它的海水盐度和密度也超过大西洋。由此形成两股洋流，一股靠近水面，使大西洋的海水穿过直布罗陀海峡“重填”地中海，另一股更深的洋流则将拥有较大密度和盐度的海水带至大西洋。这些洋流被称为热盐流（thermohaline currents），形成过程类似于太阳加热大气层后改变气温和气压，从而生成风。

大洋流并不常见，但基本原理仍然重要：温度、盐度或密度的任何变化都会影响洋流的动态。最有可能见到这种现象的地方是海边，特别是河水与海水的交汇处。如果你能发现标记这两种不同类型水体界线的色彩变化，仔细观察，或许你还能发现洋流的行为异常之处。

洋流的主要引发因素是风，这也是我们最有可能了解其行为的一个因素。我们已经了解过风是如何引发波浪的，但它同样会引发洋流。往你的茶杯里吹口气，在涟漪消失后的很长时间里，茶水仍旧在
245 运动。往茶里加入牛奶，在还未搅动之前这样做，便最容易观察到茶水的运动。这些“牛奶云”会帮助你发现水流的旋转运动。

表面的水被风吹动，但由于水分子的“黏性”（本书开头部分已经提到），表面的水便开始拉着自己的同类一起运动。因此并不只有表面的那层水在运动，更深处的水层，深至海下大约100米的地方都会被带动。风吹拂的时间越久，风力越强，水体越浅，水温越高，那么形成的水流便会越快。在辽阔的深水海域之上，被风驱动的洋流通常勉强能够超过风速的2%，但在温暖的浅水里，效果会格外显著。风速为10节的风吹向只有1米深的暖水，会引发速度为1节的水流，这是风速

的10%。由于大部分洋流都位于深水区，洋流的全球平均速度只有差不多半节。不管由风引发的水流在哪里，它一定在水面附近处最为强大，而随着水深的增加逐渐减弱。

查看洋流示意图，你会注意到它们的运动轨迹几乎总是呈曲线状，在北半球会顺时针运动，而在南半球逆时针运动。这是因为，任何东西在旋转的球体（本例中即地球）上长距离运动都会出现方向偏离，这被称为科里奥利效应（Coriolis Effect）。对于远距离运动的洋流来说，这意味着沿盛行风方向45度偏离。

现在我们来了解一个航海上的小习惯，不清楚这一点可能会让你出丑。我们一般默认风向是风**吹来**的方向，但在描述水流的方向时，一般指的是它**流向**的方向。因此西风引发的是东流。 246

在解读水流时，读水者会面临一个很大的挑战：通常水流几乎是不可见的。除非你很走运，看到洋流将一种形态迥异的水带至新的地方，比如尼罗河河口的淤泥被冲入地中海，或是引人注目的深蓝色黑潮和墨西哥湾流，否则水流很难被察觉到。虽然很难，也不是没有可能。只要水在流动，总有办法发现它。只是对于水流来说，想要发现它需要高超的技巧。例如，让我们想象两种相似却不同的景象。一股水流带动水以2节的速度在无风天里向前行进。在这种情况下，水面上所产生的效应同2节的微风吹向静止的水面所产生的效应一样，都会生成细小的涟漪，而任何在无风时形成的涟漪必定意味着水在流动。

现在想象有一阵风速为2节的微风吹向海洋，在海面上制造出一些涟漪。假如有一股细流沿着风向向前流动，那么便会形成一股平静的水流，上面不起任何涟漪，因为没有明显的风吹过那片水——它的流速与风速一致。毫无疑问，想要发现这种情况必得目光锐利，然而每次我们望向海面时，这种情况都会出现。

水流会略微影响所有形成波浪的波长和波高。与波浪传播方向相同的水流会拉伸波浪，将它们轻微抚平，而与波向相反的水流则会将波浪略略挤在一起，压缩波长，增大波高。强风遇到迎面而来的强大水流会造成异常危险的动荡海面，但大部分时候都影响甚微。

奈诺亚·汤普森是来自夏威夷的当代航海家，同时也是波利尼西亚航海协会的成员之一，他声称自己在辽阔的大洋上航行时注意到水
247 面发生了异常。他不得不依赖自己以往的经验来判断起因是风的变化，还是洋流逆风而行，风力有效地对抗着洋流，从而造成比较动荡的海面。专业的赛船手会巡视水面，确定自己能否由波浪的形状判断出最强和最弱的水流在哪些地方，从而在制定比赛策略时将其纳入考虑范围。

河面其实是训练寻找此种效应的一个最佳场所。找一个河水快速流向某一方向而风往相反方向吹去的日子，仔细地观察河面的涟漪形状。你会注意到它们有自己的特点，我认为是有一些“参差不齐”和粗糙。一旦你了解了这种现象，无须感受或考虑风的存在就能将其识别出来。能够发现并快速鉴别出风在逆着水流的形状吹向水面是一件很有成就感的事。

洋流能够带动任何漂在水面上的事物做长途旅行，比如运动鞋和橡皮鸭。但它们并不是以相同的方式带动所有东西。荷兰的海洋学家们发现，渔民们在北海丢失的防水长筒靴并没有踏上同样的旅程。洋流带动左脚的靴子往东漂流，将它们冲上荷兰的海岸，但右脚的靴子却被带到西边的苏格兰。漂浮物的形状决定了它们被带动的方式，从而也决定了它们的去向。

在世界的另一端，位于夏威夷的卡乌沿岸，对于在海上丧失亲人的人来说，曾有一个奇怪且骇人的传统。当地人会根据溺亡之人

的社会地位分别搜查两片不同的海滩。这倒不是什么宗教或者迷信
行为，而是因为富人和穷人的确会被冲上不同的海滩。在被称为*Ka-
Milo-Pae-Ali'i*（翻译过来就是“蜿蜒的海水将皇族冲上海岸”）的海 248
滩上发现的尸体常常来自上层社会，而更远的一处叫*Ka-Milo-Pae-
Kanaka*（“蜿蜒的海水将普通人冲上海岸”）的海滩则是常常出现普
通人的安息地。洋流能够将肥胖的富人尸体与瘦弱的穷人尸体区分
开来。

潮　流

詹姆斯·莱特希尔爵士是一位显著提升了我们对某一领域认识的杰出数学家。他的研究领域是流体动力学，对波浪在泥石流和流通堵塞等各种情况下的形态解读做出了开拓性贡献。但莱特希尔对于液体流动方式的兴趣并不局限于干巴巴的学术研究。他研究了海峡群岛周围急速流动的水流的形态，又将自己的观察结果付诸检验。1973年，他成为首批成功环萨克岛游了18英里的人。出人意料的是，这项挑战任务的艰巨之处不在于游泳距离的长短，而更多地在于能否成功预测水流方向——此处水流速度太快，对所有逆流而上的游泳者来说，不管何时都很难顺利前进。此后詹姆斯爵士多次成功完成萨克岛环行，但在进行第六次尝试时他的心脏罢了工，在1998年7月死于与潮流的搏斗中，享年74岁。

“潮流”(tidal currents) [*]这一术语到底指的是什么？回想本章开

---

* 如果你对“tidal stream”这一说法更熟悉，可以登录www.naturalnavigator.com/the-library/tidal-streams-and-tidal-currents了解更多。——原注

头的两项定义，将它们合在一起便能获得答案。“tidal”是“tides”（潮汐）的形容词，因此“潮流”便是指由潮汐造成的水位变化引发的水平
249 水流。

假如某处的水位高于另一处，重力便会驱使水朝较低的那一处流动。由于潮汐使得海水在某些地方高于其邻近位置，海水便会流向这些较低区域。条件合适时，这些水流会极为强大。英国周围的海域到处都有急速的潮流，有一些极其瞩目，甚至有了自己的名号，比如在苏格兰海域的“梅伊的快乐随从”或者“地狱之口”——我很清楚自己该避开这两股潮流中的哪一个。世界上最强大的潮流位于萨尔特海峡，靠近挪威的博德镇。在那里，百万吨的海水以高达22节的速度冲过海峡。

在任何沿海区域，潮流通常都是最强的水流。与它相比，任何因密度、盐度、温度差异甚至是因风形成的水流都微不足道。沿海的水手们必须对它严加防范，因此任何有关沿海区域的正规地图都应将潮流的信息囊括在内。

潮流对于沿海的航海业非常重要，因而发展出了自己的航海语言集。其中有“强潮流”（tidal races），指的是被迫通过狭窄通道的急速潮流，它会引发汹涌的海面，令人不安。还有“潮闸”（tide gates），那里会为渔船提供通过的机会，但在其他时间由于水流太过凶猛和危险而被完全关闭。我曾从布列塔尼*的圣马洛驾船出发（在那里你必须于潮汐的特定阶段起航），穿过到处都是潮汐漩涡的海域，到达泽西岛的圣赫利尔（你只能在潮汐的特定阶段到达那里）。如果想要避免成为潮流的玩物，在这些地方动身之前就需要查阅大量表格，画各种草图，

---

* 位于法国西部。下文中的圣马洛是布列塔尼半岛北部港市。——编注

并且耗费无数脑力。

发现潮流最简单的一个间接方法就是查看停泊的船只。船身在 250
水流和风的驱动下绕着自己的锚或系船柱四处摇摆，但在潮汐区这些水流通常强于风，因而船只会像风标一样指向水流。在潮水转向时望向港口，观察船只围绕系船柱缓缓指向相反方向，没有比这更令人愉悦的事了——对于读水者来说，这一刻便如同布谷鸟从钟里出来歌唱的那段时间[*]。

你也可以通过观察缓慢行驶的船只的指向与实际航向之间的差异来发现潮流。假如一艘船以5节的航速穿过一股流速为2节的、垂直于其航向的水流，船身将不得不指向与水流成20度夹角的方向，才能朝目标方向前进（水手在出发之前需要做这些计算，为自己规划“航行路线”）。这在船上甚至更容易看出，但从岸上仍然可以发现。倘若在大风天里看飞机着陆，你会看到同样的效应——假如出现横风，驾驶员直到着陆前最后一刻都必须将飞机指向与跑道不同的方向。

潮流的流速并不均匀，它们并不会以某一特定速度朝一个方向流动，然后再以同样的速度往相反的方向流。事实上，它们几乎一直在不断地加速然后减速。从被称为“憩流”(slack water) 的平静状态开始，不管是在高潮还是在低潮时分，水流会一直稳步加速，直到到达高潮和低潮的中间期，此时潮流会达到最高流速，而一旦达到最高速后它便再次开始减速，直到重新成为憩流。简单来说，越是临近高潮或低潮，水流的速度便越慢，而在中间的两个小时里，水速达到最
大。通常，大潮期的水流速度是小潮期的差不多2倍（大潮和小潮随 251
后会讲到）。

---

* 指产自德国黑森林的布谷鸟钟，它的内部有设计精巧的齿轮装置，每到半点和整点，钟上方的小木门就会自动打开，出现一只报时的布谷鸟。

潮流的转变之快常令很多人难以察觉。其中非常典型也很危险的一种情况便是一群游泳者决定效仿另一群人的游泳路线时，以为水流状况都是一样的。记得有一次在索伦特海峡，一群游泳者很畅快地游过之后，第二群人沿着他们的路线，只晚于他们10分钟出发，却发现自己游得异常艰难。我印象特别深刻，因为我就在那第二群人之中。有一刻我们发现自己完全无法逆着水流向前游，尽管我们的朋友刚刚不费吹灰之力便游了过去。仅仅10分钟，便足以使一片适宜游泳的水面变得危险。

在世界上的某些地方，海洋与那里的生活密不可分，而又因为很少有其他可以依靠的参照物，潮流便成为这些人的朋友。在生活于委内瑞拉的奥里诺科河三角洲的瓦劳人看来，水流是航行的助手，而不是威胁。瓦劳人以是上游还是下游，是朝海的方向还是离海的方向来看待世界，他们将自己对河水流向的敏感度作为重要的定向工具。

在北极，一个叫伊格卢林米特的因纽特族群通过观察*qiqquaq*（一种巨藻）的叶子来判断水流的方向，然后仅仅利用自己对海水特性的了解便能找到航线。他们经验丰富，能够识别出主流和岸边形成的回涡之间的差别，这种逆涡流会将他们带到与自己的航向相反
252 的方向。

潮　汐

海岸边的水有规律地上下涨落，主要由月亮引发——我想这是大众对潮汐的理解的一个合理概括。然而我要更深入地讲讲潮汐

(tides)，也就是对许多经验丰富的航海者们所了解的潮汐知识做一个概括性解释。许多水手都知道如何相对准确地预测和计算港口的潮高，但很少有人能够学到或者会花时间去了解这些潮高的起因。

自1833年英国海军部制出了第一张潮汐表，海员们从最开始的观察、思考以及理解潮汐现象，转为依赖这些写着现成测量结果的表格。

任何地方，只要在24小时内，就一定会发生两次高潮和两次低潮，其间高潮和低潮轮流替换。在地球相反的两侧，会同时出现高潮和低潮。潮汐可以被看作是两条环绕地球的超长波浪。这些波浪于波峰间横跨半个地球，波高只有几英尺，以每小时700到800英里的速度传播。然而首先要弄清楚的是，这些波浪是怎么产生的？

月球本质是一大块岩石，它每过24小时50分钟便大致会经过地球上的同一个地点。与地球相比它的体积很小，差不多有太平洋那么大，但因为它距地球太近，所以会对地球产生明显的引力。大部分事物都在地球自身更为强大的引力下牢固地附着在地面上，但大面积的水流动性较强，因而会对月球的引力产生反应。

位于月球正下方的巨大水体会被月球轻轻地拉离地球，这使相
应的海面略微隆起。这便是大部分人所理解的高潮。然而，为何地球 253
的相反面也会出现高潮呢？假如高潮因月球吸引水体而形成，那这不是很奇怪吗？答案是，月球不只对水产生引力，也对地球上的所有事物产生引力，包括地球自身以及所有的水体，甚至是地球相反面的水。然而，关键的地方在于，月球离地球太近了，而地球相对于月球又实在太大，这意味着月球对离自己最近的地球面的引力远比对相反面的引力强。月球将近处的海洋强有力地拉向自己，使得海面隆起，形成高潮。它对地球的引力相对略小，因而地球被留在稍远处，而月球对地

球另一面的海洋的引力更小，这使得它被留在更远处。正是因为地球相反面的海洋被留在离地球更远处，从而在那里形成了高潮。随着地球绕自己的地轴旋转，这些隆起的海面也围绕地球旋转，最终每24小时就会形成两次高潮和两次低潮。

（严格来讲，月亮并不围绕地球旋转，而是两者在围绕一个距地心4 600公里的共同重心彼此做轨道运动。作家詹姆斯·格雷格·麦卡利有一个形象的比喻：想象一个扎着长长马尾辫的女孩在冰面上快速旋转，她伸出的双臂还拿着一桶水。桶内的水被向外拉，并紧紧地依附在桶底——这是一次高潮。而她的马尾辫也会被离心力向外拉伸，于是形成第二次高潮。）

第一次听到这种解释你可能会觉得有些怪，但还是接受它吧，因为很少有人了解这些，你现在进入了一个精挑细选的秘密团体，里面的这一小群人才真正了解潮汐是什么。亚历山大大帝被潮汐弄得晕头转向，甚至伽利略也误解了它们，因此倘若你有时觉得它们太难，就
254 原谅自己吧。

由于月球支配着高潮和低潮，我们理所应当地会认为只要月亮靠近我们上方，就应该出现高潮。在辽阔的洋面上，这基本上没有错，仅仅只有大约3分钟的微小延迟，因为海水并没有受到陆地的阻碍。然而在沿海区域，由于摩擦力的存在，高潮被严重推迟了。实际上，这意味着月亮经过某一地区的最高点和在那里发生高潮之间存在着可靠的联系，但中间的时间差是那个地区所特有的。你要做的就是注意月亮在到达天空最高点后多长时间会出现高潮，这样你便永久掌握了当地的标准。这个时间差可能是几分钟或几小时，但它通常很稳定。

平均来看，每天月亮升起的时间要比前一天晚50分钟，因为它在自西向东缓慢地绕地球旋转，因此略微落后于太阳。换而言之，假如

你在看到月亮和太阳经过某座教堂尖顶上空时分别按下计时器，等太阳再次经过同一位置需要24小时，但等月亮再次经过同一尖顶，则平均需要24小时50分钟。月亮的环绕周期是29.5天，也就是它再次回到相对于太阳的同一位置需要经过29.5天。这两个周期决定了两个主要的潮汐节律：高潮通常会比前一天晚50分钟到达，而完整的周期差不多是一个月。(设想太阳和月亮在新月时分开始赛跑或许能帮助理解。太阳总是快于月亮，每24小时就向前多运动12度或1/30个周期，直到一个月后领先月亮一圈，于是循环再次开始。)

了解了月亮的运动以及它一个月的环绕周期，我们便基本掌握了
潮汐在一个月内的涨落模式。接下来我们需要了解同一地区的潮高 255
为何在一个月内会有明显的变化。太阳对潮汐周期的影响仅次于月亮。太阳的质量是月亮的2 700万倍，因而我们可能认为它的引力要远远超过月亮，但是它距我们太过遥远，与我们之间的距离是月球的400倍，这大大减小了它的引力，只起到较小但不可忽视的作用。

太阳对海洋的引力只有月球的一半。在大洋中心，月亮能将洋面拉起大约30厘米高，而太阳拉起的水面高度只有这个数字的一半，也就是15厘米。假如太阳和月球在同一直线上对地球及其水体共同施力，那么它们的力量联合起来就会使得这两种效果叠加，即洋面上涨45厘米。但如果它们彼此呈垂直方向对地球施力，那么效果便会减弱。每个月，太阳和月亮有两次处于同一直线上，一次在新月时，一次在满月时，此后不久我们便会经历最大高潮和低潮，它们被称为**大潮** (spring tides)。当太阳和月球没有彼此加强引力时，便会出现最低高潮和最高低潮，也就是最小潮差。这些被称为**小潮** (neap tides)。

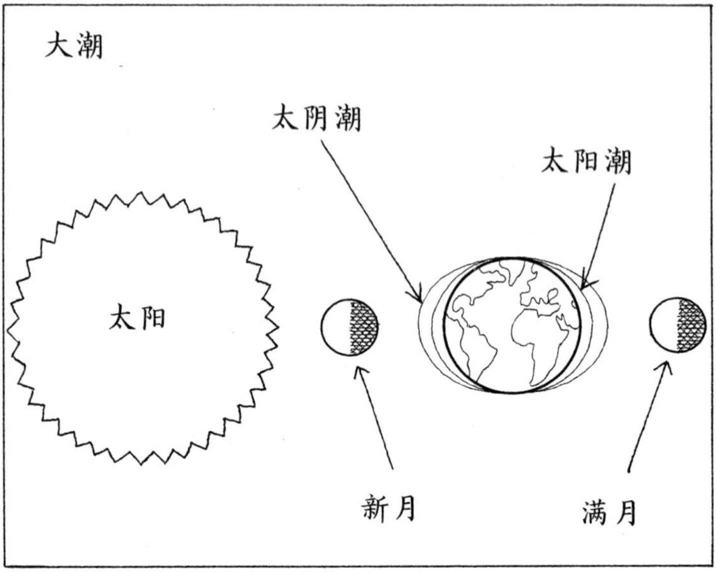

地球、月亮与太阳在一条直线上时形成大潮

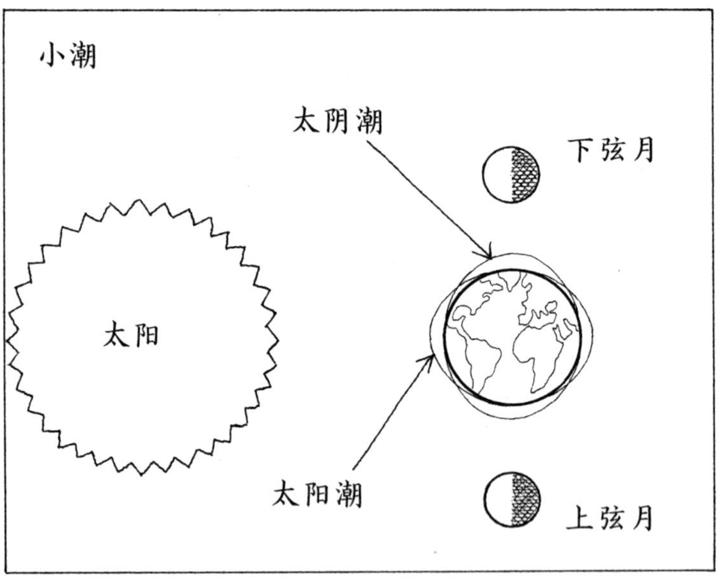

形成小潮时的地球、月亮与太阳

我得承认，有好几年的时间我都觉得很难完全理解大潮和小潮背后的逻辑——小潮是在太阳与月亮成90度角时形成的，这让我非常奇怪。在我看来这似乎违反常理，因为我觉得太阳和月亮成对立状态时才应该形成小潮。后来我有了一个发现，才搞清楚这回事，希望它也能帮到你。那就是当太阳与月亮成90度角时，形成的并非是环绕地球的两次很高和两次很低的潮水，事实上形成的是两次由月亮引发的相 257
当强大的高潮，而高潮之间则是太阳引发的两次很弱的低潮。因为有太多水在环绕地球流动了，而月亮将大部分水拉起，因此太阳引发的高潮最后成为小潮低潮。如果这也无法帮你理解，不要担心，这不过是为一个相当复杂的问题提供了另外一个理解角度。

学习潮汐知识时，我们可以适当放松对自己的要求，因为它是一个复杂的知识领域。在第二次世界大战的太平洋塔拉瓦一役中，美国海军面临着打败顽强的日本防卫部队的艰巨任务，而“海洋横亘在那里”这一事实又让形势更为严峻。美方没有意识到小潮期意味着暗礁之上的海水要比他们预想的低。而当时月亮距地球又很远，这进一步弱化了高潮，从而使战况更为艰险。很多船只都因无法避开暗礁而被迫停下，使得此次进攻暴露在敌方的轰炸之下。这次战争造成了很多不必要的伤亡，那里的暗礁上至今仍残留着成块的金属碎片。

远离战争的迷雾，一个更近的例子是在2015年9月，一艘运输汽车的巨型货轮在南安普敦市附近索伦特海峡内的一处沙洲上搁浅。《卫报》是这样报道随后发生的事情的：

> 最初，在星期三人们计划用人力使船只重新浮起来，因为假如继续留在沙洲上，船恐怕无法再承受更多损伤。因

> 为它只是轻轻地搁浅在了沙洲上，很有可能遭到最近横扫英国的恶劣天气的袭击。
>
> 人们后来放弃了这个计划，因为他们认为没有足够的
> 时间清理掉船上的积水。他们又计划将船只抛锚，等时机
> 合适再让它重新浮起来。但是高潮和狂风使船只自己漂浮
> 258 起来了。官方称这艘船失去控制时尚未稳定下来，也没有
> 被拖至安全区。

通过这个例子我们可以看出，这些世界顶级的海洋打捞专家利用几个世纪的经验，研究了各种天气数据，又查看了计算机对于潮高的预测，即便这样他们仍旧无法预知潮汐会在何时将船只抬离沙面。

好消息是月亮运动周期的大部分关键时刻都很容易发现。满月意味着离大潮不远了，高潮会很高，而低潮会很低。假如看到半月，不管明亮的是哪一侧，那便离小潮不远，高潮和低潮都不再那么明显。新月时分，太阳和月亮大致成一条直线，此时月亮无法用肉眼看到，但如果知道此刻临近新月，那么大潮不久之后便会出现。

地球与太阳和月亮的距离时刻在变化着，由于运行轨道是椭圆形的，我们距它们越近，引力便越强。在不同时刻，太阳和月亮也出现在不同纬度上，因而在以半月为周期的大潮与小潮转换之上，同时会有一些较长和较短的周期叠加在这些节律上，使得每次潮汐的高度或多或少地有些极端。

所以你才会遇到以下术语：

- **分点潮** (Equinoctial tides)。这种极端的潮汐发生在太阳位于赤道上方时。在临近3月和9月底时会出现异常高和低的大潮。
- **近地点大潮** (Perigean spring tide)。另一种极端潮汐，当大潮

遇上月亮和地球距离最近时发生。 259

- **超级潮汐** (Supertides)。月亮与地球的相对位置周期为18.6年，这个周期会引发极端潮汐现象。2015年是超级潮汐年，下一次在2033年。

2004年2月5日，21名中国劳工在英格兰西北部的莫克姆湾岸边拾鸟蛤时溺亡。悲惨的是，这些劳工被送到的那个区域的潮水在不时涨落，使得那片区域有时是陆地有时是海洋，而他们被留在那里工作的时间太长了。

倘若查看潮汐区的任一海岸线图，你会发现在陆地和海洋之间有一处令人不安的区域。在海图上，此处显示的颜色与陆地和海洋都不同，而这第三种颜色标示的是“干出高地”(drying height)。干出高地指的是有时干燥有时浸入海水的陆地。潮水高度的波动创造出了这些地下区域，假如海岸坡度较小，而潮差又较高，那么干出高地的面积在某些地方会相当大，能绵延数百米。在最大的大潮期间，整个泽西岛的面积在高潮转为低潮、海水退去之时能增加一倍。

这些区域在较高的大潮期一般都是海洋，而在较低的大潮期则是陆地，处于两者之间时便会不时地在海洋和陆地之间转换。这种介于陆地和海洋之间的模糊性开创了对这些临时空间的创造性应用。在过去的几年里，泰晤士河沿岸一直都会举办“重现沙滩”的派对，狂欢者会在这片狭窄的湿地上举办庆祝活动，地点就在绝佳的滨水建筑群与泰晤士河之间。而在索伦特海峡，有一处名叫布兰勃的沙洲，它在较低的大潮期会露出水面。我们前面提到的装载汽车的货轮正是搁浅在这片沙洲上。这座小小的临时岛屿长久以来还承办了两个帆船俱乐部之间偶尔举行的板球比赛，但很少能够成功完成一轮投球，因 260

为潮汐对板球并不友好。

在较低的大潮期，每月只显露几个小时的海滩值得一看。一次极端大潮、分点潮或近地点大潮，便能让浸在水下几个月的陆地露出水面。要是幸运的话，你还可能会看到沉船残骸或者自海洋浮现的石化林。

在我对海洋三十年的热情探索中，印象中还没有碰到一个人了解以下这个非常常见现象背后的原因。很多时候，我们所见到的两次高潮在高度上会有明显差异。很显然这与解释大潮和小潮现象的日月相对位置毫无关系，也与月亮或太阳距地球的远近没有任何关联，因为这些变化在12小时内并不明显。

答案就在“月球赤纬”(lunar declination) 这个现象中。幸运的是，这个现象理解起来要比它听起来简单得多。月球只在地球表面横跨赤道两侧的一个区域内出现。这个区域的宽度处于变化之中，但在最宽的时候它只略宽于热带 (用纬度描述就是南北纬28.5度之间)。换言之，倘若你在非洲北部或是南部，就永远无法看到月亮位于自己的正上方。

当月球位于这个范围的中点之上，也就是处于赤道上方，两次高潮与低潮便会大致持平。但当月球接近它的最北或最南界线，事情便
261 有些失衡了，两次高潮或两次低潮之间会有一方明显高于另一方。识别这一点的唯一办法是在月亮从你的南边经过时观察一下：假如它在天空的位置过高或过低，那么很可能月亮正位于赤道北端或南端，此时潮汐高度便会不均衡。

顺便提一句，两次最高月球赤纬之间的时间间隔是18.6年，这便是我们前面提到的“超级潮汐”周期的由来。

月亮和太阳一起创造出了环绕地球传播的超长低波，为高潮和低

潮定下了节律，但它们无法解释各个地方的潮汐高度和动态变化为何会有如此巨大的差异。太阳和月亮的节律非常稳定，它们遵循着一定的规律，可以预测，但世界各处海岸的潮汐表现却各有不同，以至于很难想象它们之间会彼此关联。有两个主要因素可以帮助解释这种多变性：临岸海域的大小以及海岸线的形状。

海岸处的海域面积越大，便会有越多的海水在涨潮时隆起，因此小片的海水不会产生巨大的潮差。《圣经》里面并没有提到潮汐，这是因为地中海面积太小，无法生成较大的潮汐。但在阿拉伯半岛的另一侧，我们发现了由1世纪的一位贸易商记载的海洋潮汐变化：

> 如今，整个印度有很多河流，以及巨大的潮起潮落。它
> 们在新月时涨起，在满月时维持三天，而在其他时间又落
> 下。但在巴里加扎，这种现象更为显著，以至于海底会突然
> 显露，干燥的陆地一时成为海洋，船只刚刚驶过的地方一时
> 又成为陆地；当海洋以全部的力量将涨起的潮水驱入河流， 262
> 河流便被抬高，更为有力地对抗着自己的自然水流，这个过
> 程会持续很长时间。

对岸边的潮汐高度最具决定性的影响因素是当地地形。随着涨起的潮水接触到陆地，各种奇妙的事情开始发生。河湾处的水会暴涨，海岸线被淹没，岛屿周围的海水急速旋转。潮水有时甚至在反弹后会抵消掉自己，这就是为什么在某些地方只会发生一次高潮，比如在墨西哥湾的部分地区。在南安普敦水域，有一种叫“双潮”(double tide) 的现象，那里的地形导致水流在高潮时分的波峰翻了一番，从而使此处的高潮周期格外长——这是南安普敦成长为海事和商业港口

的一个原因。

太阳和月亮在一起的合力只能将潮汐拉高45厘米，任何高于此数值的现象一定可以从陆地的形状，以及隆起的高潮作用于此地的方式中得到解释。在有些例子中，陆地能将这个微小的隆起提升至非常极端的15米甚至更多，就像我们在塞文河口那样的地方所见到的一样。假如在地图上查看此地，你便会清楚为何塞文河口会有如此惊人的潮差：此处呈狭窄的漏斗形，每当海水从开阔的深水区进入狭窄局促的浅水区，它们的速度、高度以及行为统统被严重放大。

关于潮汐变化的差异是源于太阳、月亮还是当地因素，有几个基本规则可以掌握。假如在同一地方你所看到的潮汐高度和类型每一
263 天都有所不同，那么其原因便在于月亮和太阳。而假如**在同一天内**你见到的潮汐在不同的地方表现也不同，那么可以从海岸线的形状上找找原因。

潮高不会以稳定的速度由低涨高，它们的变化速率遵循着一个简单模式，我们可以利用一个叫作“十二分法则”(The Rule of Twelfths)的实用技巧来帮助记忆。相邻低潮和高潮之间差不多是6小时，在此时间段内上涨的潮水可以被平分为12等份，不平均地被分到6小时中的每一小时内。低潮之后每过一个小时，上涨的潮水量为：

1/12，2/12，3/12，3/12，2/12，1/12

从这些分数可以看出，中间的2小时有一半的潮水在上涨(3/12 + 3/12 = 6/12)，而在接近高潮或低潮时，潮高的变化非常缓慢。这跟潮流是一样的道理，只不过在这里我们探讨的是垂直方向而非水平方向上的变化——是高度而不是水平距离。

在每次高潮或低潮时都会有一个短暂的平静时刻，也就是潮水会在再次开始上涨或下落之前短暂停留。在西方这被称为憩流或停潮，但每种航海文化对这种停滞现象都抱有自己的看法。对于不列颠哥伦比亚的原住民来说，这段时间被称为*xtlúnexam*，在小说里这种平静被用来预示所有事情最后都会好转。

地球、月亮和太阳之间的关系支配着我们所见到的潮汐节律，而
海岸线的形状解释了同一天内不同地区的大部分潮汐差异。但仍有 264
一些其他的微小因素能够影响潮高。这些因素不会单独产生巨大影响，但如果刚好一起作用，它们产生的效应便会成倍增加。

风能将下风处岸边的水抬高，在极端的情况下能产生一种叫风暴潮 (storm surge) 的现象，其间潮水会异乎寻常地高涨，从而带来严重的生命财产损失。1953年，在北海地区，一次风暴潮将海平面抬高了几米，导致荷兰和英国沿海地区有超过2 000人丧命。

强风通常在低气压区形成，这会加重问题。正如我们之前讲到的，气压会影响潮高。不管在哪一天，气压越低，潮汐就会越高。想要轻松地记住这一点，你可以想象高气压坐在海水上，从而将水面压低，而低气压让海水涨高，好像在挤压一只细长气球的一端。通常这只是一个微小的影响因素，但如果出现极端低气压现象，岸边的潮高会多上涨30厘米。

风会使潮汐超出自己当前活动的区域。由于这个原因，假如潮汐高于预计高度，而低气压又不足以引起这个现象，那么这可能预示着海上起了强风，恶劣天气将要来临。

除了风和气压，水温也会影响潮汐。如果水温很高，沿岸水面便能上涨15厘米。

风还会影响潮汐的转向时间——若风向与潮流方向一致，它会延
265 迟潮汐转向，而相反会加速转向，两种情况下都不超过1小时。

对于靠近海岸的河流来说，离海越远，通常涨潮时间便会越晚。倘若你离岸只有几英里，潮汐或许会比海岸处延迟10分钟，而如果离岸有30英里，那么甚至可能延迟1小时。这或许会导致一个奇怪的现象，即一条河会在**同一时间**于仅有几英里之隔的不同地点流向不同的方向。

感潮河有很多不对称现象。当涨起的潮水撞上自然向下流动的淡水时，落潮通常要比涨潮更为强大。当落潮最终胜出，河水会渐渐累积，之后冲向大海。对于所有的河流来说，这阵水流都不均匀，在深水区流速较快，而在浅水区流速较慢。

如果你要观察感潮河，有几个方法值得了解。这些河流会在高水位处将树枝及其他各种漂浮物累积起来，特别在水边那些很容易挂住东西的地方，比如柳枝的分叉处。但假若你视力够好，便很有希望看见所有能在水里看到的漂浮物——树枝、树叶、灯芯草以及碎屑——在接近大潮时它们统统会出现。在大潮期，河水的水位比两次大潮间的半个月内都高，这就是说河水每两周就会扫荡一次河畔的各种杂物。这些杂物最后会被卷到河流最湍急处，也就是河中央，在那里潜伏一阵子后又会在某处漩涡或遮蔽区浮出水面，并聚集在那里。因此，临近大潮时，你既能在水中发现更多漂浮物，也能看到它们堆积在水边各处。

如果对感潮河足够了解，你会很快注意到，随着水位高度和流速
266 时刻变化，这些地方的碎屑物（不管是自然的还是人为）的数量也在波动。说来很怪，但你的确可以通过观察感潮河上漂浮物的多少来大致估算月相。最大潮差及潮速出现在新月和满月之后，因此假如你在河

面上以及死水区看到大量漂浮物聚集，便可知当时临近满月或新月。最近几天天气都不错，我在出门时发现一把椅子安静却快速地沿河面中央漂流而下。这不是巧合，因为昨晚正是满月。

当你发现这些小小的迹象能让你的思维迅速进行推理，便能将各种知识碎片整合在一起。“啊！河面上有好多树枝，现在一定是大潮，也就是说我们现在不是临近满月就是新月。”要是当晚便看到满月，那感觉一定很不错。

动　物

很多动物的行为都与潮汐息息相关，因此你或许能发现，在潮汐转向时它们的行为也会有显著的变化。有一位朋友跟我说，相比于涨潮时分，落潮时泰晤士河上的鸬鹚更为多见，而当低潮开始转向，鸬鹚便会飞走。此外，我还遇到好几个人说自己能够凭听觉判断出潮水转向，但我目前还未享受到这种乐趣，所以它仍停留在我的愿望清单上。我能做到的最接近于此的事是在低潮时听出气体从滩涂里逸出的气泡声，而你或许能做得更好。

许多动物都能适应潮流的威力。3世纪的罗马作家克劳狄厄斯·埃利亚努斯书写动物行为，他记录了螃蟹如何避免与围绕岬角急速流动的水流抗争，这是因为： 267

> ……它们事先料到了这些危险，不论何时靠近岬角，每一只都会躲到隐蔽之处等待同类。一旦它们在此地汇集，便向上爬至陆地，再攀过峭壁。就这样，它们从陆地上爬过

水流最强和最有威力的海面。

我非常喜欢这个古老的例子，因为它呼应了我们在“河流与溪水”一章里提到的水獭的行为。水獭往下游去时会顺流而下，而去上游时却从陆地上寻求捷径。

由于所有沿海生物的生活都在一定程度上受到潮汐的影响，因此最好的办法就是专注于那些你最常看到或是最感兴趣的少数生物。我无法列举所有你可能会发现的有趣关联，但我可以提供一个常见的例子——海蚯蚓——来说明这一点。尽管你对这个名字很陌生，但我肯定你很熟悉海蚯蚓留下的印迹，即它们在湿润的沙滩上留下的沙子“铸件”（它们看起来有些像介于狗的粪便和甜筒冰激凌形状之间的微型黄色印迹）。

两种主要的海蚯蚓常常聚在一起，这对我们初遇到的动植物来说非常普遍（你知道黑莓一共有375种吗？）。然而专家们学会了区分这两种主要的海蚯蚓。海蚯蚓是很好的钓饵，钓鱼爱好者最熟悉这一点，他们把这两种海蚯蚓命名为黑饵和爆饵。黑饵呈整齐的环形，很
268 有秩序地缠在一起，而爆饵却常常胡乱堆在一起。

黑饵所处的海滩位置常常低于爆饵，前者只有在临近大潮时才出现在海滩上。所有这些都很难记住，甚至对爱好者来说也是如此。当事情变得复杂难解，最好先让它们变得荒谬可笑：

假如你的海蚯蚓很有系统地缠在一起
而不是混乱地堆着，
那它便不可能是爆饵
一定是黑饵

而且生存在低海处。

接着再恢复理性，简化事物：

假如你的海蚯蚓整齐有序，它便生存在低海处。

爆饵

黑饵

269

我们已经讲过了影响潮高的主要因素，即月亮、太阳、风、气压和气温，但读水者大可继续探索，直至可怕的程度。美国国家海洋和大气管理局是研究这个领域的一个联邦机构，在预测潮汐时，他们将37个主要独立变量纳入考虑范围，也就是太阳、月亮和其他35个因素。海洋学家阿瑟·杜森博士总共鉴别出396个影响因素。或许这个领域有些复杂，但通过研究潮汐，我们得以惊叹于自然世界是如此互联互通。 270

第十七章

夜间之水

再有经验的海员都会记得自己第一次作为船长在夜间将船驶入繁忙港口的经历。这一刻既兴奋又奇妙，还带着一些激动和迷惘。港口有太多灯光在闪亮和闪烁，而了解它们的含义与感到一阵慌乱的迷惑之间的差别并没有驾船新手周围的人所想象的那么大。

第一次在夜间靠近瑟堡*港时，我一边挣扎着应对一股超强的潮流，一边还要费力地去理解眼前的水面。绿色、红色、黄色、白色等各色的光闪耀着，还有灯塔的光扫过大片的区域。每次回想那一刻，我就想起搞笑电影《空前绝后满天飞2：瞒天过海飞飞飞》中的一个场景，里面由威廉·夏特纳扮演的一名基地指挥官被周围闪烁的各色灯光搞得快要精神崩溃，大喊："我受不了了！它们一直在闪啊响啊闪啊！为什么没人把插头拔掉！"

幸运的是，只需一点儿练习，混乱的灯光便开始变得清晰明了。
271 之前的状况像是有人随手将一串圣诞彩灯胡乱扔在了一张黑色毯子上，而现在它被轻松破解了，笼罩在夜色之下的水面围绕在它们周围，也因而能被快速解读。

---

* 法国西北部港市。

如果能够再次经历，在费力解读它们，好为小艇导航之前，我会再多花一点时间，从让人舒心的岸上以及渡轮的甲板上欣赏那些灯光。在本章，我会介绍一些基本知识，让你有一个良好的开端——下次在黑暗之中望向海面或河湾时，你能够通过一些简单的原理对眼前的景象构建一幅图景。

灯光代码

学习水上的灯光代码将以一种全新的语言基础开始。首要且最显而易见的原则是：对于水面上的灯光来说，颜色并不是随机显示，你看到的每一种颜色都有所指示。第二个原则是，灯光的状态非常重要：它是一直亮着还是在闪烁？它在如何闪烁？中间熄灭的时间又有多久？颜色以及点亮-熄灭的方式被称为灯光的特性。一旦我们看到的不再只是闪烁着乱七八糟灯光的海面，而是做一点尝试、开始解读每一种灯光的特性时，我们便踏上了解读夜间之水的旅途。

从最简单的特性开始，假如灯光一直亮着，其间完全不会闪烁，那么这种灯光就是“定光”(fixed lights)。但如果你看到它在任一时刻熄灭了，事情便开始富有挑战，也更有意思了。我在上文里曾使用过“闪亮和闪烁”(flashing and blinking)这个短语。我们一般用这个短语来随意描述灯光不停地亮起又熄灭，但如果想破解代码，那么“闪亮”和“闪烁”之间是有非常重要的区别的。闪亮的灯光可以被看成是黑暗被短暂的光照打破，它熄灭的时间要长于亮起的时间，这种情况很 272
常见。而闪烁的灯光亮起的时间要久于熄灭的时间，这种情况就比较少见了。闪烁的灯光有一个学名，即“明暗光”(occulting lights)，我们可以认为它是灯光被短时间的黑暗所打断。设想自己身处一个漆黑的房间，房间的另一面有一束火把照亮着你，那这束火把就是定光。而当有人在火把前面有节奏地前后定时走动，那它就成了闪烁光（明暗光）。

假如光照和黑暗的时间相等呢？那么这个灯光是在闪亮还是在闪烁？抑或说它在同时闪亮和闪烁？嘿，有一个解决办法，这种灯光被称为“等明暗光”（isophase lights）。

有的灯光要比其他灯光闪得更快，还有一些会变换颜色，有的甚至会以莫尔斯码*的方式闪烁，但在这里我们无须关注这些情况。

侧面标志

侧面标志（lateral marks）是最常见的灯光，它们呈红色或绿色，用于为过往船只标记航道。红标指示航道左侧，绿标指示航道右侧。有一个关键信息需要记忆：浮标是为那些从海上回到陆地的船只设下的，而不是为出海的船只（这种情况全世界通用，只有美国和日本的情况正相反）。我在学习这一点时，了解到相比于从陆地出海，在海上漂泊很久之后的归途会更加疲倦，且更具压力，从而需要更多帮助，这便是设定这些浮标的逻辑。我无法确定此种逻辑是否正确，之所以在这里提及是因为它帮我轻松地记住了这一点。

---

* 莫尔斯码是一种时通时断的信号代码，通过不同的排列顺序来表达不同的英文字母、数字和标点符号。它是一种早期的数字化通信形式，但不同于现代只使用零和一两种状态的二进制代码，它的代码包括五种：点、划、点和划之间的停顿、每个词之间中等的停顿以及句子之间长的停顿。

侧面标志会有各种灯光节奏，不管是定光、闪光、明暗光还是等明
暗光。很可能存在很多定光侧面标志，但在可视范围内不应该同时存 273
在两种特性相同的闪光。这里想说的是，定光就像路面上安装的反光装置，它们能使驾船新手在这些固定的绿灯和红灯之间沿着航道的大体路线行驶。但还有一些重要的灯标具有清晰而独特的闪光特性，这使新手首次在夜间驶入港口时，不仅能够识别出他们所见到的是右侧标志还是左侧标志，而且还能确定具体是哪一种。

这种方式的实践作用在于，一个用功的新手会在试图到达新港口之前制订所谓的“引航计划”。这个计划包括记录驶向目的地时预计会陆续见到的一系列灯光，还包含了一些需要特别警惕的特殊灯光。拿我家乡的奇切斯特港来说，在很大一片水面里你都能安全无虞地在绿色和红色定光之间悠闲地滑行。但有一两处地方，在那里每年都会有粗心的船员陷入麻烦，因为在某些令人意想不到的地方，很可能会突然出现快速流动的浅水区、碎石滩或者沙洲。

其中有一处叫“温纳海岸”，它的边缘有三处发绿光的右侧标志。但由于它对新手来说是重要的海标，这些灯中的每一个都有自己独特的闪光形式。第一个每十秒闪一次，第二个每十秒闪两次，第三个每十秒闪三次。这些独一无二的灯标通常都有自己的名字，比如“温纳中部”。任何航海图上都会用缩写将这些信息标注清楚，比如“Fl(3) G 10s”（闪三次，绿色，每十秒*）。研究这些海图很有乐趣，许多
样本都能从网上免费获取，对于自己喜爱的海域来说，也非常值得购 274
置一幅，但你无须通过研究这些海图来培养对这些灯标的感觉。只要试着识别为船只标出航道的绿灯或红灯线，然后注视这些船只沿此航

* 原文为“flashing three times, green, every ten seconds”。——编注

线驶入和驶出港口即可。

观察一段时间后，或许你会注意到体积较小的船只，比如小艇，并不总是严格沿着这些航道行驶。它们有充足的理由不这样做，因为这些航道大多是为较大的商业货轮设置的，这些大船很少会偏离这些仔细标示的航道。但小船其实可以刚好沿着航道之外行驶以避开这些大船，在夜间，这种方法更受欢迎，在那里小船能够找到在大部分潮汐状态下都足够它们航行的水深。当你见到这些在标记航道外行驶的小船，说明船主可能是经验丰富的当地人，或是仔细阅读航海图的海员，当然还可能是对自己的行为一无所知且马上就要搁浅的人！

在白天，这些侧面标志很容易就能被识别出来。左侧标志是红灯，而右侧标志是绿灯。它们还具有自己的形状，左侧标志顶端呈红色方形，而右侧标志上面是指向上方的绿色三角形。

方位标志

下一常见的灯叫“方位标志”(cardinal mark)，它也是我个人的最爱。这些灯对船员非常有用，从陆地上寻找它们也颇有乐趣，更不用说它们还遵循着一套逻辑，因而大部分都可以被轻松找到并识别出来。

方位标志这个名字来源于其本身特点，因为它们指示的正是东南
275 西北的方位，运用这些方位能够指出通往安全水域的航线。总共有四种方位标志——北方位标、东方位标、南方位标和西方位标。每一种都从危险水域指向安全水域，且非常符合逻辑：北方位标即意味着安全水域就在浮标北边。

方位标志灯总是白色，且总遵循着一套简单的闪烁规则。这些规则需通过联想罗盘和钟面来发挥作用，不管这听起来有多么奇怪，一旦习惯了这一点，它就能帮你轻松记住这些灯光。这些年，我已忘却了很多引航灯的特性，因而不得不重新学习它们，但我从来没有忘记过方位标志这一系统。刚开始你可能会感觉有一些怪异，但试着坚持下去，因为一旦解开它的秘诀，再出去寻找机会练习几次，你便很可能就此永远记住这种方法。

我们依据罗盘的样子把钟面分成四等份，之后便可以借助钟表来识别夜间的灯光。

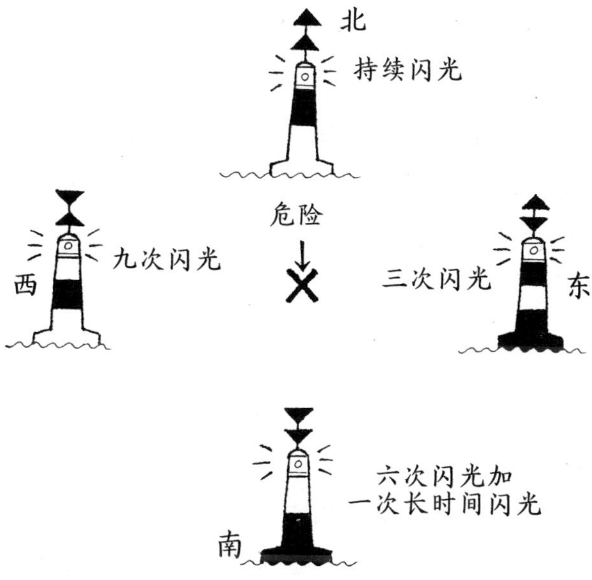

方位标志 276

从东方位标开始，想象一个钟面，便知东方位标位于3点钟区域。东方位标会闪三次白光。再想想西方位标，它在钟面的9点钟区域，会闪九次白光。北方位标位于12点钟区域，在持续不断地闪着白光（很可能最初在设计时是想让它闪十二次的，但设计者意识到忙乱的船员不会想数那么多次闪光，于是便改成持续不断地闪烁）。南方位标在6点钟区域，闪六次白光，但最后又加上一次长时间的白色闪光，以突显自己，防止与其他方位标志混淆。

方位标志简单且含义明确，安全水域就位于其名字所指示的方位处，但它也可以用于多种情况之下。它们能指示船只该从哪一边经过，与此同时还能提醒过往船只留意各种情况，比如航道的某处急转弯。它们还常被用来为船只“隔开”潜在危险水域，比如暗礁。

在白天，这些灯标同样具有自己的含义。它们的顶端形状各不相同，由两个黑色三角箭头组成，标身上面还涂有黄黑相间的条纹。但正如你会发现的那样，在海标的世界里没有什么是随意设定的，甚至这些条纹都具有一定的含义。

北方位标有两个往上指的箭头，南方位标是两个向下指的箭头，东方位标顶端的箭头指向上方而底端的箭头指向下方。西方位标与东方位标相反，顶端指向下方，而底端指向上方。黑色条纹位于箭头
277 所指的方向。

特殊灯标

假如见到黄色灯光，不管是定光还是闪光，你看到的都是一种“特殊灯标”(special mark)。这是灯标中指示最为模糊的一种，它复杂多变，可以应用于任何无法完美归类的情况。它们通常在夏季赛船时使用，但同样可以用于标记海床、管道、锚地、海上养殖场、滑水区或者其他任何事物。倘若见到黄色灯光，背后一定会有原因，而此原因的

发掘则需要一些训练有素的推测工作。

在白天，我们能够轻松识别特殊灯标，因为它们的标身通体呈黄色，顶端还常常画有黄色的十字。

孤立危险物标志

假如见到白色灯光每五秒闪两次，它便是“孤立危险物标志”(isolated danger mark)。正如其名字所表明的，这意味着此处水域大体安全，但唯独在它所标记的那一点有一些危险事物存在，比如岩石或沉船，从而会对航行造成威胁。

在白天，我们可以通过其外观将它识别出来，它是一种黑红相间的结构，顶端有两只黑球。

灯　塔

用后世的眼光，我们很容易看出，历史是如何完美地促进了19世纪早期英国周遭灾难的发生。这里拥有着想象中最为迂回复杂且礁石满布的海岸线，且这些凹凸不平的海岸经受着地球上最为强大的一些水流和极端潮汐的冲刷。与此同时，此处的船运量还在迅速攀升。 278

到了1830年代，英国沿海地区每一天就有超过两起船只遇难事件发生。海难太过常见，以至于人们开始运用航海中的行话来处理随之而来的法律纠纷，其中有很多沿用至今。“flotsam”指漂浮在海面上的部分船体或者遗失的货物；“jetsam”指任何从船上故意抛下的东西，也就是抛弃物；“ligan” 指沉在海床上的碎片残骸，通常由浮标标出以待日后打捞；“derelict” 则为沉在海床上无法取回的货物。

可悲的是，这些灾难的规模和数量只有达到令人痛心的地步，人们才会做出努力以预防更多此种事件的发生。在如今安全至上的经验主义世俗社会里，很难理解这种对于解决办法显而易见的现象所表现出的慵懒态度。尤其是灯塔在很久之前就已经被发明出来了，亚历山大法罗斯岛灯塔*高400多英尺，能追溯到大约公元前260年，而罗马人仅在300年之后便在多佛尔港建立了一座灯塔。然而，与其说这是个技术问题，不如说它是个宗教问题。假如上帝打算让一艘船沉下，修建灯塔又有什么意义呢？不仅生活在陆地上的人们这样想，海员们也认可这个观点。而散布在礁石上被海浪冲刷着的尸体对于这个争论毫无贡献。

正如贝拉·巴瑟斯特在其著作《史蒂文森灯塔》中提到的，纸上谈兵很容易，然而要在风暴肆虐的海面上修建灯塔却造价昂贵且颇具技术难度。虽然最初的进展很缓慢，人们对此的态度却在转变。等到了20世纪，人们态度坚定地认为，对于时有船只光顾的沿海水域，在目之所及的范围内最少要设一座灯塔。

279 在白天，我们都能第一时间认出灯塔，在夜晚同样不难识别。那些恢宏长远的光束扫过海面，甚至常常照亮陆面，又在随后的一段时间内归于黑暗。

我们应该用和前面讲述其他灯标同样的方式来了解灯塔，但识别它们的过程会稍微复杂一些，也更让人享受其中。有些灯塔的特性非

---

* 世界七大奇迹之一，遗址在埃及亚历山大城边的法罗斯岛上。因在两次地震中极度受损，于1480年完全沉入海底。2015年，埃及决定重建亚历山大灯塔。

常简单，但灯塔光的闪光周期通常要远远长于较小的灯光，所以它们才会让那些不习惯它们的人摸不着头脑。只要做一些练习，你便能轻松掌握它们的特性，其间借助数大象的方法不失为一个好主意。

如前文所说，灯塔光束的颜色非常重要。灯光通常是白色的，否则便可能是绿色或红色。有的灯塔会有“分区光”(sectored light)，这种方法技术含量不高，却是为船只传达简单光信号的一个非常巧妙的办法。这种技术运用了滤镜，它可以使灯光看起来有各种不同的颜色，甚至没有颜色，这取决于观察的具体地点。因此，假如夜晚没有从陆地上看到灯塔亮起来，不要觉得奇怪，因为陆地上的人没有必要看到它。从一条理想航道的右侧（记住这是在船只从海上驶入港口的情况下）观察，灯塔会发出绿光；当船只靠所需航道的左侧航行时看到的是红光，而在规定航道内航行看到的灯塔光便是白色。

接下来是关于灯塔的有趣数字，它的获取分为两个步骤。首先，数一数闪光的次数。多做几次，以便确定自己的结果无误。然后需要数一下闪光周期的秒数。例如，它是每五秒闪一次，还是每二十秒闪三次呢？有一个重点需要记住，那就是周期是从一组闪光开始时算起，到下一组闪光开始时结束，而不是一组闪光结束到下一组开始之间的时间（假如测算最后一次闪光到下一次最后闪光之间的时间，得出的结
果是一样的，但大多数人都觉得从闪光开始时数会容易一些）。数秒数 280
有一个实用的小技巧，那便是数大象—— 一头大象，两头大象，三头大象……数秒数有很多惯用的方法，但大部分都基于三个音节。数大象是我在灯塔上沿用了多年的方法，使用起来非常得心应手。

重复以上步骤，直到确定自己确实掌握了灯塔的特性。现在，如果想的话你还可以在海图上进行检验，甚至搜索灯塔的名字或者它所处的位置（假如知道的话），看看自己做得如何。（在这个阶段，利用互

联网来帮助学习并不是在**投机取巧**，而是为了**加快**学习进程。它意味着等下次站在水边时你能够加快这一步，不用再借助互联网。）

下一步你便可以尝试在怒火之中运用这些技巧，好吧，不是怒火中，而是水面上。下次当你坐上横渡海峡的渡轮，查看一下目的港口的海图或地图，努力搜寻任何靠近港口或航线的灯塔。接着只需找出那些闪光特性，你便可以在海上找到它们。认出那座灯塔，你会成为船上第一位"看到"目的地的人。

当你确实在海图上找到了一座灯塔（它会用大写标出），你会发现它的旁边标有一些零碎的灯光信息。你可能会在海图上看到以下信息：

Fl(3) 20s 28m 11M

根据前面我们在较小的灯标那里学到的内容，你可能会认出其中一部分信息，特别是第一部分。此座灯塔的灯光每二十秒闪三次，当
281 灯光的颜色没有特别指出时，我们默认它是白色的。一经熟悉，后面的数字也有了自己的含义：此座灯塔灯光的高度为海平面之上28米，能够从11海里之外的地方看到。

如果想来一次真正的挑战，那就看看位于怀特岛西端的尼德尔斯灯塔的特性：

Oc(2) RWG 20s 24m 17/14M

好好想一下，或许再来杯咖啡，在我揭露这个令人愉悦的信息背后的含义前，看看自己能否破译所有或部分信息。

尼德尔斯灯塔发出的是明暗分区光，这意味着它会根据你所处的观察地点而显出红色、白色或绿色*。既然是明暗光，那它亮起的时间就长于熄灭的时间，因而在此种情况下，它并不是闪烁两次，而是每二十秒熄灭两次。

还有一个数字比较容易理解，“24m”是说灯光位于水面上24米高。

最后部分包含了两个光照距离，即17海里和14海里，因为它实际上不只有一个红光区，还有一个特殊灯光区会发出红色强光，能够照射更远的距离。不必担心最后这两个数字，有的水手在海上漂了数十年都不了解这一点，这只是一个特例。

自然而然地，你可能会疑惑，既然我们已经由海图得知了灯塔灯光的可视范围，为何我们还要关注它的高度。嗯，海图的这个距离指的是**从海平面上**看到的光照距离，但如果身处一艘巨轮之上，或者甚至站在陆地上，那么这个距离便会大大拉长。假如知道灯塔的高度和自己相对于海平面的高度，水手及其他人可以运用一些表格计算出某 282
座灯塔能够从多远处被看到。在尼德尔斯一例中，假若你站在高于海面10米的渡轮甲板上，你会比小船之中的人更早看到灯塔，他们还需多行驶几英里才能看到。这跟我们在“海岸”一章中所讲的与地平线的距离是一样的道理。

灯标和灯塔的讲解就此打住，下面说说对驾船新手的一个小建议。假如你跟他人一起待在船上，这时你需要确定自己准确掌握了某个灯标的特性，那么有一个小技巧值得了解。新手常常犯的一个错误是向他们身边的人做引导性提问，又不知道自己的这些问题只会得到雷同且常常毫无益处的答案。

---

* 三种颜色的英文分别为“Red”“White”“Green”，首字母即为“RWG”。——编注

“那个光闪了六次吗？”

“是的。”

“从第一次闪光再回到第一次闪光中间是十五秒吗？”

“是的。”

“是绿光还是白光？”

“是绿光，等等，可能是白光。”

人们喜欢迎合他人，但这样并不总是能够帮上忙。与此相反，应该问一些能得到独立观点的问题。

“你看到了几次闪光？”或者“从第一次闪光再到第一次闪光中间是多少秒？”，又或者“光是什么颜色？”。

奇特的光标

很多海洋生物都会在夜间发光，比如闪着磷光的浮游生物夜光藻
283 (*Noctiluca scintillans*)，它在受到干扰时会发出微光，因而得名“海洋之光”。大部分发光生物的体积都很小，但有一些相对大一点儿，比如夜光游水母（*Pelagia noctiluca*）。这种被称为“浅紫色鸡尾酒”的水母在2007年制造了一条新闻，却并不是靠自己能在夜间发光的本领。当时一大批夜光游水母涌入了北爱尔兰的一个三文鱼农场，从而造成了价值一百万英镑的损失。

读水者会花很多时间享受在白天眺望港口水面，看船只来回穿梭且吱嘎作响。这种经历在夜间更加令人愉悦，然而倘若你在停泊的船只上看到一大群看起来像是磷光小生物的东西，抱歉，我可能要让你失望了，你看到的并不是什么魔法。船主非常痛恨在回到长久

停驻的船上时发现上面满布鸟粪。预防此种情况的一种方法便是在船上拉起一根串着光盘的线，用来吓唬鸟儿，效果却不止于此。光盘会接收任何光线并将它们反射到我们眼里，因而造成了这种奇特的闪耀效果。

天文漫谈

我的眼前一片漆黑，这让我很难随着船的颠簸摇晃身体，于是我用戴着手套的双手紧紧抓住冰凉的金属。12月的空气把我的脸颊冻得生疼，而这有些怪异地让我感激起脸上紧绷的眼罩，它起码让我的眼睛感受到了一丝温暖。我们朝大海驶去，船上他人的谈话声被发动机的轰鸣声淹没了。随着距陆地越来越远，我唯一能感受到的线索是海面变得更加起伏不定了。

随后我被告知可以取下眼罩了。拿下眼罩后，我看到它们正齐刷刷地瞄准我。幸亏这不是一次真正的绑架，指着我的脑袋的是电视摄像头。 284

几周前，我碰巧正站在毛里求斯的一处沙滩上眺望暮光之下的海面，这时我的手机响了。我暗自骂道为何没有关掉手机，但还是接听了电话。我并没有听清楚对方的自我介绍，因为当时信号不是很好，于是我听清的第一句话是一个问题。

“假如我们蒙上你的双眼，把你放在一艘船上，然后带到海面上，再把眼罩摘下，你能仅仅利用星星就辨别出自己的位置吗？”

“呃……可以。”我答道。

“那如果之后我们给你一个信封，里面附有一个未知地址，你能利用星星找到这个目的地吗?”

“能。”我说。我又问:“你们是谁?”

“这里是BBC。”

跟我通话的人是BBC《观星指南》节目的制片人。正是这通电话让我于一个寒冷晴朗的夜晚在英吉利海峡里的一艘船上暂时失去了方向。

严格来说,天文导航与读水没有什么关系,但在人类长久的夜间航行史上,它是一个基本方法,因而允许我们在这里小小地离题一下。我无法用几页纸的内容就教会你使用六分仪,但通过说明我在那艘船上所做的事,或许你能比较直观地了解到天文导航是如何发挥作用的,而这很可能会给你在夜间的观水时光增添一层乐趣。如果对利用星辰导航无甚兴趣,你可随意跳过这一部分。

此次挑战并不在于搞清楚自己的大致位置,而是仅利用星空来尽可能精准地确定我的具体位置。当时我们还能看到落日,我告诉主持人马克,日落时分是能帮助我们确定方位的黄金时机,它自身便可充
285 当罗盘(依据经验,我判断那天的太阳会在接近230度处落下)。我还说我们要开始忙活起来了。很多人都以为天文导航是一件富有浪漫气息且闲适的事。而真正操作起来,情况则并非如此。确切地说,利用星辰找到方向可能很悠闲——它真的很简单——找到北斗七星,再找到北极星,便可以开始操作了。

但通过星星确定自己的位置就没有那么轻松了。有一个非常短暂的时间段,在此之内能够观察到你所需要的景象,一旦错过便需要在冬日里再等上13个小时。你需要充足的光线以便看清楚地平线,而又需要足够的黑暗好看清星星。在某些情况下,黄昏是一个模糊的概念,但在进行天文导航时却是一个非常精确的工具。你需要这两者的

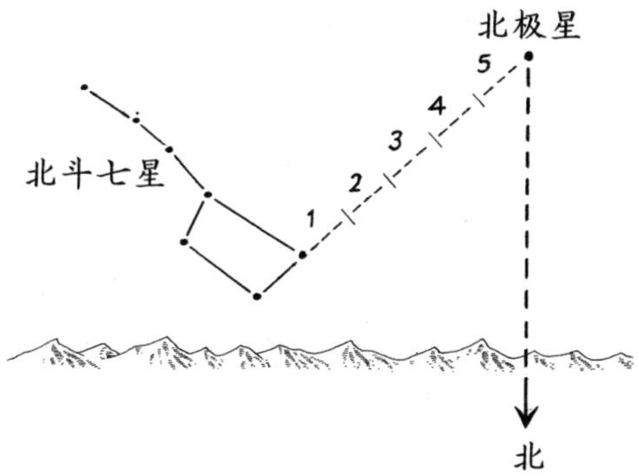

利用北斗七星找到北极星

原因是，天文导航的精髓在于角度，而假如你既看不到目标星星又看不到它下面的地平线，你便无法测量出星星的高度。 286

我先通过观测金星做了下热身。我喊道："时间……到！"马克随即记下当时的格林尼治时间。然后我告诉他六分仪上显示的度数和分数。等到真正的黄昏来临，我们这个团队已经演练充足，做好了准备。

在此刻之前的几周时间里，我和导演通过电话进行了长时间的交谈。我们的谈话主要围绕着我将要使用的方法。我们确定了一个稍微不那么正统的方案，对此我们有充足的理由。通常的办法是观测至少三颗星星，有时会多达六颗。而对于像这样的电视节目来说，能让观众跟上我的行动逻辑非常重要，为了实现这一点，我很乐于简化过程。我提议我们牺牲一点精确度（同时便省去很多冗余细节），只观测两颗星星便定下来。我将通过北极星来确定自己的纬度，再通过西方或东方的一颗星星计算出自己的经度。幸运的是，在我们正考虑此事时，夜晚天空里最为明亮的一颗星星刚好接近正西方。

我指出这颗明亮的西天星辰——织女星，船上所有人都很惊讶。在多数人看来当时只是白昼向晚——夜幕还没有降临——竟然就能看到星星。这件事会让很多人深感意外：如果知道自己该往哪里看，你便能比多数人所想象的更早看到星星。事实上，你还可以利用这个方法在白天看到金星。若此前并未做过便值得一试。在日落或日出时分，当金星非常清晰（比如距离太阳相当远）时，观察金星相对于太阳的位置。之后在第二天，倘若在正午时分天空晴朗，再次看向相对太阳的同一位置（用一只手挡住阳光），你便能够再次找到金星，即便当时接近光照强烈的正午。

287 我们观测了三次织女星，又扫视天空寻找北极星。五车二[*]很容易在东北方找到，之后北极星出现了，起初光照非常微弱。又观测了三次，轮到我做一些计算了。事实上，世上仅存的少量天文导航器此刻通常都需要仰仗芯片来发挥作用。我的苹果手机里的确有一个应用程序可以使用，其中容纳的数据远至公元2500年，写到书上足够压沉我们的船。但导演和我都觉得这样会让坐在家中的观众无法理解后续操作的逻辑，也丧失了浪漫色彩。

靠着手里的《航海年历》和测天表，我开始用铅笔在纸上处理信息。我跟马克解释说，一旦我们得出每一颗星的观测数据，便得到了每颗星的两个关键信息。第一个是观测时间，第二个是每颗星高于地平线的精准角度。第一个信息，也就是时间已经备好了，因为我们当时查看了手表，上面的时间已于当天早些时候校正为格林尼治时间。而第二个信息，也就是角度还没完全准备好。在得出的角度能用之前，需要做一些加法运算，它们很简单却非常重要。

首先，我需要解释一下“指标差”(index error)，它的存在源于没有一个六分仪是完美的这一事实，几乎所有的六分仪在触碰后都会被

* 御夫座最亮的恒星，也是夜空中第六亮星，在北半天球仅次于大角星和织女星，是北天第三亮星。

误读。只要你知道这个误差，只需在这一步将它考虑进去就不会有什么影响了。下一步是调整“眼高差”(Dip)，这让船上的所有人都感到意外。之所以需要调整眼高差，是因为你并不是从海平面上测量的，而是从略高于海平面的位置上进行。当时，我们站立在高于甲板6英尺的地方，而甲板自身高出海面4英尺。这听起来好像不多，但这意味着我们得出的所有观测结果都会比从海平面上得出的要大3角分(1/20度)，因此需要做一点减法。这是一个微小的调整，却是很关键的一步，没有这一步，计算出的位置会与实际相差3英里。 288

接下来便是“视高度调整”(apparent altitude correction)，我更喜欢称它为“池塘中的棍子效应”。不论何时你见到一颗星(或太阳、月亮及行星)，它看上去的位置并不是它的实际位置，因为它发出的光被我们的大气层轻微弯曲了。星星的位置越低，这种效应就越明显，由于这个原因，我们不推荐观察低于10度的星星。(假如你确实碰巧看到头顶正上方有一颗星，它的光垂直射向大气层，便不会产生折射现象，因此它的实际位置就是我们看到的地方——但这种情况非常少见。)

最后的计算便属于真正的天文导航。它们一点也不复杂，但是其精细程度却足够我们闭门学习五天。我从未见人将其逻辑解释清楚，在这里我可能也无法做到，但我还是想尝试一下。

天文导航原理的又一漫谈

建议你找到一根灯柱，站在它下面。灯和街道之间的角度是多少？答案是90度。也就是说，如果你在电话里告诉我你目测这盏灯有

90度，我就可以肯定地说你站在那盏灯的正下方。接下来，假如你从灯下往外走5步，再测量它和街道之间的角度，你可能得出70度这样的结果。你离灯越远，它就越低。简而言之，这便是关于天文导航原理你所需要知道的全部知识。让我用一个奇怪的想象实验来说明此现象。

设想我在电话里让你站在街上的某处，然后告诉我那盏你我都熟
289 知的街灯在地面上的角度。不管你的答案为何，我都能够大致地估算出你离那盏灯有多远。假如你说灯在地面上50度，我会说我认为你离灯有12步那么远（这不是什么魔法，只是三角学知识）。

然而——这是一个很重要的**转折**——尽管我能大致得出你离灯有多远，我却无法讲出你在街上的确切位置。我能得出所谓的你的“位置线”(position line)，也就是说我知道你站在哪条线上，但确切说它不是一个地点，而其实是以同一半径绕灯一周的一个圆。这是因为，灯看起来与地面成那个角度的位置只有一组，它们围绕灯形成一个圆，而灯是它的圆心。

单单一条位置线便能在很大程度上提示出你的位置，但还不够准确，因而不是真正有用。我还需要七巧板上的至少两块来精准确定你的位置。假如你告诉我在望向另一方向时，你能看到我们都知道的第二盏街灯，而它在地面上30度，再转头还能看到第三盏灯是20度，那么我便可以确定你站立的位置。在街道上，只存在一个地方，在那里A灯与地面成50度，B灯与地面成30度，C灯与地面成20度。每一角度都对应了一条你可能站立的位置线，而这三条线的交点便是唯一你可能观察到这三个角度的位置。

这便是天文导航的原理。其中，星星便对应我们的灯柱。而在夜空下唯一使得这个过程略具挑战性的是，这些“街灯”会移动——星星相对我们的地平线是一直在移动的。由于地球在自转，它们因而升

起、落下或旋转。我们得将它们的位置和时间对应起来，因此我们才 290
需要表格、旧式航行表、数字手表以及时兴的应用程序。

回到英吉利海峡，我从北极星高于地平线的角度得出了我们所处的纬度，这只不过是围绕地球的一条很长的位置线。假如北极星高于地平线50度，那么你的纬度便大约是北纬50度。你可能位于英吉利海峡，但也可能位于乌克兰或哈萨克斯坦。好在我对织女星的观测结果显示了我的经度，这便把位置锁定在韦茅斯[*]东南部的某处。

这表明我所在的位置与GPS定位所得出的位置相差三四海里（在观测过程中我们可能漂流了大约1英里）。这还算正常，对于在行驶的甲板上只通过观测两颗星星得出结果，这样的偏差已经是很好的了。

马克打开手里密封的信封。他抽出一张白色卡片，上面清晰地印着：**奥尔德尼岛**。

我们知道奥尔德尼岛在我们南方，所以只需要弄清楚如何朝南方前进，而这在晴朗的夜晚非常简单易行。我们利用北极星找到北方，接着利用其相反方向上的星星来帮我们指引往南的航线。随着船往前航行，南天的星星渐渐顺时针从东南方转向西南方，我们于是重新寻找目标星星。这跟太平洋的航海家们所使用的方法非常相似，它被称为跟随“星路”(star path)。明亮的北落师门[**]在早些时候被我们抛弃了，之后飞马座的室宿一和壁宿一为我们指路。

猎户座从东方冉冉升起，木星在双子座之下发出明亮的光辉。几 291
小时过去了，南方的地平线之上开始陆续出现灯光。它们整体发出明亮的光辉，一盏更为明亮的灯洒下很多模糊的光亮。此外还有三盏明亮且间歇性发出耀眼光芒的灯，盖过了其他所有灯光。我指向南天的

---

* 位于北纬50.613度，西经2.457度，属于英格兰多塞特郡。——编注

** 即南鱼座 α 星，是南天星座南鱼座的主星。

星星，又对马克简要重述了一遍。我们知道南天的星辰会从左向右转换方位，也了解它们的移动速度。

“那么哪些星星最有可能帮我指引往南的航线呢？”我问马克。

“那一团，鲸鱼座的星星。”马克指向那个星座答道。

“同意。现在把视线往下移，望向它们正下方的地平线。”

“啊！”

马克在十五秒内便发现了标志着奥尔德尼岛灯塔的每十五秒闪四次的灯光。自此我们以它为指引向正南方目的地驶去。

纸、铅笔、六分仪以及星空这些工具指引了我们短暂的航行。但此刻我们不再需要这些东西了。

尽管六分仪的使用方法在本书内不做说明，任何会在夜间观水的人都会发现与星辰为伴的好处。普林尼[*]曾写到，那些航海者有注意星辰与我们在地球上所处位置之间亲密关系的习惯。很有可能，那些喜欢待在水上或者水边的人要比身处陆地的人对星空的兴趣更大。其中一个原因是，如果你身处岸边，那么你看到的夜晚的天空通常至少会朝一个方向延展至海平面。

我来提供一个简单的练习方法以作为开端。学习利用北极星以及上面提到的北斗七星的方法找到北，接着观察北极星高于地平线的
292 角度，这个角度差不多就是你所处的纬度。下次当你朝南航行，比如去法国南部或西班牙，再次找到北极星，注意它在天空中的位置比在家时要更低。这便是我在那艘船上计算自己纬度所做的练习，唯一的
293 差别在于精确度，而事实上，这一点并不是乐趣所在。

---

* 世称老普林尼，百科全书式的古罗马作家，其著作《博物志》（又译作《自然史》）涉及天文、地理、矿产、动物、气象、植物等许多方面，是研究古代文明的重要文献。——编注

第十八章

观船

> 因而我们得以见识这些船长和水手驾驭他们手下贾尔巴船[*]的本领。他们驾驶贾尔巴行过狭窄的航道，操纵船只像驾驭骏马，它随缰绳任意调控，且在辔头下灵活自如，这幅景象令人叹为观止。他们在此过程中展现了高超的技巧，难以用语言形容。
>
> 伊本·朱巴伊尔[**]，约 12 世纪

船在缓缓靠岸时所散发出来的魅力总是能吸引我们的目光。当我们了解到训练有素的眼光该注意何处时，这种感受会更加深刻。很久以前，每一艘船的外形都能透露出当地水域的特点——北苏格兰的斯特罗马木帆船[***]船体牢固宽大，船首向上弯曲，能够在当地海面上乘风破浪，最后再回到沙滩上。悲哀的是，这种完美适用于某一地区海面的船型正逐年变得罕见。与本书其他内容一致，本章将会探索一些特定的线索和迹象是如何帮助我们解读水的，这些线索并不是指船本身的设计。从最轻的单桅帆船到巨型油轮，都有一些技巧可以使用。 294

假如上面提到的"单桅帆船"一词让你第一次开始担忧这是一个

---

* 原文为"jalbah"，指阿拉伯地区的一种船只。——编注

** 伊本·朱巴伊尔（Ibn-Jubayr, 1145—1217），阿拉伯地理学家、旅行家、探险家、诗人，著有《伊本·朱巴伊尔游记》一书。

*** 原文为"Stroma Yoles"，是北苏格兰的一种重叠搭造的渔船。

太过专业的领域，那你绝不是一个人。水手们的语言在他们的海水世界里已经演化了如此之久，因而听起来可能像是一个封闭式工厂。有的人会被这种混合语言的浪漫气息折服，但任何人都没有必要被其陌生所震住。最好的办法就是当看到有些表达开始偏向海上术语时，对它一笑置之，想想那个给医生描述自己哪颗牙齿疼痛的水手：“靠近船尾上空的那颗臼齿，在右舷船尾处。”窍门在于，记住语言并不会改变我们所见所感的物理现实性。想想在远处航行的一艘帆船，它可能在“迎着强风奋力前进，右舷抢风行驶，船帆紧缩”，但这并不会让风和水发生改变，这些语言描述不过是标签。我们所要做的，只是记住一些简单的规则，而我们所见到的所有扬帆行驶的船只都会透露出一些关于周围水况的线索。

首要也是最基本的是，风势越大，挂起的船帆（**张帆**，carry）也越少。因此在轻风里，你会见到大面积的船帆被挂起，而在狂风中船帆便会被缩减（**缩帆**，reefing）。接下来，注意船身的指向与风向之间的关系，它们越接近，船帆便会越对准船身。假如从船头向船后（**船首到船尾**）画一条假想的直线，船帆看起来与这条线对得越齐，那么船的航向便与风向越为接近。

我们来设想两个极端情况。假如风正好从小船背后吹来，那么船帆就会以尽可能安全的方式向远处鼓起，它们几乎与船体中线成直角。这种情况叫**顺风**（running）。没有哪只帆船能逆风行驶，这违反物理定律，但现代船只却可以以接近逆风的方向行驶，比如可能逆风45
295 度行驶。然而，为了实现这一点，船帆不得不被紧紧地拉向船体中线。这种情况叫**迎风**（close-hauled）。在这些极端情况之间，还存在许多航行角度（points of sail），比如**横风**（beam reach）——此时风吹去的方向与船的航向成直角。

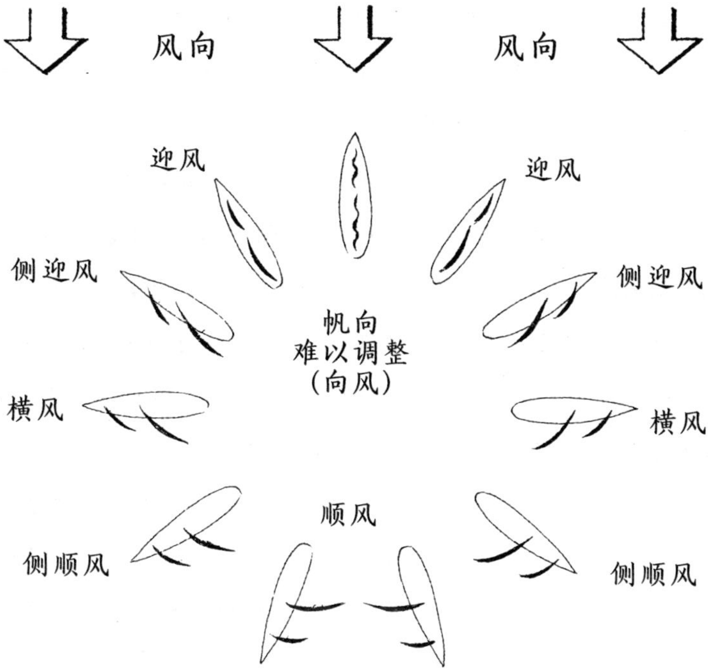

航行角度

如果你对这些概念感到陌生，就把见到的每一艘船当成自己的风向标来观察，以此了解整套原理，而不是被这些术语吓退。一旦通过练习能够识别出不同情况下的帆向（它们适用于从小艇到超级游艇等各种船只），你便做好了理解**缩帆**和**航行角度**这两个基本概念如何共同作用的准备。设想有一阵微风以15节（4级）的风速在吹，而有一艘帆船以6节的平均航速行驶。让那些对航行原理不甚了解的人大感意外的是，航行角度对这艘帆船所感受到的风力有着巨大的影响。这便 296
是**视风**（apparent wind）和**真风**（true wind）之间的区别。这是因为，尽管作用于水面的风力可能是不变的，但是每一艘船所感受到的风力却因船是向风行驶还是顺风行驶而天差地别。

我们来实际演练一番，在这个例子中想象我们的帆船随风航行，也就是**顺风**。你很容易便能发现这一点，因为巨大的船帆被风涨得鼓鼓的，几乎与船体中线成直角。船上的人所感受到的风力应该是真风的风速减去帆船的航速，也就是15节减去6节，得到的结果为9节——算是微风——难怪他们需要尽可能地挂起更多的船帆，以去往任何地方。现在，想象这艘帆船转向为几乎向风而行，航行角度为迎风，因此船帆被紧紧拉向船身。这时船上的人感受到的风，还有使船帆满涨的风就完全不同了，现在它接近15**加**6——21节。这算是比较强劲的风了，视风已经翻了不止一倍，因此帆船可能不再需要挂起那么多船帆以快速行驶，所以船长或许需要决定减少帆面并缩帆。

现在，你很可能已经明白了船身的角度如何随风向而改变，船帆依风向而变的角度和挂起的船帆数量都是内在相关的。你无须长时间盯着船只以等待所有情况发生。在船只来往频繁的水面上，你很有可能会同时发现很多以各个航行角度行驶的船。

那么，再学习最后一个简单的观察步骤，不久之后你便能指出一位船手在缩帆。如果一艘船相对于它所经受的风力来说挂起了太多
297 船帆，那么其中一个表现便是船身会**横倾**（heel）太多。这会使船行驶得非常吃力，因为船体最初的设计并不是为了让它在倾斜状态时有效行驶。因此，在大多数情况下，船手应该缩帆以停止这种倾侧。

也有例外——在观看帆船比赛时，会发生各种奇奇怪怪的状况，很难确定这些状况会不会给他们带去优势。但一般来说，假如你看到一艘船顺风而行，行驶得又快又平稳，接着又看到它朝风转动船身并向右严重横倾，这表明船手没有充分预期到当时真风和视风之间的差别。

综合以上，在观察船帆时有三个线索可供寻查：挂起的船帆面积、船帆与船身的夹角，以及船身是否横倾。倘若练习观察这三个简

单线索一阵子，你便会发现自己对于风对不同水域的影响的鉴别能力飞速提升。简而言之，行驶中的船只可以充当风向标，这让我们更加全面地了解局部地区的风况，也因而对读水大有助益。

通过研究行驶中的帆船，甚至是那些静止不动的船，我们还能发现另外一些水面线索。假如看到船身前部某处地方悬挂着一只像是黑球的形体，便说明你看到的船是停泊状态，它所处的水域因而是浅水区。这是号型 (day shapes) 的一种，它们是船只依法为其他船只传达自身动态的可视信号 (它或许是一种法律义务，但这个习惯却在消失，一般来说发达国家的商船仍在使用这个方法，英国的水手也常这样做，但除了这两者，能否见到这种方法便需要看运气了)。虽然还有其他好几种，但“停泊”号型是唯一一种你可能会经常见到的。接下来我会再提到三种，因为在它们神秘的本性之中自有一种美感。

一个指向下方的深色圆锥意味着航行中的船只在使用自身的发 298
动机 (这点之所以重要只是因为当船只使用自身的发动机时，船的先行权便会改变)。三只摞在一起的黑球意思是船只搁浅了。而我私人的最爱 (我的喜爱只是出于它将传统的优雅气息和当代的恐怖元素做了超现实的混合) 是三只黑球，一只位于桅顶，另外两只分别位于前桅最下部的帆桁两端，它说明你看到的是……一只扫雷艇在作业。

国际信号码是在海上发送信号的一种广为认可的方法，无须付诸语言。信号旗、字母组合以及莫尔斯码合在一起，意味着船只可以通过无线电、悬挂旗帜、闪光灯，甚至是扩音器，来给另一艘船发送信号，即便他们并不清楚对方的国籍。例如，有一种蓝边的旗帜，旗面上白色区域的中间是一个红色正方形，它的意思是：“我需要医疗救助。”这句话还可以用灯光闪烁莫尔斯码里的字母“W”来传达：点，划，划。

这些信号中的大部分都比较少见，但有一种信号，一旦你认识了它，就会发现它出人意料地常见。这种信号便是“阿尔法”(Alpha) 旗。

阿尔法旗是一种蓝白旗，它靠近旗杆的一半是白色，而另一半是蓝色，但是这块蓝色看起来像是缺了一块三角。我们经常见到它飘扬在一只结实的充气船上，这种船在离岸不远处上下浮动，它说明此船是潜水作业船。这种旗子的意思是：“此处水下有潜水员，请以低速驶离。”再向附近看，或许你会在水里发现一个浮标，上面有一面红旗，一条白色对角线斜穿过旗面。这种旗子也叫潜水员信号旗 (diver down flag)，标记在水下有潜水员作业的水面上。这两种旗子属于至今仍被常常使用的少数信号旗，这并不让人意外，因为潜水员们最怕在他们
299 计划浮出的水面上有快艇划过。倘若你路过任何军舰或军用设备，注意观察是否有这些旗子组合的存在，因为很多军舰上仍在使用这些信号旗。有一些信号旗组合意味着正在进行火炮射击，还有一种意思是潜水艇正在此处海域进行演习。

有一种旗子总是让我忍俊不禁，在我看来，这种旗子与其说被设计出来是为了航海，不如说它是为了感情交流。它就是X旗，白色的旗面上画了一个蓝色的叉，意思是：“先放下手头的事，注意我的信号。”

在海滩上，救生员们拥有自己更为简单 (读到这里你可能会松一口气) 的旗帜代码。红旗的意思是不要游泳，而一对半黄半红的旗子标记的是推荐游泳的水域，由救生员监测得出。一对黑白方格旗子标记的是“冲浪和水上运动区”，而橙色的风向袋意味着有明显的离岸风，因而充气船只要格外小心。

如果说帆船还保留着航海在美学上富有魅力的一面，那么货轮便

无可避免地发展出了其粗犷的另一面。巨大的集装箱船或许不够精巧，但这些庞然大物仍然为我们提供了一些很好的水面线索。

首先要做的是观察这些货船是如何沿着几乎任一海岸线来往的。你会发现它们的航线非常固定，在靠近陆地时，所有的货轮都遵循着设计好的船运航道航行。在大海上它们的航行可能会灵活一些，但在船只来往繁忙的水面上它们便被划入规定的航道，就好像行车时的我们。和公路一样，这些航道依据航向进行了区隔，所以下面要弄清的就是哪一条航道离你更近，是船只朝你左方还是右方前进的那一处航道呢？

船的相对大小或许能帮你解决这个问题。假如这也帮不到你，那 300
么有一个窍门可以揭开谜底：看起来更白的船只离你更远。有一个光学效应名为“瑞利散射”(Rayleigh scattering)，它意味着一样东西离你越远，它看起来就会越苍白，越接近白色。在空气中远距离传播后，颜色会被明显滤去。过往的船只常常看起来离你都差不多远，它们甚至好像要撞在一起了，但练习之后你就会发现，其中一艘要比另一艘稍显苍白，而更显苍白的这艘船便距离更远。倘若时间充裕，你还可以检验自己的判断是否正确，也就是持续不断地观察，看看哪一艘船会在前面经过。

在比这些主要船运航道更靠近陆地的地方，通常能见到较小的机动船疯狂地来回穿梭，在近岸水域小范围行驶。但是再往远处看，你便能看到货运航线。

如果发现货船靠近，它们的船体很值得一看。水手们不费什么工夫就能理解装载量过大的船在波涛汹涌的海面上可能会不堪一击，然而很少有水手能够判断出货船的安全装载量。赚取利润的商人们与这些普通水手可不会有一致观念，特别是那些从不踏足船只的商人。

因而几个世纪以来，贪婪的商人和小心谨慎的船长之间一直在进行着较量。首次尝试规定一艘船的装载量的举动可以追溯到四千多年前的古克里特岛*。然而，一直到19世纪船只频频失事引发担忧，人们这才尝试以更加系统的方法来控制装载量。

这个问题被巧妙地改造后成为解决办法。为了领会这种方法的妙处，非常值得在家做一项简单实验。往水池或水盆里注满水，将一只圆柱形玻璃杯直直地放到水面上。大部分直立的空玻璃杯都会漂起来，即使它们看起来四处浮动，随时都像要沉下去。假如往杯中加
301 一点水，再把它浮在水面上，这时你会发现它比之前更加平稳了。因而在船底放置少量压舱物比完全不放要更为安全。假若再现海面状态，也就是在水盆中制造一些轻微的波浪，玻璃杯可能会略微浮动一些，但应该不会下沉。

现在，目测一下盆中水面与玻璃杯顶端的距离。在这个实验中，玻璃杯代表货船的船体，而水面与船体上缘之间的部分被称为“干舷”(freeboard)，也就是船体不沾水的部分。干舷大小会根据玻璃杯和你在杯中注入水的多少而变化，但有一点可以确定，你往杯中加入的水越多，这个高度便会越小。随着干舷变小，船只对抗汹涌海面的能力就会变弱，这正是几千年来在货船身上发生的情况。

现在，假如一直往杯里注水，直到干舷部分非常小，这时在水盆里制造一些波浪。最终总会有一道波浪从杯沿上漫入杯中，也就是我们的船体，此时便会很快建立起一个恶性循环。现在杯中的水越来越多了，也就是干舷高度越来越小，这使得波浪很容易进入杯中。很快，玻璃杯——古代的贸易船以及去年刚被打造出来的船都会迅速扑通

---

* 位于希腊的南端，是爱琴海中最大的岛屿。

沉没。

塞缪尔·普利姆索尔是19世纪英国的一位政治家，他意识到较低的干舷高度是个麻烦，但他同样领悟到，如果我们仔细地观察它，它便能够帮我们解决问题。换言之，我们可以更为仔细地观察水位上升到了船侧的哪个位置，借此来判断船上是否载重太多。最为简单的实现办法就是在船体侧面画上一把标尺，依据建造师或工程师对船只的了解来进行校准。这些标线被称为普利姆索尔线 (Plimsoll Lines)。它们简单而巧妙，因而大获成功，并被写入法律，在世界范围内广为传播 302
复制。到了今天，我们仍然能在各种各样的船只身上看到它们。

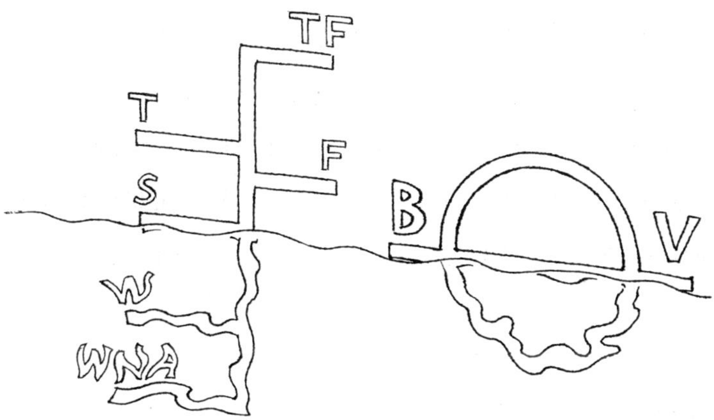

普利姆索尔线

如同航海世界中的很多事物，在我们能够顺利解读普利姆索尔线之前，还有一个简单代码需要破解。这些标线通常分为两个主要部分。首先是很关键的垂直尺，沿着这些垂直的标识通常会看到一些字母，比如TF, F, S, W, WNA等。这些字母是水体类型的缩写：热带淡水 (Tropical Fresh)，淡水 (Fresh)，夏季 (Summer)，冬季 (Winter)，北大西洋冬季 (Winter North Atlantic)。物体在咸水中受到的浮力要大于淡水，水温也会影响水的密度。这意味着在水温较低的咸水中装载量合适的船只到了温暖的淡水中，吃水线会明显升高，因而也更具危险性。

权威部门会从司法角度更加详细地来看待这些标记，但我们只需明白，水位接近这些标线的顶端便说明船只载重很大，而随着吃水线下降，刻线浮出，船只的装载就越轻。讽刺的是，已经有人指出我们可以通过研究这些标线来评估世界经济。2008年后不久，这些线都跃出
303 了水面。(顺便提一句，在全球经济萧条时期，这些货船的数量很快超过了贸易需求量，所以我们才会看到这么多货轮沿海岸的深水锚地散漫地一字排开，这种情况一次能持续数月甚至几年。)

在普利姆索尔线主线旁边，你可能会发现一个圈，一条水平线穿过其中，两边还有一对字母。这与读水没有什么关系，但为了完整地破解代码，你或许想知道，这些字母代指了认证这些刻线的机构，因而它也提示了船只的来源。LR——英国劳氏船级社 (Lloyd's Register)，BV——法国必维船级社 (Bureau Veritas)，AB——美国船级社 (American Bureau of Shipping)，NK——日本船级社 (Nippon Kaiji)，诸如此类。

水面追踪

在阿曼的三角帆船上，恶劣的天气逼迫我们不得不去找到一个避风港，于是我走到一处狭小的岩石高处边沿观望风暴的来临。后来的更加猛烈的狂风与先前的强风叠加在一起，使得我所站之处下方的海浪改变了方向，我目不转睛地望着它们朝陆地弯曲。随后我发现当地人开始载歌载舞，而我也加入他们一起欢笑起来。在世界的这个区域，大雨太过罕见，因此需要以欢庆的氛围来迎接它的降临。

第二天早上，我爬上一座山，也就是高耸于海边的炎热而干旱的山丘。我背了一只背包，里面装着一些主食、水和一个大概的规划。我想要研究船与水的某一种特定关系，我对这个关系的兴趣已经持续了很多年。

我们都知道行驶而过的船会在水里留下伴流 (wake)，而船的体积越大、力量越强，我们见到的伴流就会越大。如果你曾驾着小船在河面上颠簸，便不禁会对那些造成水面强烈波动的船只类型和它们漫不经心的主人产生一种第六感——在它们留下的伴流把你朝某个方 304
向震开时，这些毫不知情的船主怡然抿上一口酒，而在伴流撞上河岸又反射回来，把你朝另一方向荡去时，他们又呷上另一口。

很多年前，在炎热的天气里长途跋涉了一段时间后，我在希腊一座山的山坡上找到一处阴凉地坐下休息。我看到了一幅景象，它以一种令人愉悦的方式撼动了我对伴流和水的理解。一艘小汽船冲进我俯视的那片很大的海湾内，它巡视了一圈后又冲回海面上去了。伴流中翻滚的白色水沫向海湾的边沿冲去，气泡从船身后的一条线里涌上来，之后船消失了。我坐在那里，喝了一会儿水，然后把我的宽檐帽往下一拉遮住脸，向后靠在一块岩石上，打算睡上一觉。

当时正是中午，天气十分炎热，让人无法入睡。因此几分钟后我又站了起来，等着眼睛适应照在岩石和海湾水面上明晃晃的阳光。我又啜了一口水。这时水中一个奇特的现象让我为之一凛。水中有一道非常完美的曲线，我很快就将它认了出来。它正是大约10分钟之前那艘船的行驶轨迹。它在水里留下了踪迹。

追踪是人类最为古老的技能之一，也就是了解在你之前穿过某一区域的动物和人的路线、时间以及行为。这项技能可以帮助我们的祖先更好地捕猎，同时避免被竞争者发现，因此几千年以来它一直都是一项重要技能。在近代它又重新兴盛起来，越来越多的人开始能体会到运用古老原始智慧的乐趣和满足。但我此前从未想到可以在水面上追踪。因而从在希腊那座山上的那一刻起，我一直对水面追踪的可能性抱有极大的兴趣。

人类的观察行为有一项普遍真理，那就是我们会更多地见到我
305 们意料之中的事，而对我们没有预想到的却所见甚少。这个奇怪而简单的事实给任何对户外线索感兴趣之人都带来了重要影响。从我们的感官，尤其是眼睛处获得的需要大脑处理的信息非常丰富，这意味着任何能被我们的大脑自动确定为不相干的信息，都会很容易被过滤掉，而不让它们再来麻烦本就常常堵塞的意识。在本句话中，奇怪的的是大脑并不会录入跟在第一个“的”后面的第二个“的”。

我的主要工作不在于教会人们看到很难看出的东西，而是为他们展示如何注意到隐藏于显而易见的景象之中的事物。一旦你知道了石黄衣属地衣在屋顶和树干上很常见，但在阳光充足的朝南坡上更是随处可见，就会惊讶于这种你每天都会路过的颜色鲜艳的生物竟将自己“隐藏”得如此之好。没有比突然发现此种逻辑竟然出现在我自己身上更让我高兴的事了。在希腊海湾里发现那处水面踪迹便是这样一个时刻。从那时起，我开始留意到，任何在水上穿过的物体都会在水面上留下一道痕迹，它的长度远远超出我的想象，突破了我的认知。

一旦我们对这样新的细节变得敏感，它便似乎常常出现在任何地方，不管是在生活中还是文献里。因此当我发现以下现象时，我非常惊喜——不仅《水中日志》的作者罗杰·迪金在游泳时注意到了自己留下的伴流类型，水獭塔卡*也会留下这种痕迹，甚至当它在水下游泳

* 电影《水獭塔卡》是英国在1979年出品的动物题材的故事片，讲述了水獭塔卡曲折传奇的一生。

时也是如此。事实证明，水深较浅处的潜水艇也会在水面上留下明显的伴流。

我的探索引领我开始了解伴流的相关科学研究，而踏入这个领域不可避免地便会遇到各种方程式和彼此碰撞的理论。令人敬畏的英国物理学家开尔文勋爵确实有一个数学发现，对它的了解和使用有助于我们更好地理解见到的伴流。船身留下的伴流会向外延展，直至与船的主要轨道成将近20度。由于它同时朝两边延展，这意味着一道伴 306
流波与另一道之间成40度，而由于大部分平伸的拳头差不多是10度，这样一来，假如你站在船上往后看，左边的伴流波与右边的伴流波之间就是四个拳头。不管你搭的是什么样的船，也不管它的行驶速度是多少，更不用管你朝远处看了多远，结果都是如此。令人称奇的是，同样的角度还适用于鸭子游过水面，甚至棍子划过水面的情况。

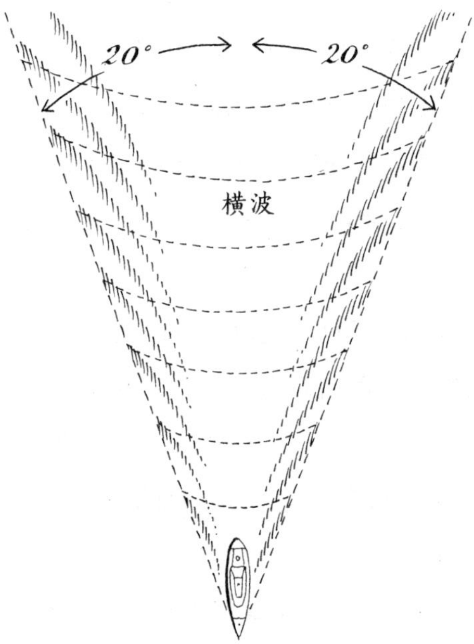

伴流和开尔文的可靠角度

在很多船只留下的伴流里，主要的伴流波之间会生成一组波浪，大致与伴流波垂直。这种波浪被称为横波（transverse waves），每一道都形成一个圆圈的一部分，而圆圈越来越大（因而曲线会变浅），离船也越来越远。

和其他波浪一样，这些波浪的样貌依风向而变。在多风的日子里，在像泰晤士河这样繁忙的河边，你会发现相似的船只往相反方向
307 行驶时留下的伴流看起来也会不一样。

自从那次在希腊见到那幅景象之后，我着迷的地方不在于船只驶过水面随即留下的水面干扰类型，而更多地在于船只会在自己的航行轨迹上留下更为持久的标记。船的正后方有一个区域，在那里被螺旋桨搅起的水会涌到水面上来。我们很容易发现大部分船只驶过的水面颜色与其他地方不同，通常还会有很多气泡涌上来。很快这道翻滚的水痕平静了下来，然而水并不会完全恢复至原来的状态，而是保持一种怪异的玻璃般的光滑。很多年前就有人观察到了这种现象，它还获得了一些别称，比如静止伴流（dead wake）。这种伴流在很长时间内看起来都会与周围水面明显不同，时间长到远超我的预料。根据船只的大小、船速以及水面自然状态，我们有可能发现已经离开很久的船只的踪迹。

从阿曼的那座山上极目望去，我看到小渔船留下的痕迹在船只消失后至少还会持续7分钟，而阿曼的一艘军舰留下的水迹在它离开20分钟后还能被轻松看出。体积较大的船只留下的伴流波传播得更远，但不会留下长久的水痕，很久之后还可见的是它们巨大的螺旋桨搅动后又熨平的死水面。

在水中寻找这些精美的水痕迫使我们不得不磨炼出锐利的目光，并提高我们的辨识能力。倘若我们做得到，就有可能还会发现其他迹

象。在阿曼，我向下凝视炙热的褐色岩石堆时，注意到一组看起来像是船只留下的水痕，它持续的时间如此之久，因而不可能是水痕。时间证明，它们只是我伫立之地下方的岬角周围最为轻柔的一种水流。 308

第十九章

罕见与非凡

在这一章里，我们来了解一些水体现象。它们不太可能常常出现，但仍然值得了解，因为一旦碰上它们，便会对你产生不小的影响。其中的某些现象会产生严重的效应，因而相对于我们已经了解到的一些轻微效应，这些现象获取了我们更多的关注，也更多地被我们谈论到。

开尔文波

地球的自转使海洋里产生一种叫“开尔文波”(Kelvin waves) 的现象。其详细的科学原理令人瞠目结舌，但基本成因还算简单。搅动一杯茶，我们很容易看到茶水的运动会使某些地方升高，某些地方下降，也会看到在杯内四处打旋的细小波浪。地球的自转轻柔地搅起且推动了海洋，于是便形成了这些开尔文波。

由于开尔文波是单向传播的，也就是自西向东，海岸线便成为影
309 响潮高的一个重要因素，因为朝西的海岸总是在经受潮水的冲击。开尔文波解释了为何朝西的港口往往会比朝东的港口更常出现巨大的潮汐，即便它们身处同一片海域。

海　啸

数十年以来，很多人常常交叉使用海啸 (tsunami) 和潮汐波 (tidal wave) 这两个名词，但这只会平添混乱。悲哀的是，在2004年的印度洋海啸造成了数十万的伤亡之后，这个世界才被迫面对并深入了解这种巨大的水体现象，因而我们也才搞清楚海啸与潮汐波之间的区别。

海啸与潮汐毫无关系，它是海底在受到巨大能量冲击时所产生的一种海洋波，通常由地震或火山引发。这种地震冲击引发一组波浪，它们在形成初期有着惊人的波长，波高却较低，仅有大约一两英尺高，周期不超过10分钟。2004年，人们首次使用雷达检测到了早期海啸波高的精确数据：地震后2小时，这些波浪经测量达到了2英尺高 (60厘米)。

在这一时期，这些波浪还算轻柔，但随后它们从自己猛烈的诞生地辐射开去，通常以每小时500英里的惊人速度传播。跟其他波浪一样，它们在向开阔的洋面上扩散时波高实际上会略微降低。2004年的那场地震之后过了3小时15分钟，波浪降到仅仅1英尺多高 (40厘米)。

对于说明以下物理现象，没有比海啸更好、更令人生畏的例子了：水波的波高和波长在到达浅水区后会发生改变。当这些很长且较低的波浪到达沿岸的浅水区时，它们的波长变短，并被抬至毁灭性的高度。那些之前还不到膝盖高的波浪摇身一变成为100英尺 (30米)
高的致命海啸，横扫沿岸的居民区，导致来自14个国家的23万人在 310
2004年12月失去了生命。

海岸边少有的、能预示海啸可能正在逼近的迹象是海水的突然退去，因为它们被吸到海中，卷入了正在发展壮大的波浪中。安达曼海*

* 印度洋的一部分，在亚洲中南半岛和安达曼群岛、苏门答腊岛之间。

的海上吉卜赛人莫肯族注意到了这个现象，他们是少数能够认识到这种迹象的严重性并及时撤离的民族之一。萨利赫·卡拉塔莱是一个用鱼叉捕鱼的渔民，他曾注意到蝉这样的动物异常地安静下来，便在村里四处奔走以警告村民。村民们被这种征兆说服，全部转移到高地上去。海啸摧毁了他们的村子，但他们却活了下来。

对于一种波浪没有其他解释时……

如果长期观察沿岸的一片浅水，你可能会见到与我们之前所提到的波浪不同的类型。有的可能是涌浪从远处赶来而引发的，有时局部风也会引发很多波浪。还有一些时候，你会看到船只伴流引起的波浪，不管是来自附近还是远处的船。

但如果没有涌浪，没有风，也没有伴流呢？波浪还可能会形成吗？答案是肯定的。正如我们在前面所了解到的，潮汐可以被看作是环绕半个地球的超长低波。但我们也了解过，波浪只要到达浅水区后就会缩短——波长变小了。

偶尔，我们还可能看见涌到岸上的一种波浪，它们源自潮汐绕地球运动。这些是真正的潮汐波，尽管相当常见，它们却极少能被识别
311 出来。

涌　潮

假如以上提到的潮汐波遇到狭窄的地方，又受到海峡的摩擦，便

会抬高生成一种可怕的波浪。又假如新生成的这组湍急的波浪迎头撞上向外的水流，结果就是很多压力聚积起来，释放后形成一种能量巨大的高涨波浪，它们被称为“涌潮”(tidal bore)。由于地形和潮汐律是不变的，因此在某些地方可以预见涌潮的出现，而在另外一些地方则无法预测。塞文河*的涌潮出了名地强劲，人们可以在上面冲浪。

法国的塞纳河也有涌潮，其法语名称为*le mascaret*。在它的特性还没有被详细记载、了解或者预测的时代，维克多·雨果的女儿和她的新婚丈夫曾在涌潮中丧生。

无潮区

驱使潮汐上下涨落的所有动力在某些地方会彼此抵消，从而使海面毫无高低潮之分。这些地方被称为“无潮区”(amphidromes)。无潮区仍旧有水流流动，但是水却没有做垂直运动。它们通常位于远离海岸的海面上。由于英国周边的海面不存在任何无潮区，所以除了激发我们的好奇心，它们影响甚微。

超级巨浪

1883年2月，一艘巨大的蒸汽轮“格拉摩根号”遇上了巨浪，滔天的巨浪砸向船体，撕裂桅杆，摧毁甲板室和船桥。这艘320英尺长的大

---

* 英国境内最长的河流，全长354公里，源自威尔士中部，注入大西洋布里斯托尔湾。

312 船于次日沉没，却为44个船员留出了充足的时间搭乘救生船逃亡，也给了他们讲述这次骇人巨浪的机会，其威力没有任何一艘船能够招架。

几十年以来，科学家们一直认为海员们所描述的巨浪太过夸张，让人无法相信。他们口中的巨浪让其同类相形见绌，并能整个儿吞没船只，科学家们以为，这不过是水手们幻想出来的海上见闻闲谈罢了。他们之所以这样认为，是因为几乎所有描述海浪动态的数学模型都显示，不可能会出现这样顽劣的巨浪，因而它们也就不可能存在。数百个目击案例都无法撼动数学家们所建立的波浪方程式。

事实证明，科学家所依赖的这个模型对于海浪动态的理解有些过于简单了。这种理解在1995年1月1日发生了改变。那天，一波海浪袭击了北海的一处油气钻井平台。这道波浪无论如何也无法与科学家们的模型匹配。经激光传感器测量，它高达25.6米（84英尺），比其他波浪波高的2倍还要多，在当地已经是非常巨大的波浪。钻井平台只是受到了一些微小的损伤，然而支配我们对于波浪可能形态理解的数学模型却被砸了个粉碎。

一般来说，风在海面上制造的波浪都能完美归于特定的大小分

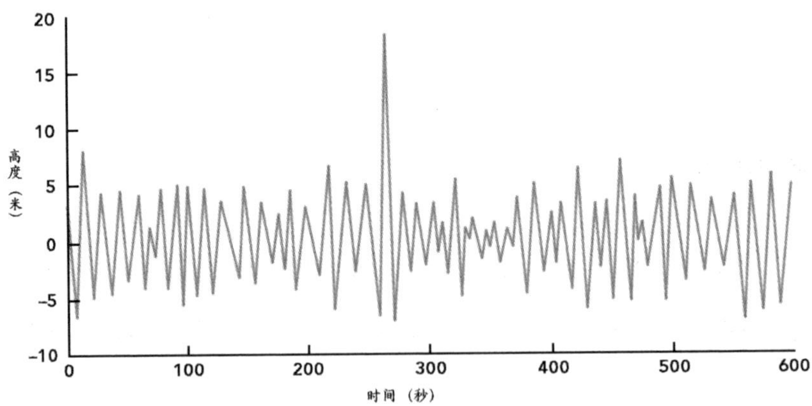

313 1995年元旦，北海的一处油气平台监测到的巨浪验证了“超级巨浪”的存在

类中，这些普通的波浪同样完美适用于数学模型。正如我们所了解到的，风力、距离以及时间长短**一般**会制造出波高特定的波浪。但有一个重要的历史性误解，那就是这些类型不过是仅供参考的可能情况，无法被归类于预测大小的波浪确实会出现，只不过没有那么频繁。归根结底这是个概率问题，可能会有一百道大小差不多的波浪经过，但这并不会改变一个事实：还是存在很小的可能性会经过一道大得多的波浪。正如船长们（起码是幸存下来的船长）几个世纪以来所知道的那样，存在一个极小的概率会偶尔出现骇人的巨浪。

前面我们讲述的一些因素可能会增加大浪还有超级巨浪（rogue wave）生成的可能性，比如强大的水流遇上被风吹成的大浪。可能这就是为什么某些地方对巨浪和神秘海难的记载比其他地方都更多，其中最广为人知的可能是南非附近的厄加勒斯角。除了避开这些区域和风暴（这对于如今的海员来说并不可取，对过去的人来说当然也行不通），目前我们没有办法准确预测这些波浪可能会在何时何地袭击过往船只。有点讽刺的是，最新的科学研究证明，传统的宿命论水手哲学还是有一些可信度的，它认为当你的命数尽了，那就是尽了，正是这样。

排水孔谜题

向内旋转的巨大涡流在北半球逆时针旋转，而在南半球顺时针旋 314
转。旋转方向由地球自转引起的科里奥利效应决定。在大的层面上，这种运动是非常可靠的，预报员们据此能够预测低气压天气系统以及洋流的变化。在天气或海洋这样的大系统里，这些变化真实可信，然而让科学家们长久以来一直困惑的是小范围的水体会如何变化，直到如今他们依旧在证明这种效应。

事实是，科学家们普遍赞同所有水体都以这种方式变化，小到……浴缸里的水，但在这里他们的意见出现了分歧。有的人，比如法国的液压工程师弗朗西斯·比耶塞尔，认为浴缸尺寸太小，无法证明这种效应，他觉得世界各地所有浴缸里的水都会随意朝某一方向旋转。但是美国工程师阿舍尔·夏皮罗不想让自己美好的沐浴时光被破坏掉，因而建立了一项对照实验，想要一次性解决这个问题。夏皮罗在1962年称，在美国麻省理工学院的实验条件下（因而在北半球），浴缸里的水在进入排水孔时会固定地逆时针旋转。他的实验结果并未得到广泛认可。大家一致认为实验的原始条件对结果影响巨大：缸里的水需要静止至少24个小时以排除残余波动。

为了证明拔掉塞子后水的运动方向的灵敏性，你只要在拔掉塞子前用手快速搅动一下塞子附近的水。不管你往哪个方向搅动，水在流出时都会以相同方向旋转，它并不会因为你身处不同的半球而有所变化。

对浴缸实验的一个合理总结是：在北半球任何较大的水体系统
315 中，水会因科里奥利效应逆时针旋转，但是涡流越小，水的原始状态便越有可能影响你看到的运动方向。你可以很有把握地预测海洋涡流的旋转方向，但想要准确预测像浴缸中那样小的涡流，就需要将你的浴室改造为无菌实验室，其中不能有任何空气流动，且需要等待至少一天再拔掉塞子，理想情况下应使用机械臂拔。

露天水渠

在英国的偏远地区，假如你遇到一种向远处延展的迷你水渠，你发现的很可能是一道露天水渠 (leat)。在偏远地区，这些在土地里用石头铺就的水道能将淡水从一个地方引至另一个地方。达特穆尔高地[*]的水渠是一个很好的例子，它绵延几公里，像是一道朴素的罗马渡槽。

海龙卷

我永远不会忘记多年之前驾着一架轻型飞机飞回英吉利海峡上空的那次经历。那本是阳光普照的一天，我注意到怀特岛以南几英里的上空高耸着一朵不祥的云彩。这朵云莫名地让我觉得不安，我研究了它好一阵子才看到它下面旋转着的细细水柱。我见到了迄今为止我唯一一次见过的海龙卷 (waterspout)。我斜身飞离云彩，给空中交通管制发去无线电，报告了它的存在，他们承诺把这个现象告知其他空中飞行人员以及海事部门。

海龙卷有两种，一种是旋风式的，另一种是非旋风式的，我在那个夏日见到的是后者。非旋风式海龙卷只出现在局部地区，且常见于晴好天
气。它们的生命周期很短，尽管风速在有些地点可能比较惊人，但它不会 316
引发大范围的灾难。正如其名字所表明的，旋风式海龙卷是海面上的龙卷风，它们是完全不同的暴烈品种，会对大面积区域构成严重的威胁。

泰晤士河水闸

我的航海同好约翰·帕尔是个泰晤士河迷，他说泰晤士河水闸

---

* 位于英格兰得文郡西部，1951年被划为国家公园。——编注

(Thames Barrier) 偶尔会让我们得以见识一种在其他地方很难见到的现象：潮水在退潮时上涨。当水闸升高，退去的潮水无法下落，因而外流的潮流在试图把水带到海洋里时受到了水闸的阻挡，于是河水越积越高，便形成了落潮上涨这样的奇怪效应。

海洋流涡

科里奥利效应使得北半球的大洋流顺时针偏离，而南半球的逆时针偏离。当这种效应叠加上海洋被陆地包围的方式，在某些地方的结果就是会形成一种海洋流涡 (ocean gyre) ——旋转着的巨大水体。

海洋流涡会汇集漂浮物，不管是自然还是人为的漂浮碎屑都会被卷入这些旋转的系统之内，且常常长达数年。这使某些地方不幸成为垃圾聚集区，有一处海域已得了一个耻辱的绰号——“大太平洋垃圾带”(The Great Pacific Garbage Patch)。

海上长堆

传统而言，“长堆”一词指的是收获时分我们在田野里看到的一排排
317 倒下的谷物，但这个词已经被借用于描述很多事物排成一长条的景象。

风在吹过辽阔的海面时会形成一种叫朗缪尔环流 (Langmuir circulation) 的现象，在那里会形成水流漩涡，它们就好像是海洋里的螺旋开瓶器。这些螺旋水流形成一排排的长线，与风吹的方向平行。漩涡迫使有些地方的水上升形成长堆，而另外一些地方的水则下陷。

最后的结果就是海面上形成了可见的长长水线，它们中既有相对平静的水面，也有波涛汹涌的水面，还有海藻和其他漂浮物。

如果在海上见到长长的直线，且与风向平行，那么你看到的很可能就是海上长堆 (windrow at sea) 。(但是记住，假如你是在微风轻拂的一天在海岸边看到了一道道平静光滑的水面，你看到的则很可能是涟漪中的浮油纹，具体见“解读波浪”一章。)

漩　涡

假如强大的潮流遇上合适的地形，这些高速的水流便会旋转起来，成为“漩涡”(whirlpool) 。在几英里开外的地方都能听到最大的漩涡的声音。苏格兰朱拉岛附近的科里弗雷肯是世界上最大也是最具威力的漩涡，1947年，它差点儿溺死了乔治·奥威尔*。

滑溜水

在1968年举行的阿卡普尔科**奥运会上，帆船手们经历了一种叫“滑溜水”(slippery sea) 的复杂现象。从壮观的河湾到适中的河流，你很有可能会花一些时间站立于河水与海洋交汇之处，尤其是因为那里

---

* 乔治·奥威尔（George Orwell, 1903—1950），英国著名小说家、记者和社会评论家。他的代表作《动物庄园》和《1984》是反极权主义的经典名著，其中《1984》是20世纪最有影响力的英语小说之一。

** 墨西哥南部港市。

318 还是非常受欢迎的景点。

当潮水退回到海面上，河流里的淡水有时也会流向海洋。淡水要比咸水轻，因而这两者并不总能均匀混合，咸水之上可能会覆盖一层淡水，尤其是当水温较高，也就是可能在夏季，这种情况更容易出现。这片滑溜的水层与其下面的海水还有它周围的水面有着明显不同的特性。风会驱使这层水向前移动，移动方向可能会与下面的咸水不同。1968年的奥运会上，帆船手们需要比赛策略家们帮忙弄清楚为何相邻的水面会朝如此违背直觉的方向移动。

“火把威尔”与“灯笼杰克”

在某些静水中，比如沼泽地里，细菌以水面下堆积的生物尸体为生。这些尸体耗光了水中的溶解氧。细菌可不会轻易放弃，厌氧菌在此时登场，它们运用不同的处理方式分解腐烂的动植物尸体。厌氧菌生成甲烷，当太多甲烷形成时，它们便会以气泡的形式从水面上冒出。这些气体偶尔会自燃，在水面上形成跳动的蓝色火苗。这些火苗得了很多诨名，其中包括“火把威尔”(Will-o’-the-Wisps) 与“灯笼杰克”(Jack-o’-Lanterns) [*]。这些名号在英国乡下还有很多变体：“灯笼霍比”(赫特福德郡及东安格利亚[**])、“干木辛基”(萨默塞特及德文郡)，以及“灯笼佩格”(兰开夏郡)，在那里这些火光与恶魔传说交织在一起。

---

* 这些诨名源自爱尔兰、苏格兰及英格兰等地的各种民间传说，故事中名叫威尔或杰克的主人公因作恶多端而被诅咒永远待在沼泽地里，但被赐予一支火把来温暖自己，他却以此引诱愚蠢的过路人。

** 英国英格兰东部地区，包括诺福克郡、萨福克郡和剑桥郡。

它们仍停留在我的"非常乐于有一天能见到它们"清单上，希望你能有足够的运气见到它们。 319

绿　闪

倘若在鸡尾酒时分与航海人员长时间待在一起，不久你便会听到有人讨论"绿闪"(green flash)。当大气条件适宜(特别在出现"逆温"这个气象现象时)，在太阳刚刚落下后或升起前的一个短暂的片刻里，那时太阳光的红光和黄光无法折射到地平线上，但是蓝光却被大量折射，并完全散射在大气中。此时，只有一种颜色能够从地平线之下进入你的眼睛。倘若足够耐心和幸运，你会看到地平线上迸发出明亮的绿光。绿闪很少出现，带有一些神秘性，但它是一种真实存在的现象，因此有可能被观察到。

如果碰巧注意到太阳在垂直方向上被略微拉长，而不是像常见的那样被压扁，这便说明出现了逆温现象。此时暖气团压在冷气团顶端，为绿闪提供了一个理想的观察条件。

飞　鱼

在夜晚时分的海面上，独自待在船上的感受混杂着喜悦与恐惧。你会惊叹于海洋的辽阔与夜空的星光璀璨，它们让你意识到你在蒙受大自然的恩赐，所以当下最好的做法就是好好享受此时美好平静的时光。2007年12月，我曾在大西洋上享受这样的时刻。我欣赏着火星和猎户座，聆听着船头破开温和的水波时有节奏的拍打声，这让人心旷神怡。正在这时我遭受了一个意想不到的打击。

320 我规划了一条走过小船甲板的路线，准备检查船帆和索具，再随意地将前晚冲到船上的飞鱼 (flying fish) 扔回海里，虽然它们大部分都已经死了。我并没有将它们煮了吃 (托尔·海尔达尔*和他的船员们是这样做的)，但我确实从一个事实中获得了一点安慰，那就是在世界的这一处很难会饿肚子，因为可食用的鱼会跃出水面，几乎是直接飞到锅里。有一晚，在我慌乱的捡拾中一条飞鱼活着回到了海里。但在此之前，它以高速重重地撞到我的脸上，引发了鱼和我扭动拍打的搞笑场面，让我咒骂不止。

自从这次飞鱼唐突地做了自我介绍后，我一直对它们抱有一点痴迷。人们普遍认为飞鱼有60到70种，分为双翼和四翼两类，鱼身能长达半米。严格说来它们并不会飞，而是用不动的翼状鳍滑翔，一次可以滑50到300英尺。最高纪录发生在日本，在那里有一只飞鱼被拍到滑翔了45秒。这听起来似乎不怎么样，但试着与无法从水中起飞且滑翔半秒的人类比比吧。

它们的飞翔是一种逃生技能，这非常巧妙，不仅因为它赋予此鱼的速度能让它们离开水面，还因为这使得飞鱼能够表演一种消失于镜后的魔术。这种鱼利用了特定角度下的海面可以作为镜子这一现象，因此捕食者没法知道它们的行踪。

这跟我们在水下从低角度观察水面时能够看到天空是一样的效应。在水下游泳的时候可以一试。你直直地往上看向水面，会看到很多东西，但是在以接近水平的角度看向水面时，只能看到明晃晃的一

---

* 托尔·海尔达尔（Thor Heyerdahl, 1914—2002），挪威著名的探险家、人类学家、海洋生物学家。

片。举个例子来说，有人站在游泳池边时，你只能从水下看到他的头肩，却看不到他的下半身，这种情况非常常见。321

像蝴蝶一样，飞鱼也有很多美称，大树莓、豹翼、佩伯军士、阿帕切粉翅、紫烟、紫罗兰祈雨师、太平洋巫师等。

它们的翅膀通常会呈现斑斓的色彩，这些颜色在它们死后会很快消失，其原因至今仍是个谜，求偶与防御都无法充分解释它们。我十分钟情这些无法被轻易解读的美感。

它们一般只会出现在水温20多度的温暖海域，是热带表层水中最常见的鱼种之一。

蜃　景

水面附近的空气会明显比更高处的空气冷，这个现象很常见。当你遇到上下存在温差的空气层时，它们可以充当透镜，将通过它们的光线弯曲。

条件适宜时，光线的弯曲会使正常高于地平线的事物看起来像是刚好出现在海面上一样。因纽特人将蜃景（looming）这种效应称为*puikkaqtuq*，翻译过来大意为“突然出现”。他们利用这种效应来为自己找到航线，并从远处发现陆地，而一般来说这并不可能。同样的效应也为太平洋岛民们所熟知，在那里这种方法被称为*te kimeata*。

辫状河

我们最有可能见到河流在较低的河段蜿蜒流淌，但如果水沿合适

322 的坡道流下，坡面上又有适宜的沉积物类型，那么主流便会分裂为十几股较小的细流，因而出现“辫状河”(braided river)。辫状河中的细小河道在沙洲和岛屿之间彼此交叉。(在更大的层面上，辫状河与我们在“海滩”那一章里讲到的“流痕”是一样的效应。)

“braid”一词来源于中世纪的英语单词“breyden”，它的意思是突然移动，词根来自古英语“bregdan”——划动，比如“划动”一把剑。它用在这里非常合适——水道常常抛却旧水道跳入新水道，几乎是突然随机地改变方向。

水下闪电

我听过的最神秘的水面迹象可能是“特拉帕”(*te lapa*)——水下闪电(underwater lightning)。当戴维·刘易斯与太平洋岛民们一起航行时，他们让他往深水中看，在那里他看到了闪烁的光束。岛民们惯于用这些光束进行导航，因为它们会固定地从陆地方向发射过来，在远离岛屿80到100英里(这远远超过可视范围)时看得最清楚。

对于这些闪光，所有的科学解释仍然停留在猜测阶段，它们可能是自陆地上而来的反射波造成的生物发光。但它仍旧是个谜，留待我
323 们揭开。

第二十章

未知水域：结语

当戴维·刘易斯这样的学者在20世纪下半叶开始研究波利尼西亚和密克罗尼西亚等太平洋岛屿时，发生了一种奇怪的知识共生现象。

太平洋岛民们没有充分认识到自己所掌握的知识的珍贵性，于是听任这些知识随着使用那些技能的最后一代人一起消亡。在西方超凡的技术甚至是GPS面前，这些古老的方法一定让人感觉微不足道。讽刺的是，西方人的这股兴致重新唤起了岛民们的意识，使他们发觉自己所拥有的知识不仅与众不同，而且是独一无二。在地球上，还没有哪一个地方能像这里一样，拥有如此丰富的古航海术，并且仍具活力。太平洋岛民们陷入了跟西方一样的困境，他们认为一件东西不再必不可少，因而也就失去了全部价值。一场复兴运动随后兴起，它在太平洋航海协会这样的组织中达到了顶峰，这个组织仍在保存和传递地方技术和遗产。

诚实地讲，我很羡慕像戴维·刘易斯这样的先驱者，他们能够 324
踏入并探索这些未开发智慧的丰富领地。对于实用航海研究来说，这是一次全新的涅槃，而我错过了几十年的时间，只能怪自己出生得太晚了。

有一套故事集名为《开拓集》[*]，里面记载了一系列9世纪和10世纪斯堪的纳维亚人定居冰岛的经历。在其中一部名叫《豪克之书》[**]的书的第二章，有一些关于维京人找到正确航线的有趣记录。其中最激发我好奇心的是，里面提到了在从挪威到格陵兰岛的西航中所使用的一种保持自身纬度不变的方法。

书中指出，航海家们应尽量向南行驶，直到看不见冰岛且能看到鲸鱼出没，但又不要太靠南而失去“朝海岸飞翔的鸟儿”的踪迹。这明显是一种古老的海上自然导航方法，被用于距太平洋几千英里的海域里——同时它也将我们所掌握的最早的资料来源提前了好几个世纪。让我深感意外的是，我没有在任何地方看到有人对这些方法做过实用调查。有一阵我甚至愤世嫉俗地想，这可能是因为对于学者来说，在热带岛屿的金色沙滩上做六个月的学术委派研究，要比驾驶小船在冰冷的海面上破浪前行更有吸引力。事实更有可能是，太平洋的传统航海术仍在被现世的航海家们所践行，而维京人却早已销声匿迹。

关于实用维京航海术的学术研究太过集中在**日光石**（solarstein）上了。它是一种半透明的冰岛晶石，据称维京人曾用这种晶石帮助他们在乌云密布的日子里找到太阳的方向。

我的个人观点是，即便维京人真的使用日光石导航，那它也只是
325 一种象征——象征着一位航海家的高超技艺及崇高地位——而不是严肃的导航设备。无论如何我也想象不出一种情境，即在高纬度地区，日光石会比本书中提到的维京人所熟知的方法更为有用，特别是

---

* 原文为冰岛语*Landnámabók*，译成英文为“Book of Settlements”。

** 原文为冰岛语*Hauksbok*，译成英文为“Book of Haukr”，其中“Haukr”为本书的编者赫伊屈尔·埃伦迪森（Haukr Erlendsson, ?—1312），他是冰岛的一名执法官。

我在仔细分析了水和风、陆地和动物之间的关系后更是如此认为。

思考这些东西带给我一种熟悉的感觉，它令我想起一个古挪威词 *aefintyr*（冒险），这个词被用来传达一种永不满足的好奇心。

我跟好友约翰·帕尔准备从奥克尼群岛的柯克沃尔出发朝北航行。我的目标是研究维京人是否真的能有效利用鸟类、鲸类及其他自然迹象计算出自己与冰岛的距离。约翰很乐于协助我研究这些方法，他非常热衷于北大西洋上这次令人疲乏的假期，而大多数人只会被这样的航行吓到。

最后的准备工作把我们累得气喘吁吁。我们用人力将差不多半吨的供给品拖到了32英尺高的帆船甲板上。数百公斤的燃料和食品从护栏上传了过去。六只鲜红的油桶必须得捆在船尾处，而汤罐头不得不被塞进船上的某些地方，要是一年能见上一次太阳，它们就算幸运的了。

松开缆绳，我们在细雨中出发了。我们经过瓦萨礁（Skerry of Vasa）附近，海豹在那里觅得一束阳光，正享受着自己的午后小憩。苏格兰海域使用“Skerry”一词来表示孤立的“干出高地”，比如一处礁石或岩石岛，通常它们在高潮时会被淹没。在与韦斯特雷湾的波涛小小地抗争了一番后，我们挂起船帆，开始朝西北方行驶。风、潮流和地貌彼此协作又对抗着，我欣赏着水中由此形成的各种形态。太阳及掠 326
过的云彩在浅水区投下了阴影，海水的色彩于是跳跃起来。随着陆地渐渐向南落在船尾，海面稳定了下来。几小时之后便是傍晚，然而光线依旧明亮。天空中满布让人震撼的卷云。

在海上的第一晚（如果这微弱的黑暗能被称为夜晚的话）我们首次也是唯一一次看到了星星。由河鼓二、天津四和织女星组成的夏季大三角清晰可见，指向南方，而橙色的大角星在西边的天空上洒下明亮的光辉。北斗七星和北极星刚好可见，它们比我通常在天空中看到的位置还要高。不到一小时，灯光增强，这些星星便隐匿了光辉。此后的航行中它们不会再出现。

最初的几天里，我们调适着自己，忘却陆地上的舒适生活，重拾近海航行的本领。在一条腿上泡茶的技能重新得到发挥，我们的口味也开始适应海上的生活。陆地消失之后，咖喱罐头品尝起来像是世上最美味的食物。

除了能够休息，两人航行与独自航行没什么两样。在好几个小时内你都是独自一人，在值班交接时交换一下新情况，再回到床铺享受睡眠。我和约翰并不一样，每当发现新的水纹形态，或是发现海浪转向而它下面的涌浪却拒绝改变方向时，我都兴奋不已。从“猫爪”到温和的长波，还有海浪上的泡沫以及随着水深和天气而不断变换的色彩，水向我坦露着自己的故事，而我的感官为之兴奋异常。

随着法罗群岛的临近，天空出现了一些大气现象，维京人一定能轻而易举地解读它们。我们在正前方的地平线上看到了大团的云彩，
327 没等我们亲眼看到陆地便暴露了它的存在。维京人在《开拓集》里描写的那些“险峻高耸的山峰”使得空气升腾，随后又得到冷却，从而生成云、雨和雾。

我们望着云彩慢慢散开，陆地清晰地呈现在眼前，光秃秃的黑色峭壁显现出它的轮廓。

随着渐渐靠近法罗群岛，我们需要通过一处防潮闸，但我们到得有些早。流经法罗群岛的潮流令人肃然起敬，特别是对于那些驾驶帆船的人来说。在距它还有20英里时我们便顶风停船了。如果要在群岛东边航行，我便不想让自己在距离更近时被迫艰难行驶。滞航后，

风从船身背后吹来，成为东风，并加强到5级。在近岸，5级风近乎完美，但在开阔的水面上它肆意吹拂，让人感觉更像是8级风，海面状况很快令人感到不适。主帆在进行第二次缩帆后，船身愤怒地随着每一道波浪颠簸，这预示着法罗群岛著名的潮流就要来了。

所幸天空又转晴了，大海平静了一些，不出4个小时我们就到达了卡尔斯岛湾口，并驶入我们有幸遇到的最为怪异的航道之一。险峻的深色峭壁浮现在前方，之后又挡住了低沉的太阳透过云彩费力投射下来的大部分微弱阳光。

风将我们向北推进。夜晚充其量也只是比灯光略暗一些，它变得越来越短，最终完全消失。日出和日落不分彼此。我们做到了，我们已经到了北极圈。

我们转为向西航行，沿着冰岛最北端驶向格陵兰岛。领航鲸、虎
鲸还有海豚从我们附近游过。在驾驶帆船时遇到鲸鱼总是一次深刻 328
的经历，这些生物的出现让人心弦紧绷，它一边让你感受到自己的在场，一边又漠然地继续它们的旅程。有一只海豚倒没那么冷淡，它高高飞入空中，其精湛的杂技让我们赞叹不已。

之后，我们驶入来自东格陵兰洋流的一股支流，在这儿海水明显变换了颜色。这股洋流来自遥远的北方，它冰冷但营养丰富的水中孕育了繁盛的浮游植物，从而将海水转变为一种乳蓝色，与我们先前行过的颜色如黑色岩石的深水大相径庭。有时我们还会在这两种水域之间的水面看见一道分明的界线，好像两条大河在此汇合。这股洋流在太空中也清晰可见。

气温骤降，我们望向地平线处以搜寻冰山的存在，并打卫星电话确认在这个季节此处是否报道过冰山的存在。

我们从西北方渐渐逼近冰岛，眼前展现出一种壮丽的景观，其中的山峰像是来自电影《指环王》一样。我们渐渐靠近陆地，小心翼翼地驶入冰川峡湾。经过德朗加冰川后，我们驶入未被标记的浅水海域。在我们的世界里，谷歌地球能将我们带到南极洲中部的山顶，卫星电话能将地球两端相连，维基百科也能够回答任何你从未想过要问的问题。因此对我们来说，未知的东西总是有一种新奇的力量。

现在我们正向南航行，从冰山上朝我们的正西方落下的猛烈7级下降风推动着我们前进。在大雾中，海鹦帮我们指出陆地的方向，因为它们总是成群结队地一次次飞向陆地。

雷克雅未克出现了，雄伟的哈尔格林姆斯教堂矗立在一列建筑之中，夹在海水与雪山之间。一方面我们想要继续朝西或朝北行驶，以
329 探索更多人迹罕至的、神奇又美丽的水面，另一方面又想要慎重地决定以愉快的心情安全结束我们的航行。一千多年前，红发埃里克[*]选择了前者。他继续向格陵兰岛行驶，但之后在他那支由24艘船组成的船队中，有一半的船都不幸遇难，没能到达目的地。

和维京人不同，我们将船停泊。曾在伦敦一家饭馆里比画着海图的手指，经过辛苦的付出，带领我们穿过了法罗群岛，到达北极圈，又进入未知水域，完成了一次难忘的航行，想到这儿，我们都禁不住微笑起来。随后，和所有头脑清醒的水手在漫长航行的结尾所做的一样，我们信誓旦旦地说要前往一家酒吧，最后却都迅速踏入梦乡。在柯克沃尔和雷克雅未克之间超过1 000海里的海洋上，我们没有见到一片船帆，没有任何航船的影子。

---

* 埃里克·托瓦尔松（Erik Thorvaldsson, 950—1003），出生于挪威，挪威维京探险家、海盗，“红发埃里克”（Eric the Red）是他的外号。他发现了格陵兰，并在那里建立了一个斯堪的纳维亚人的定居点。

此次航行结束后，我撰写了一篇学术论文，名为《自然雷达》（“Nature’s Radar”）。论文全文发表在《英国航海学会期刊》(*Royal Institute of Navigation’s Journal*) 上，在我的个人网站(http://www.naturalnavigator.com/thelibrary/natures-radar-natural-navigation-research)上可以免费获取。我们的航行帮助确认了鸟类和其他自然迹象确实可以有效地在北方水域中估算出自己与陆地之间的距离，就像维京人曾断言的那样。

论文发表后不久，军方赐予我一个莫大的荣幸，他们将《自然雷达》这篇文章压缩为几行话，印在全英国军用飞机里的生存活动挂图上。

> 在随机的5分钟之内，如果你能看到超过十只鸟，不出40英里便是陆地；而假如你只看到一两只，那你和陆地的距离超过40英里；处于两者之间则无法确定。 330

我们已经见识过午夜的太阳和令人赞叹的野生生物。鲸鱼让我感到一定的敬畏，而狮鬃水母那令人战栗的美也让我惊奇。然而，在我的内心产生最为强烈共鸣的，还是水中出现的各样水纹形态，以及它们与陆地、天空、动物还有植物的关系。这些水的形态从未停止变换，却又永恒不变，而涟漪从我家后门的水坑里一路绵延到北大西洋。

身处未知的水域，周围环绕着冰川，我们从小船上向下望去，运用色彩来理解我们周围的海水，此时我领悟到我们的北极圈之旅已经为本书画上了一个圆满的句号。不管从实用角度还是就乐趣而言，这本书中所提到的每一种迹象、线索和形态都在那次航行中帮上了忙。假若多年之前我没有做出品鉴研究家乡附近的海水这个决定，大部分迹象我就无从发现或理解。

要是让我在再次踏上这样的航行，以及知道我可以在家乡附近看
331 到所有这些迹象两者之间做出选择，无须犹豫我便能做出决定。

来源、注释与延伸阅读

第一章　陌生的开始：引言

“倘若世上……”：Loren Eiseley, http://todayinsci.com/E/Eiseley_Loren/EiseleyLoren-Quotations.htm. (于2016年6月8日访问。)

阿卜哈拉的航海故事：George Hourani, *Arab Seafaring*, pp. 114–117.

航海智慧（*isharat*）：G.R. Tibbets, *Arab Navigation*, p. 273.

太平洋岛屿参考文献：David Lewis and Stephen Thomas, *passim*.

海上行话（*kapesani lemetau*）：Stephen Thomas, *The Last Navigator*, p. 26.

会客室（*maneaba*）：David Lewis, *We, the Navigators*, p. 202.

“不要以为土著……”：Harold Lindsay, *The Bushman's Handbook*, p. 1.

伊恩·普罗克特：Ian Proctor, *Sailing Strategy*, p. 1.

“这套本领真正独一无二……”：http://voices.nationalgeographic.com/2014/03/03/hokulea-the-artof-wayfinding-interview-with-a-master-navigator/. (于2015年3月4日访问。)

第二章　扬帆起航

“当气压突然降低……”：Paul Younger, *Water*, p. 14.

第三章　如何在池塘中看见太平洋

库克船长： *A Voyage Towards the South Pole and Round the World*, Strahan and Cadell, 1777, p. 316.

水感（*meaify*）： Thomas, p. 78.

马绍尔群岛： 感谢戴维·刘易斯，*The Voyaging Stars*, pp. 117–119。

像“看人脸”： Lewis, *WTN*, p. 132.

希波、“大浪”和“大鹫星”： 出处同上，p. 130。

第四章　陆上涟漪

1885年，南澳大利亚州政府： Linsay, p. 20.

黑杨是英国最濒危的乡土树种： https://www.woodlandtrust.org.uk/visiting-woods/treeswoods-and-wildlife/british-trees/native-trees/black-poplar/.（于2015年5月11日访问。）

河，溪，川，谷，涧，河口： Nigel Holmes and Paul Raven, *Rivers*, pp. 18–19.

第五章　不那么卑微的水坑

“下次当你接了……”： A.M. Worthington, *A Study of Splashes*, p. 30.

亚当·尼科尔森： Adam Nicolson, p. 56.

“通往另一维度的一扇窗”： http://blog.eyeem.com/2012/07/how-to-shoot-puddleography/.（于2015年4月15日访问。）

第六章　河流与溪水

1920年代，曾有人试图依照生活在河里的鱼的种类来对河流水位进行分类： Holmes and Raven, p. 123.

小溪不过是能跨过去的河：出处同上，p. 15。

圣瓦伦丁节前的雨：Simon Cooper, *Life of a Chalkstream*, p. 118.

桥梁形状：Holmes and Raven, p. 65.

"此生我将永远流浪……"：Gisela Brinker-Gabler (Ed.), *Encountering the Other(s): Studies in Literature, History, and Culture*, p. 297.

能够追溯到古埃及的洪水标记习惯：Daniel Kahneman, *Thinking Fast and Slow*, p. 137.

藺草：Holmes and Raven, p. 194.

它可以说明夏季时你周围的地下水面：Younger, p. 24.

假如地下水面涨至与地面齐平：Philip Ball, Flow, p. 40.

螺类贴附在水面上：Cooper, p. 215.

大麻叶泽兰、柳兰以及幼小的柳树等先锋种：David Bellamy, *The Countryside Detective*, p. 140.

"音调高于……"：Chris Watson，引自 *Caught by the River*, p. 63。

蜻蜓的身体要比火柴棒粗：Bellamy, p. 136.

鸬鹚这样的鸟类喜欢鱼：与约翰·帕尔的私人谈话。

鳗鱼的迁徙易受水温、月相，甚至气压的影响：http://www.int-res.com/articles/meps2002/234/m234p281.pdf.（于2015年7月21日访问。）

"黑尾判断法"：Holmes and Raven, p. 124.

"牛腹"：感谢户外摄影师、作家多米尼克·泰勒，是他让我在科茨沃尔德的一次多人演讲中意识到了这个现象。

泥岛的角色就像是堵在水龙头处的拇指：Proctor, p.10.

"我如今已是耄耋之年了，在我死后进入天堂时……"：引自 Jonathan Raban, *Passage to Juneau*, p. 291。

"坚毅漩水"：Rebecca Lawton, *Reading Water*, p. 46.

"在科罗拉多河，漩水称霸水面……"：出处同上，p. 45。

列奥纳多·达·芬奇为这些小小的漩水着迷：Philip Ball, p. 10.

“大漩水生出小漩水”：出处同上，p. 175。

每一段5倍于河宽的水面上都会出现一处浅滩–水潭：Holmes and Raven, p. 91.

第七章 上浮

约翰逊和戴维：Holmes and Raven, pp. 273–274.

干蝇飞钓或许可以追溯到……维多利亚时代的人：Cooper, pp. 7 and 31.

“它的全部精髓在于思想……”：Brian Clarke, *The Pursuit of Stillwater Trout*, pp. 12 and 16.

没有胃：Cooper, p. 167.

偏振光太阳镜、宽檐帽，从暗到明：John Goddard and Brian Clarke, *Understanding Trout Behaviour*, pp. 19–24.

“当一丝涟漪在你前方荡过……”：Cooper, pp. 160–161.

倒影弯成“S”形：Goddard and Clarke, p. 57.

维多利亚时代的人将褐鳟划分成几种不同的种类：Holmes and Raven, p. 259.

“一缕光线”：Cooper, p. 112.

向桥下搜寻：Cooper, p. 46.

G.E.M. 斯卡司上浮类型：Kenneth Robson, p. 35，摘自 *The Way of a Trout with a Fly*。

G.E.M. 斯卡司认为那只是神话：Robson, pp. 158–159.

克拉克上浮类型：Clarke, pp. 110–121.

第八章 湖泊

6 750升：Heather Angel and Pat Wolseley, *The Family Water Naturalist*, p. 10.

“我们的大脑从嗅觉处获得信息的路径要不同于……”: Wallace Nichols, *Blue Mind*, p. 95.

忽略一只老鼠的微弱气味: Tom Cunliffe, *Inshore Navigation*, p. 64.

在极为清澈的湖水中，这一水层的深度可达50米，而在浑浊不堪或富含藻类的湖水中仅为50厘米……: Mary Burgis and Pat Morris, *The Natural History of Lakes*, p. 25.

事实上，只要你有心，你也可以在厨房里做自己的温跃层实验: Angel and Wolseley, p. 11.

一个声音屏障，从而限制声呐的应用——军用潜水艇借此躲避彼此: Terry Breverton, *Breverton's Nautical Curiosities*, p. 351.

障碍物周围的风: David Houghton and Fiona Campbell, *Wind Strategy*, pp. 62–63.

漩水: Proctor, pp. 106–107.

戴维·刘易斯和伊奥蒂巴塔: Lewis, *Voyaging Stars*, p. 115.

除了夏季你看不到一只两栖动物: Paul Sterry, *Pond Watching*, p. 106.

水甲: 出处同上，p. 42。

英国环境署担心天鹅溪湖: http://ea-lit.freshwaterlife.org/archive/ealit:1105/OBJ/20000767. pdf. (于2015年5月28日访问。)

第九章　水的颜色

凯尔特人和“glasto-”: https://en.wikipedia.org/wiki/Green#Languages_where_green_and_blue_are_one_color. (于2015年10月22日访问。)

他们甚至已计算出它的波长是480纳米: David Lynch and William Livingston, *Color and Light in Nature*, p. 66.

“当你吸取了教训，世界上就再没有比在北海中选择航道更容易的事了……”: Brian Fagan, *Beyond the Blue Horizon*, p. 200，引自 *The Baltic and the North Seas* by Merja-Liisa Hinkkanen and David Kirby。

亚马孙河在某些地方呈现黄色，而在靠近巴西的马瑙斯: Lynch and

Livingston, p. 67.

最典型的一个例子是地中海：http://epistimograph.blogspot.co.uk/2011/04/blue-watersof-mediterranean.html.（于2015年5月15日访问。）

希腊神话中的爱神阿芙洛狄忒和罗马神话中的爱神维纳斯都诞生于海中的泡沫……波提切利……：Perkowitz, pp. 4–5.

让人惊叹的是，在科学家看来，地球是太阳系中唯一一个风吹过开阔水面会造成起沫波浪的地方：Sidney Perkowitz, *Universal Foam*, p. 131.

泡沫是空气被水包住后产生的微小空气囊，相反，云彩是被空气包住的小液滴……但如果仔细观察泡沫：Lynch and Livingston, p. 92.

靛蓝到绿蓝（等级1—5）：http://www.citclops.eu/water-colour/measuring-water-colour.（于2015年5月16日访问。）

第十章　光与水

月亮圈：Lynch and Livingston, p. 82.

观察此现象最好的例子是一座带有桥墩的桥：出处同上，p. 99。

数学家已经发现，这是一门相当精准的科学：Adam, p. 138.

明亮的长方形白点网格：http://epod.usra.edu/blog/2014/08/capillary-waves.html.（于2015年5月27日访问。）

吝啬鬼：http://www.telegraph.co.uk/news/weather/11286360/God-or-Scrooge-Mysterious-face-spotted-in-the-waves.html.（于2015年5月27日访问。）

你的影子边缘可能会有一圈橙色的光晕：John Naylor, *Out of the Blue*, p. 46.

晕：Lynch and Livingston, p. 260.

第十一章　水的声音

资料主要来源于伊姆村，但同样可见于：http://www.peaklandheritage.org.uk/index.asp?peakkey=40402121.

事实证明，叶子如丝带一般长的玉米和小麦对于散射声音有着惊人的效果： http://www.amazon.co.uk/dp/0419235108/ref=rdr_ext_tmb.（于2015年3月24日访问。）

史基浦机场的故事： http://www.wired.com/2014/06/airport-schiphol/.（于2015年3月24日访问。）

艾尤卡一役： http://www.amazon.co.uk/Darkest-Days-WarBattles-Corinth/dp/0807857831/ref=sr_1_fkmr0_1?s=books&ie=UTF8&qid=1427274802&sr=1-1-fkmr0&keywords=%E2%80%98Darkest+Days+of+the+War%E2%80%99+by+Cozzens.（于2015年3月25日访问。）

"我有一个朋友住在伦敦泰晤士河宽阔河段的南岸……"： 与约翰·帕尔的私人谈话。

楚科奇猎手： http://rtd.rt.com/films/i-am-hunter/.（于2015年1月10日访问。）

鲸鱼的交流： http://natgeotv.com.au/tv/kingdomof-the-blue-whale/blue-whales-and-communication.aspx.（于2015年3月26日访问。）

第十二章　解读波浪

波峰的运动速度要比波谷稍快： Drew Kampion, *Book of Waves*, p. 38.

如海洋科学家威拉德·巴斯科姆所言： Willard Bascom, *Waves and Beaches*, p. 11.

通常我们以为每七道波浪中就会出现……据海洋科学家测算差不多是1/2 000： Houghton and Campbell, p. 69.

"并不存在能够横跨大西洋的无神论水手"： 与莎拉·莫里森的私人谈话，她引用了自己哥哥的话。

1900年9月8日，得克萨斯州加尔维斯顿市的海滩上袭来了超凡涌浪，当地人对此议论纷纷： Carl Hobbs, *The Beach Book*, p. 38.

潜水艇只需潜入飓风之下150米： Gavin Pretor-Pinney, *The Wavewatcher's Companion*, p. 31.

"在海岸的那处，有一座天堂般的港湾，以海洋长者福耳库斯的名字命名……"： Homer, *Odyssey*, Bk 13, lines 109–114, p. 289，引自Fagan, p. 89。

奥布赖恩，波浪折射透镜，加利福尼亚长滩：Bascom, p. 74.

树木的绕射与DVD的衍射：http://en.wikipedia.org/wiki/Diffraction. (于2015年6月9日访问。)

经过海堤时波浪的绕射与示意图：Proctor, p. 72.

***The Fawa'id*，全称为*Kitab al-Fawa'id fi usul 'ilm al-bahr wa'l-qawa'id*，翻译过来是：**Tibbets, pp. 25 and 252.

关于破碎波的类型有三种还是四种一直争论不休，这听起来像是废话：Pretor-Pinney, p. 38.

向岸风会使波浪更早破碎，并在更深的水里破碎……：Scott Douglass, *Influence of Wind on Breaking Waves*: http://cedb.asce.org/cgi/WWWdisplay.cgi?68193. (于2015年6月18日访问。)

如果你想站在海滩上测量破碎波的高度：Bascom, p. 172.

"1834年刚刚被发现，而在同一年，人类发明了第一台实用电动机"：https://en.wikipedia.org/wiki/Timeline_of_historic_inventions. (于2015年10月26日访问。)

海上一道波浪速度的节数将是它的周期秒数乘以3：Proctor, p. 50.

第十三章　阿曼欣喜之旅：幕间曲

个人回忆。

第十四章　海岸

"距岸12英里的海面"，这是英国国家主权的疆界……七万平方英里……：Sue Clifford and Angela King, *Journeys Through England in Particular: Coasting*, p. 34.

只有0.04%……：http://water.usgs.gov/edu/gallery/global-water-volume.html . (于2016年1月8日访问。)

从西北方吹向汤加的风温暖湿润……：Lewis, *Voyaging Stars*, p. 76.

荷马的涅斯托耳和欧利米登：Jamie Morton, *The Role of the Physical Environment in Ancient Greek Seafaring*, p. 52.

奈诺亚·汤普森：Will Kyselka, *An Ocean in Mind*, p. 26.

安马沙利克木质地图：与约翰·帕尔的私人通信。

伊丽莎白一世……被定为刑事犯罪：Bella Bathurst, *The Lighthouse Stevensons*, p. 7.

"难分难舍"（*parafungen*）：Lewis, *Voyaging Stars*, p. 138.

"以物定点"（*pookof*）：Thomas, p. 258 and *passim*.

伊本·穆贾维尔，《在13世纪的阿拉伯旅行》：*Ibn al-Mujawir's Tarikh al-Mustabsir*, 译自 G. Rex Smith (London: The Hakluyt Society, 2008) , p. 264。感谢埃里克·斯特普尔斯让我注意到这个绝妙的例子。

罗伯特·史蒂文森……鱼，天气：Bathurst, p. 94.

第十五章　海滩

它们的流速高达每秒2米，任何游泳者都无法企及：Lisa Woollett, *Sea and Shore Cornwall*, p. 87.

讽刺的是，由于离岸流能平缓波浪，它们会吸引游泳者们前往：Bascom, p. 170.

"航海者须知：2014年12月15日对奇切斯特沙洲所进行的一次水深测量发现……"：来自奇切斯特港保护协会发来的电子邮件（2014年12月24日）。

"干涉沙纹""压扁型沙纹"……：http://coastalcare.org/educate/exploring-the-sand/. (于2015年6月11日访问。)

这些菱形图案最有可能形成……会在退潮时重新渗出：Bascom, p. 206.

把手指放在上面便会崩塌：出处同上，p. 210。

岩石庇护区内的平静水面（spannel）：Woollett, p. 19.

你见到的丁坝从来不会只有一座……：Hobbs, p. 151.

锡利群岛因其白色沙滩而闻名：Clifford and King, p. 14.

研究表明，世界上的每一片沙滩都是独一无二的：出处同上，p. 35。

在切希尔海滩等地方，渔民们能推算出自己的位置：出处同上，p. 13。

"海岸的歌声"：Woollett, p. 19.

"人们一直致力于寻找下一种最强材料……"：http://www.bbc.co.uk/news/science-environment-31500883.（于2015年6月12日访问。）

水手们曾用它们来清洁：Woollett, p. 17.

如果壳体发灰，那么蛾螺就是已经孵化出来了：http://www.bbc.co.uk/insideout/south/series6/beachcombing.shtml.（于2015年6月15日访问。）

船只的残骸是异常丰富的繁育基地：出处同上，p. 15。

玉黍螺：出处同上，p. 73。

槽形、囊状及锯形（或者说有锯齿状边缘的）海藻善于替人着想：Tristan Gooley, *The Walker's Guide to Outdoor Clues & Signs*, p. 307.

"穷人的晴雨表"：Woollett, p. 131.

海滩跳蚤：出处同上，p. 135。

浮木：出处同上，p. 23。

吉尔伯特群岛的天气知识：Lewis, *Voyaging Stars*, pp. 124–125.

第十六章　水流与潮汐

"此前我从不知道，"钟的铸造者马尔库斯·韦格特这样告诉困惑不解的观众……：与约翰·帕尔的私人通信。

1990年5月的一场风暴导致61 000余双耐克运动鞋的损失……十一年后到达：Woollett, p. 62.

通过吹气搅动茶水：Ball, p. 39.

被风驱动的洋流能够超过风速的2%：Proctor, p. 16.

风速为10节的风吹向只有1米深的暖水：Houghton and Campbell, p. 65.

全球平均速度为半节：David Burch, *Emergency Navigation*, p. 130.

一股水流带动水以2节的速度在无风天里向前行进：Proctor, p. 47.

水流会略微影响所有形成波浪的波长和波高：Houghton and Campbell, p. 68.

波利尼西亚航海协会的成员之一奈诺亚·汤普森……：Kyselka, p. 149.

专业的赛船手会寻找即便非常微小的优势：Proctor, p. 74.

渔民们在北海丢失的防水长筒靴：Woollett, p. 95.

被称为*Ka-Milo-Pae-Ali'i*的海滩，翻译过来就是"蜿蜒的海水将皇族冲上海岸"……：Curtis Ebbesmayer and Eric Scigliano, *Flotsametrics and the Floating World*, p. 198.

1973年，他成为首批成功环萨克岛游了18英里的人：Roger Deakin, *Waterlog*, p. 36.

"梅伊的快乐随从"或者"地狱之口"：Bella Bathurst, *The Wreckers*, p. 6.

速度最快的潮流，博德镇：Pretor-Pinney, p. 231.

在生活于委内瑞拉的奥里诺科河三角洲的瓦劳人看来：与约翰·帕尔的私人通信。

在北极，一个叫伊格卢林米特的因纽特族群通过观察*qiqquaq*（一种巨藻）的叶子来判断水流的方向：John Macdonald, *The Arctic Sky*, p. 183.

自1833年英国海军部制出了第一张潮汐表：James Greig McCully, *Beyond the Moon*, p. 6.

亚历山大大帝被潮汐弄得晕头转向，甚至伽利略也误解了它们：出处同上，pp. 1–4。

"海洋横亘在那里"：Lewis, *Voyaging Stars*, p. 116 以及 https://en. wikipedia. org/wiki/Battle_of_Tarawa.（于2015年6月29日访问。）

"最初，在星期三人们计划用人力使船只重新浮起来……"：http://www.theguardian.com/uk-news/2015/jan/08/car-carrier-beached-solent-sandbankrefloats-itself.（于2015年6月29日访问。）

2004年2月5日，21名中国劳工在拾鸟蛤时溺亡……：https://en.wikipedia.org/wiki/2004_Morecambe_Bay_cockling_disaster. (于2015年6月29日访问。)

整个泽西岛的面积增加一倍：http://jerseyeveningpost.com/features/2015/03/31/whenlow-water-means-high-excitement-discovering-the-wildlife-onjerseys-south-east-coast/.

“重现沙滩”派对沿泰晤士河举办：Clifford and King, p. 14.

要是幸运的话，你还可能会看到沉船残骸或者自海洋浮现的石化林：Woollett, p. 74.

《圣经》里面并没有提到潮汐：Pretor-Pinney, p. 251.

“如今，整个印度有很多河流……”：http://legacy.fordham.edu/halsall/ancient/periplus.asp. (于2015年6月24日访问。)

假如在同一地方你所看到的潮汐高度和类型每一天都有所不同：Greig McCully, p. 57.

对于不列颠哥伦比亚的原住民来说：Raban, p. 224.

假如潮汐高于预计高度，那么这可能预示着海上起了强风：Proctor, p. 24.

离海越远，通常涨潮时间便会越晚……一个奇怪的现象，即一条河会短暂地流向不同的方向：Proctor, p. 22.

落潮通常要比涨潮更为强大……：Cunliffe, p. 41.

一位伦敦的朋友说：与约翰·帕尔的私人谈话。

“它们事先料到了这些危险，不论何时靠近岬角……”：Aelianus，译自A.F. Schofield，引自Morton, p. 41。

美国国家海洋和大气管理局……海洋学家阿瑟·杜森博士总共鉴别出396个影响因素：Greig McCully, p. 11.

第十七章　夜间之水

19世纪早期到中期的一条20米长的沉船残骸：http://www.maritimearchaeologytrust.org/ eastwinnerbankshipwreck/. (于2015年6月1日访问。)

到了1830年代，英国沿海地区每一天就有超过两起船只遇难事件发生： Bathurst, *Lighthouse Stevensons*, p. 10.

一大批夜光游水母涌入了北爱尔兰的一个三文鱼农场： http://en.wikipedia.org/wiki/Pelagia_noctiluca. (于2015年6月2日访问。)

第十八章　观船

伊本·朱巴伊尔："因而我们得以见识这些船长和水手……"： Hourani, p. 122.

"靠近船尾上空的那颗臼齿……"： Peter Kemp, *Oxford Companion to Ships and the Sea*, 前言。

"已经有人指出我们可以通过研究这些标线来评估世界经济。2008年后不久，这些线都跃出了水面。"： Horatio Clare, *Down to the Sea in Ships*, p. 26.

第十九章　罕见与非凡

开尔文波： Greig McCully, p. 85.

2004年，人们首次使用雷达检测到了早期海啸波高的精确数据： http://www.noaanews.noaa.gov/stories2005/s2365.htm. (于2015年7月3日访问。)

来自14个国家的23万人： https://en.wikipedia.org/2004_Indian_Ocean_earthquake_and_tsunami. (于2015年7月3日访问。)

海上吉卜赛人莫肯族注意到了这个现象： http://www.cbsnews.com/news/sea-gypsies-saw-signs-in-the-waves/. (于2015年7月6日访问。)

对于一种波浪没有其他解释时……： Greig McCully, p. 101.

涌潮： Kampion, p. 39.

"格拉摩根号"： 出处同上，p. 43。

泰晤士河水闸： 与约翰·帕尔的私人通信。

滑溜水：Houghton and Campbell, p. 66.

“火把威尔”名字：http://www.mysteriousbritain.co.uk/folklore/will-o-the-wisp.html.

飞鱼：这部分要感谢史蒂夫·豪厄尔的*The Amazing World of Flyingfish*一书。

***Puikkaqtuq*，翻译过来大意为“突然出现”：**Macdonald, p. 185.

***Te kimeata*：**Lewis, *Voyaging Stars*, p. 123.

辫状河：Lawton, pp. 19–21.

水下闪电：Lewis, *Voyaging Stars*, pp. 48–49.

第二十章　未知水域：结语

冒险（*Aefintyr*）：Fagan, p. xvii.

特里斯坦·古利，《自然雷达》（*Nature's Radar*），*Journal of Navigation*，66，2013，pp.161–179. doi：10.1017/S0373463312000495。

“全英国军用飞机里的生存活动挂图”：JSP 374 Aircrew SERE flip card，感谢约翰·赫德森。

参考书目

Angel, Heather and Wolseley, Pat, *The Family Water Naturalist*, Michael Joseph, 1982.

Ball, Philip, *H_2O*, Phoenix, 1999.

Ball, Philip, *Branches*, Oxford University Press, 2009.

Ball, Philip, *Flow*, Oxford University Press, 2009.

Barkham, Patrick, *Coastlines*, Granta, 2015.

Barrett, Jeff and Turner, Robin and Walsh, Andrew, *Caught by the River*, Cassell Illustrated, 2009.

Bartholomew, Alick, *The Story of Water*, Floris Books, 2010.

Bascom, Willard, *Waves and Beaches*, Anchor Books, 1964.

Bathurst, Bella, *The Lighthouse Stevensons*, Harper Perennial, 2005.

Bathurst, Bella, *The Wreckers*, Harper Perennial, 2006.

Bellamy, David, *The Countryside Detective*, Reader's Digest Association, 2000.

Breverton, Terry, *Breverton's Nautical Curiosities*, Quercus, 2010.

Bruce, Peter, *Heavy Weather Sailing*, Adlard Coles Nautical, 1999.

Burch, David, *Emergency Navigation*, McGraw-Hill, 2008.

Burgis, Mary and Morris, Pat, *The Natural History of Lakes*, Cambridge University Press, 1987.

Clare, Horatio, *Down to the Sea in Ships*, Vintage, 2015.

Clarke, Brian, *The Pursuit of Stillwater Trout*, A & C Black Ltd., 1975.

Clifford, Sue and King, Angela, *Journeys Through England in Particular: Coasting*, Saltyard, 2013.

Cooper, Simon, *Life of a Chalkstream*, William Collins, 2014.

Cox, Lynne, *Open Water Swimming Manual*, Vintage, 2013.

Cunliffe, Tom, *Inshore Navigation*, Fernhurst Books, 1987.

Deakin, Roger, *Waterlog*, Vintage, 2000.

Ebbesmeyer, Curtis and Scigliano, Eric, *Flotsametrics and the Floating World*,

HarperCollins, 2010.
Evans, I.O., *Sea and Seashore*, Frederick Warne & Co., 1964.
Fagan, Brian, *Beyond the Blue Horizon*, Bloomsbury, 2012.
Ferrero, Franco, *Sea Kayak Navigation*, Pesda Press, 2009.
Gatty, Harold, *The Raft Book*, George Grady, 1944.
Goddard, John and Clarke, Brian, *Understanding Trout Behaviour*, The Lyons Press, 2001.
Goodwin, Ray, *Canoeing*, Pesda Press, 2011.
Gooley, Tristan, *The Natural Navigator*, Virgin, 2010.
Gooley, Tristan, *The Natural Explorer*, Sceptre, 2012.
Gooley, Tristan, *How to Connect with Nature*, Macmillan, 2014.
Gooley, Tristan, *The Walker's Guide to Outdoor Clues & Signs*, Sceptre, 2014.
Gooley, Tristan, 'Nature's Radar', *Journal of Navigation*, 66, 2013, pp.161–179, doi:10.1017/S0373463312000495.
Greig McCully, James, *Beyond the Moon*, World Scientific Publishing, 2006.
Hill, Peter, *Stargazing*, Canongate Books, 2004.
Hobbs, Carl, *The Beach Book*, Columbia University Press, 2012.
Holmes, Nigel and Raven, Paul, *Rivers*, British Wildlife Publishing, 2014.
Houghton, David and Campbell, Fiona, *Wind Strategy*, Fernhurst Books, 2012.
Hourani, George, *Arab Seafaring*, Princeton University Press, 1995.
Howell, Steve, *The Amazing World of Flyingfish*, Princeton University Press, 2014.
Humble, Kate and McGill, Martin, *Watching Waterbirds*, A & C Black, 2011.
Huth, John, *The Lost Art of Finding Our Way*, Belknap Press, 2013.
Kampion, Drew, *Book of Waves*, Roberts Rinehart, 1991.
Karlsen, Leif, *Secrets of the Viking Navigators*, One Earth Press, 2003.
Kemp, Peter, *The Oxford Companion to Ships and the Sea*, Oxford University Press, 1979.
Kyselka, Will, *An Ocean in Mind*, University of Hawaii Press, 1987.
Lawton, Rebecca, *Reading Water*, Capital Books, 2002.
Lewis, David, *The Voyaging Stars*, Fontana, 1978.
Lewis, David, *We, the Navigators*, University of Hawaii Press, 1994.
Lindsay, Harold, *The Bushman's Handbook*, Angus Robertson, 1948.
Lynch, David and Livingston, William, *Color and Light in Nature*, Cambridge University Press, 1995.
MacDonald, John, *The Arctic Sky*, Royal Ontario Museum, 1998.
Morton, Jamie, *The Role of the Physical Environment in Ancient Greek Seafaring*, Brill, 2001.
Naylor, John, *Out of the Blue*, Cambridge University Press, 2002.
Nichols, Wallace, *Blue Mind*, Little, Brown, 2014.
Pearson, Malcolm, *Reed's Skipper's Handbook*, Reed Thomas Publications, 2000.

Perkowitz, Sidney, *Universal Foam*, Vintage, 2001.

Plass, Maya, *RSPB Handbook of the Shore*, A & C Black Publishers, 2013.

Pretor-Pinney, Gavin, *The Wavewatcher's Companion*, Bloomsbury, 2010.

Proctor, Ian, *Sailing Strategy*, Adlard Coles Nautical, 2010.

Raban, Jonathan, *Passage to Juneau*, Picador, 1999.

Rex Smith, G., *A Traveller in Thirteenth-Century Arabia: Ibn alMujawir's Tarikh al Musrabsir*, The Hakluyt Society, 2008.

Robson, Kenneth, *The Essential G.E.M. Skues*, A & C Black Ltd., 1998.

Severin, Tim, *The Ulysses Voyage*, Book Club Associates, 1987.

Sharp, Andrew, *Ancient Voyagers of the Pacific*, Penguin, 1957.

Steers, J.A., *The Sea Coast*, Collins, 1962.

Sterry, Paul, *Pond Watching*, Hamlyn, 1983.

Taylor, E.G.R., *The Haven-Finding Art*, Hollis & Carter, 1956.

Thomas, David and Bowers, David, *Introducing Oceanography*, Dunedin Academic Press, 2012.

Thomas, Stephen, *The Last Navigator*, Random House, 1987.

Tibbets, G.R., *Arab Navigation*, The Royal Asiatic Society of Great Britain, 1971.

Tyler, Dominick, *Uncommon Ground*, Guardian Books, 2015.

Walker, Stuart, *Wind and Strategy*, WW Norton & Co., 1973.

Woollett, Lisa, *Sea and Shore Cornwall*, Zart Books, 2013.

Worthington, A.M., *A Study of Splashes*, Longmans, Green & Co., 1908.

Yates, Chris, *How to Fish*, Penguin, 2006.

Younger, Paul, *Water*, Hodder & Stoughton, 2012.

致谢

水的内涵要比我们初见的样子丰富得多，而封面上的署名也远远无法涵盖参与写作的所有人员。我忘了曾在哪里读到过，从定稿的提交到一本书的出版之间要历经38道程序。在写作时，我曾嘲笑过这一不可能的数字，但在付梓之时我不禁颔首认可其智慧。

本书背后的团队陪我走过所有那些程序，他们出色地完成了这一任务。我想要感谢马迪·普赖斯、尼尔·高尔、丽贝卡·芒迪、凯特里奥娜·霍恩，还有我在塞普特的团队，他们为此书艰辛工作，提供了难以估量的协助。但是，书中出现的任何谬误都来自我个人，任何愚蠢的想法也是如此。

有太多人曾帮助我探索这本书的主题，很遗憾我无法在这里提及每一个人的名字。然而，我想要谢谢以下曾在过去几年里竭尽所能帮助我的人：约翰·帕尔、埃里克·斯特普尔斯、斯图尔特·克罗夫茨，还有我的姐姐西沃恩·梅钦，谢谢你。

我还要感谢那些以某种不那么显而易见却极其宝贵的方式支持这本书的人：中途偶然帮助我的人、购买我的书的人、从附近及远方给我写来珠玉之言的人，还有那些四处传播我的工作，因而使得本书成为可能的人。你知道是你，我向你致敬！

我想要感谢我的出版商鲁珀特·兰开斯特，是他给我委派了这一任务。他的热情与信念正是这本书所需要的，而我也是因为这一点克服了写作本书所需要的一点畏惧。没有他的鼓励，这本书不太可能会完成。我还要谢谢鲁珀特和我的代理人苏菲·希克斯，感谢他们从任务下达到出版之间给予的无私帮助、无尽耐心和支持。

最后，我要感谢我的家人，感谢他们容忍我这样一个有着强烈好奇心的怪人存在。不久前，我在一条河边停下，为我的小儿子指出某种现象。他摇了摇头，叹了口气说："天哪……又来了！"

索引

（条目后的数字为原文页码，见本书边码；斜体页码表示插图。）